Lothar Frenz

# LONESOME
# GEORGE

oder
Das Verschwinden
der Arten

Rowohlt · Berlin

1. Auflage Juli 2012
Copyright © 2012 by
Rowohlt · Berlin Verlag GmbH, Berlin
Lektorat Bert Hoppe
Satz Minion PostScript, InDesign
Gesamtherstellung CPI – Clausen & Bosse, Leck
Printed in Germany
ISBN 978 3 87134 738 2

*In Erinnerung an Loki Schmidt*
(1919 bis 2010)

Als Loki Schmidt und ich uns im August 2010 zum letzten Mal trafen, blieb sie bei unserer Begrüßung kurz vor mir stehen, anders als sonst, um ihre Jacke zu öffnen und das T-Shirt darunter zu zeigen, auf dem die beiden Worte standen: «Still alive». «Noch lebendig». Wir mussten beide sehr lachen. Im Laufe des Gesprächs fragte sie, was denn meine neuen Projekte seien, und ich erzählte ihr von diesem Buch. Neugierig löcherte sie mich mit Fragen; am Ende: Ob sie mich um einen Gefallen bitten könne? Ob sie erste Leserin sein dürfe? Korrektur lesen? Dazu ist es nicht mehr gekommen. Zur Erinnerung an Loki Schmidt, die Botanikerin und Naturschützerin, enthält dieses Buch ein Kapitel über die bedrohte und ganz spezielle Flora am Kap der Guten Hoffnung, der die Menschen es wahrscheinlich maßgeblich mit zu verdanken haben, dass wir heute noch eines sind: «Still alive».

# Inhalt

# PROLOG

## Per Selbstauslöser in die Erdgeschichte

Haben Sie mal versucht, mit einem ganz normalen Huhn zusammen auf ein Foto zu kommen? Probieren Sie es: Stellen Sie die Kamera auf einer Wiese ein paar Meter vom Huhn entfernt auf. Wählen Sie in Ruhe den Bildausschnitt: Wo soll das Geflügel im Bild stehen, wo Sie? Drücken Sie den Auslöser – jetzt haben Sie zehn Sekunden Zeit, Ihren Platz einzunehmen. Schon bei einer Familienfeier kann das ganz schön stressig sein. Sie rennen also auf das Huhn los – aber was tut das doofe Stück? Jedes einigermaßen vernünftige Huhn rennt weg! Es flieht. Denn auch an Menschen gewöhnte Hühner werden versuchen, möglichst rasch zumindest ein paar Meter Sicherheitsabstand zu gewinnen. Wer ihn vorher so ausgiebig beobachtet, den findet *Gallus gallus domesticus* zumindest suspekt. Und wenn derjenige plötzlich auf einen zustürmt, kann der – aus Hühnersicht – einfach nichts Gutes im Schilde führen. Selbstauslöserfotos sind einem Huhn wesensfremd. Von Natur aus kennen Hühner keine Gruppenbilder, wohl aber Angreifer, die es auf ihr Leben abgesehen haben. Hühner sind nicht so dumm, wie wir denken.

Mit einem Huhn ist mir ein solches Foto nicht geglückt, wohl aber mit einem der seltensten Vögel der Erde – der Takahe-Ralle: Ebenfalls hühnergroß, leuchtet ihr Federkleid in Grün und Kobaltblau, korallenrot erglühen Schnabel und Beine. So gilt *Porphyrio hochstetteri* als der Popstar der Vogelwelt Neuseelands. Ich bin dem kunterbunten Vogel auf der Insel Kapiti begegnet, einem Naturschutzreservat, nicht weit von der Hauptstadt Wellington entfernt. Als das seltene, wildlebende Tier sich von meiner Gegenwart überhaupt nicht beeindrucken ließ, sondern mir eher auf den Füßen rumtrampelte, kam mir eine Idee.

Ich legte meinen Rucksack auf den Boden, stützte meine Kamera darauf und überlegte mir den Bildausschnitt: Wo steht die Takahe gerade, wo kann ich ins Bild springen? Dann drückte ich den Selbstauslöserknopf und hatte genau jene zehn Sekunden, um mich aufzurichten, auf den seltenen Vogel zuzurennen und mich neben ihn auf den Boden zu werfen, damit wir gemeinsam auf ein Bild passen. Und was machte die Takahe? Nichts. Sie zuckte noch nicht mal. Hob nur kurz den Kopf und graste weiter, als sei nichts geschehen. Als gehörten Gruppenfotos seit jeher zu ihrem Lebenskonzept, als trachte ihr niemals jemand nach dem Leben.

Diese geradezu lächerliche Zahmheit hätte *Porphyrio hochstetteri* beinahe den Artentod beschert. Nach der Besiedlung Neuseelands durch die Polynesier war die Takahe bereits stark dezimiert und in Randgebiete abgedrängt. Dann brachten die europäischen Siedler im 19. Jahrhundert auch noch Frettchen, Wiesel und Hermeline mit. Solche Räuber gab es auf Neuseeland nicht: Die Insel hatte sich vor etwa achtzig Millionen Jahren vom Urkontinent Gondwana abgespalten, und seit dieser Zeit hatten die Vögel dort unbeschwert von angreifenden Säugetieren leben können. Angstbefreit, wie der hühnergroße Vogel war, stellte er nun ein perfektes Opfer für die neu eingetroffenen Marder dar.

Die Takahe galt schon als ausgerottet, da wurden 1948 in einem abgelegenen Tal der neuseeländischen Südinsel noch einige überlebende Vögel entdeckt. Naturschützer päppelten ihren Bestand mit viel Mühe wieder auf, sodass heute auf geschützten Inseln wie Kapiti, wo keine Raubfeinde lauern, wieder um die zweihundertfünfzig der bunten Vögel leben. Die Takahe hatte noch mal Glück gehabt.

Und ich auch. Weil ich diesen Vogel erleben konnte, der seinem Aussterben entgangen war, da sich rechtzeitig jemand um ihn gekümmert hatte. Weil die Idee mit dem Selbstauslöserbild so gut funktionierte.

Dieses Foto mit der Takahe, dem Popstar der Vogelwelt Neuseelands,
erzählt achtzig Millionen Jahre Erdgeschichte.

Und weil das wenig perfekte Foto mich in die Erdgeschichte entführt,
in die Zeit des Urkontinents Gondwana.

In den rheinhessischen Weinbergen um Mainz herum findet man überall Muscheln, mit etwas Glück sogar Haifischzähne. Sammelnd erfuhr
ich so als Junge, dass hier «früher» einmal ein Meer war, dass hier Tiere
gelebt hatten, die längst verschwunden sind. «Früher» hieß in dem Fall,
dass man vor dreißig Millionen Jahren von der Nordsee bis ins Mittelmeer hätte schippern können, durch einen Verbindungskanal, der sich

ins «Mainzer Becken» ausweitete. Im Naturhistorischen Museum in Mainz staunte ich über uralte Skelette von Seekühen aus diesem Meer; außerdem über die Fossilien von Elefanten und Waldnashörnern, die noch zu Eiszeiten hier gelebt hatten. Dass die Welt damals ganz anders aussah als heute und dass diese großartigen Tiere hier gelebt hatten, wo ich jetzt lebte, faszinierte mich. Warum waren sie verschwunden? Natürlich hätte ich sie gerne erlebt – wie die Takahe. Aber was war das lange her! Aussterben ist einer der normalsten Prozesse der Welt, das hatten mir schon die Muscheln aus dem Weinberg gezeigt.

Bis heute ist es nicht immer leicht, sich die zeitlichen Dimensionen der Erdgeschichte vorzustellen. Mir helfen dabei ein paar Fixpunkte: Ausgehend von eintausend Jahren Dom, die in Mainz stehen, habe ich diesen Zeitraum geradezu vor Augen. Außerdem heißt es: Wenn man in der Stadt eine Grube gräbt, «so fällt ein Römerschiff heraus». Vor zweitausend Jahren haben die Römer *Moguntiacum* gegründet; Überreste ihrer Bauten sind überall zu entdecken. Auch das vermittelt mir eine Vorstellung von den zeitlichen Dimensionen.

Die letzte Eiszeit, bei der Norddeutschland von zwei Kilometer dicken Eispanzern bedeckt war, endete vor etwa zwölftausend Jahren; nach meiner Rechnung sind das «sechs Mal Mainz». Die Existenzdauer unserer eigenen Art – «hundert Mal Mainz»: Seit zweihunderttausend Jahren lebt der moderne *Homo sapiens* auf der Erde. Dann – ein großer Sprung: Vor fünfundsechzig Millionen Jahren sind die Dinosaurier ausgestorben. Auf den *Homo sapiens* habe ich diese Zahl nie umgerechnet, aber diese Punkte geben mir Orientierung in der Erdgeschichte.

Das Mainzer Naturhistorische Museum beherbergt noch andere Kostbarkeiten, die mich fasziniert haben, die größte Quaggaherde der Erde zum Beispiel: Nur hier gibt es gleich drei ausgestopfte Exemplare jener Zebras, die nur zur Hälfte gestreift waren. In einem anderen Saal steht ein Java-Nashorn, das heute kurz davor ist, von der Erde zu verschwinden, und etwas weiter davon ein Tasmanischer Tiger oder Beutelwolf, der aussieht wie ein Wolf mit Streifen, aber seine Jungen im Beutel trug wie ein Känguru. Ich las Bücher über Expeditionen, die nach dem seltsamen, verschollenen Tier suchten, von dem 1936 das letzte bekannte Exemplar starb. Beim Lesen lernte ich auch Martha kennen, die letzte Wandertaube, die 1914 einsam im Zoo von Cincinnati starb, obwohl sie zur einst häufigsten Vogelart der Erde gehörte.

Die Schicksale dieser Tiere beschäftigten mich mehr als die der Dinosaurier, denn im Gegensatz zu den Urzeitechsen waren Quaggas und Beutelwölfe bis gerade eben noch da – aus erdgeschichtlicher Perspektive betrachtet jedenfalls. Was sind im Vergleich zu den Jahrmillionen schon ein paar Dutzend oder ein paar hundert Jahre? Ich hatte die Tiere also nur ganz knapp verpasst, um einen winzigen Augenblick. «Gestern» waren sie noch da, aber ich durfte sie nicht mehr erleben.

Warum waren sie verschwunden? Wie konnte der häufigste Vogel der Erde plötzlich weg sein? Was passiert eigentlich beim Aussterben? Weshalb sterben einige Spezies aus – und andere berappeln sich wieder? Auf welche Weise sterben die Letzten ihrer Art? Und ist es nicht wichtiger zu verstehen, wieso eine Art vorher überhaupt selten geworden ist?

Schließlich befürchten Wissenschaftler, dass innerhalb der nächsten fünfzig Jahre die Hälfte aller Tier- und Pflanzenarten von der Erde verschwinden könnte, dass ein Massenaussterben im Gange ist, vergleichbar mit dem der Dinosaurier. Dabei wissen wir noch nicht einmal, wie viele Spezies derzeit überhaupt existieren. Schätzungen reichen von zehn, zwanzig, fünfundzwanzig Millionen bis hin zu einhundert Millionen Arten; die meisten sind Insekten.

Der «Vater der Biodiversität», der Biologe Edward O. Wilson, hat mal geschrieben: «Jede Art lebt – und stirbt – auf ihre ureigene, einmalige Weise.» Und genau darum geht es in diesem Buch: Ein paar wenige jener Arten vorzustellen, die wir verloren, gerade eben «verpasst» haben, die erst seit «gestern» – in jenen fünfhundert Jahren seit Kolumbus, als die Globalisierung begann – nicht mehr auf der Erde sind, sondern ausgestorben, ausgerottet. Wie haben diese Tiere gelebt? Warum sind sie nicht mehr da? Wieso sind sie gerade in jüngster Zeit verschwunden? Was passierte eigentlich, nachdem sie verschwunden waren? Und was kann man heute noch über diese ausgestorbenen Tiere herausfinden? Es geht also um große und kleine Tiere, ökologisch wichtige und solche, deren Verschwinden ohne große Auswirkungen blieb; manche «nützlich», andere vielleicht auch nicht.

Rasch habe ich gemerkt, dass diese Fragen nicht nur um den Globus und in die Geschichte der modernen Welt führten, sondern dass ich in die Erdgeschichte geriet; in die Lebensgeschichte vieler Tier- und Pflanzenarten, von Landschaften, von ganzen Kontinenten. Ich traf auf Einzel- und Inselschicksale, auf komplexe Zusammenhänge und globale Phänomene; staunend darüber, wie viel wir schon wissen – und wie wenig doch eigentlich. Denn überall entstanden neue Fragen.

Und immer wieder ging es um Entscheidungen.

# NORDAMERIKA:
# LEERE NEUE WELT

## Marthas letzte Reisen

Martha war nicht irgendwer: Hätte man sie denn sonst nach ihrem Tod unverzüglich zur Cincinnati Ice Company gebracht, dort an den Füßen aufgehängt und kopfüber in einen großen Bottich mit Wasser getunkt, damit sie zu einem gut einhundertvierzig Kilogramm schweren Eisklotz gefriert? Dann per Expresszug auf eine Reise nach Washington, D. C. geschickt, wo man in der Smithsonian Institution, einer der angesehensten Forschungseinrichtungen der Welt, schon seit Jahren auf ihr Ableben wartete?

Kaum war Martha dort angekommen, wurde sie sorgsam aufgetaut und obduziert. Ihre sterbliche Hülle wurde präpariert, um sie für die Nachwelt zu erhalten. Die Innereien wurden entnommen; Augen, Leber, Hirn – ein jedes Organ kam einzeln in ein kleines Gefäß voller Alkohol. Wie bei einem altägyptischen Pharao.

In ihren letzten Lebensjahren war Martha zu einer amerikanischen Berühmtheit geworden. Benannt war sie nach der «Mutter der Nation», der allerersten First Lady der USA: Martha Washington. Mehr als hundert Jahre später lebte Martha, die Zweite, im Zoo von Cincinnati in einer japanisch anmutenden Pagode mit rotem Dach – und grüßte von Postkarten des Zoos herab: als Letzte ihrer Art. Als sie am 1. September 1914 gegen 12.45 Uhr im Alter von neunundzwanzig Jahren verschied, berichteten am nächsten Tag überall im Lande die Zeitungen davon. Denn nun war sie endgültig zu einer Ikone geworden. Marthas Tod war das Ende eines nordamerikanischen Phänomens, eines Naturspektakels, das weltweit einzigartig war.

«Da kommen sie.» Neben dem sanften Rascheln der Blätter, dem Zwitschern der Vögel drängte sich aus der Ferne ein neuer Ton. Wie ein starker Wind, der dröhnt und röhrt. Und doch blieben alle Blätter an den Bäumen ruhig. Als der Sturm näher kam, verschwand das Mittagslicht wie bei einer Sonnenfinsternis. Schmelzenden Schneeflocken gleich fielen weißliche Tropfen vom Himmel und bedeckten die Landschaft mit einer hellen Schicht Exkremente. Und dann war die ganze Luft buchstäblich mit ihnen angefüllt: Tauben über Tauben, die mit großer Geschwindigkeit durchs Land zogen.

Es war im Herbst 1813, rund einhundert Jahre vor Marthas Tod, als der amerikanische Naturforscher, Ornithologe und Vogelmaler John James Audubon auf dem Weg nach Louisville im amerikanischen Bundesstaat Kentucky jenen gewaltigen Schwarm von Wandertauben erlebte.

Schon oft hatte Audubon die ungeheuren Scharen der Tauben beobachtet, aber diese hier war bei weitem die größte Ansammlung dieser Spezies, die er jemals gesehen hatte: Den ganzen Tag über flogen Legionen von Vögeln über ihm, kein einziger davon setzte auch nur einmal zur Landung an.

Audubon war hingerissen, wie elegant sich die Wolke am Himmel bewegte, als ein Habicht versuchte, ein Einzeltier aus dem Schwarm zu isolieren, um Beute zu schlagen: Da strömten die Tauben wie mit Donnerhall zu einer noch kompakteren Masse zusammen; jede versuchte, sich ins Zentrum zu drücken. Gemeinsam schossen sie vorwärts, mal in wellenartigen, mal in kantigen Bewegungen; dann stiegen sie plötzlich hinab und strichen mit unglaublicher Geschwindigkeit über dem Boden entlang, nur um alsbald zu einer beinahe senkrechten, gewaltigen Säule aufzusteigen, die sich immerfort drehte und wendete wie das Knäuel eines gewaltigen Schlangenleibes.

Unzählige Tauben, es waren wohl Hunderte von Millionen, gaben sich in diesem Augenblick synchron dem Serpentinenflug hin. Mal glitzerte die Vogelwolke azurblau, wenn alle Tauben dem Betrachter am Boden zeitgleich den Rücken zuwendeten, mal präsentierten sie beim

**Wenn die Schwärme der Wandertauben die Sonne verdunkelten, begann das große Schießen – wie hier in Iowa.**

nächsten Richtungswechsel das Bauchgefieder – und die gewaltige Masse färbte sich in tiefsten Purpur ein.

Gegen Abend erreichte Audubon Louisville. Knapp neunzig Kilometer hatte er da zurückgelegt, und noch immer zogen die Wandertauben in unverminderter Anzahl an ihm vorbei. Noch drei Tage lang sollte das Spektakel so weitergehen.

Hunderte Millionen von Tauben! Europäische Naturkundler, die solche Berichte hörten, bezweifelten die Zahlen. Doch Audubon hatte ähnliche Spektakel schon so oft erlebt und einfach nur beschrieben, was er gesehen hatte. Als er später die Individuenzahl dieses Schwarmes in seiner Gesamtheit hochrechnete, kam er auf gut eine Milliarde Wandertauben. Der Ornithologe Alexander Wilson schätzte die Größe eines anderen Schwarms sogar auf über zwei Milliarden Vögel. Vier von zehn Vögeln des Kontinents sollen damals zur Spezies *Ectopistes migratorius* gehört haben. Konservativen, ganz vorsichtigen Schätzungen zufolge zogen damals insgesamt «nur» zwischen drei und fünf Milliarden Wandertauben über den amerikanischen Kontinent. Die Wandertaube war zu jener Zeit jedenfalls der am häufigsten vorkommende Vogel Nordamerikas, wahrscheinlich sogar der ganzen Welt.

Allein der Milliardenschwarm von Kentucky vertilgte täglich über dreißigtausend Kubikmeter Nahrung – das entsprach dem Fassungsvermögen von über einhundertfünfzigtausend Badewannen à zweihundert Liter voller fetthaltiger Bucheckern, Eicheln und Kastanien, aber auch Sämereien und Beeren. Auch das hat Audubon berechnet. Eiweißreiche Würmer und Insekten vervollständigten den Speiseplan der Wandertauben im Frühling und Sommer. Augenzeugen berichteten von den schlechten Manieren der Wandertauben während ihrer Mahlzeiten: Rasch stopften sie in sich hinein, was sie nur erpicken konnten, ehe es der Nachbar fraß. Manche bekamen den Kropf nicht voll genug und verschluckten viel zu viele Bucheckern auf einmal. Wenn sie dann im Gewimmel der fressenden Vögel vom Ast fielen, zerplatzten die vollgefressenen Tauben auf dem Boden wie ein prall gefüllter Sack. Wer nahrhaftere Happen fand, würgte Verschlucktes empor und schaffte so Platz für den besseren Bissen. Innerhalb von Minuten hatten die Tauben Tausende von Hektar Wald voller Eicheln oder Eckern leer gefressen. War ein Waldstück geplündert, zogen sie weiter.

Wandertauben waren Flugnomaden und auf ein besonderes Phänomen spezialisiert: Oft produzieren Buchen und Eichen, die innerhalb eines Gebietes wachsen, mehrere Jahre lang nur wenige Früchte, sie «sparen» geradezu ihre Energie auf. Dann aber, mit diesem «Anlauf», überschwemmen sie den ganzen Wald ringsum mit Eckern oder Eicheln. In solchen «Mastjahren» gibt es Früchte satt. Dann können die tierischen Bewohner des Waldes gar nicht alles auffressen: Unmengen an Samen bleiben übrig, die keimen und den Bestand des Waldes sichern. Würden die Bäume alljährlich eine gleichbleibende Menge produzieren, wären die Tiere darauf eingerichtet und fräßen jedes Jahr fast alle Früchte auf.

Die Wandertauben waren mit ihrem nomadischen Lebensstil auf genau diese Mast eingestellt. «Blauen Meteoren» gleich streiften sie quer durch den Osten Nordamerikas, immer auf der Suche nach begehrten Sämereien: Weiter, immer weiter, dorthin, wo es genug fruchttragende Bäume gab. Wenn die Vögel mit scharfem Auge Nahrung erblickten, fielen sie ein. Manchmal kamen sie mehrere Jahre nacheinander in eine Region, dann lange nicht mehr. Den Westen Nordamerikas mit den weiten Prärien aber mieden sie.

Ihr ovaler Körper, der lange, keilförmige Schwanz, die zugespitzten Schwingen und starken Brustmuskeln machten die Wandertauben zu extrem schnellen Fliegern. Mit raschen Flügelschlägen propellerten sie durch die Luft und schafften große Strecken in kürzester Zeit. Einmal wurde im Kropf frisch getöteter Tauben im Bundesstaat New York Reis gefunden – viele hundert Kilometer nördlich der nächsten Reisplantage, die irgendwo im Süden, in Georgia oder Carolina lag. Der Stoffwechsel der Wandertauben hatte einen enormen Umsatz, denn er musste für die extreme Lebensweise viel Energie liefern; innerhalb von zwölf Stunden hatten die Tauben daher aufgenommene Nahrung umgesetzt. Die Reiskörner befanden sich aber erst im Kropf, wo sie nach dem Schlucken gespeichert und eingeweicht wurden, bevor die Taube sie verdauen konnte. Also konnte dieser Reis keine sechs Stunden vorher gefressen worden sein. Die erlegten Tauben waren in dieser Zeit folglich mindestens sechshundert Kilometer geflogen, in einer Geschwindigkeit von gut einhundert Kilometern pro Stunde, so schnell wie mancher Tornado!

Wenn Wandertauben in einen Wald einfielen, landete jede Taube, wo sie gerade Platz fand, oft eine über der anderen, manchmal vier, fünf übereinander. Auf den Ästen bildeten sich Haufen von Vögeln, manchmal groß wie Fässer, die regelmäßig unter dem ständig zunehmenden Gewicht abbrachen, zu Boden stürzten und dabei Hunderte von Artgenossen erschlugen, die darunter Platz genommen hatten.

Ihre Nistplätze lagen vor allem in den Buchenwäldern im Bereich der Großen Seen und westlich von New York. Der Ornithologe Wilson beschrieb die Ausmaße eines Brutgebietes in der Nähe des Ortes Shelbyville in Kentucky: über sechzig Kilometer lang, mehrere Kilometer breit. Auf jedem Baum brüteten Hunderte Tauben; in jeder Astgabel, in jedem freien Winkel hatten sie ein paar Zweige zu einem einfachen Nest zusammengeklaubt. Darin lag meist nur ein reinweißes Ei, selten zwei, später eben das Taubenküken. Habichte, Bussarde und Adler kreisten in großer Zahl über dem Wald, in dem leichte Beute wartete. Die Geräuschkulisse war abenteuerlich: Abertausende von Tauben flatterten mit den Flügeln, was wie Donner grollte, ständig brach und splitterte Holz. Wegen der fallenden Äste hielt Wilson es für gefährlich, in einer Wandertaubenkolonie unterwegs zu sein; unerquicklich sei außerdem, dass der Regen aus herabfallendem Vogelkot die Kleidung völlig besprenkelte.

Jeden Tag, kurz vor Sonnenaufgang, brachen die erwachsenen Vögel von hier aus auf. Sie zogen zum nächsten Buchenmastgebiet in Richtung Indiana, etwa einhundert Kilometer vom Nistplatz entfernt, denn längst war ringsum alles leer gefressen. Schon gegen zehn Uhr am Morgen kehrten die ersten zurück; die meisten folgten gegen Mittag, um die Jungen im Nest mit hochgewürgter «Kropfmilch» zu füttern, einem speziell produzierten Nahrungssekret. Das war so gehaltvoll, dass die jungen Tauben nach gut drei Wochen flügge und fast so schwer wie die ausgewachsenen Tauben waren. Zwei, drei, manchmal sogar vier Gelege schafften die Wandertauben in einem Jahr.

Nach der Brut blieb ein Schlachtfeld zurück. Manchmal sahen Tausende von Hektar Wald aus wie von einer Axt gefällt, oder als wäre ein Wirbelsturm hindurchgezogen: abgeknickte Äste und Zweige überall; Bäume mit einem Durchmesser von sechzig Zentimetern und mehr waren knapp über dem Boden abgebrochen; Gras und Unterholz demoliert, schon allein, weil sich unter den Nistplätzen der Taubenmist zehn Zentimeter und höher anhäufte. Wo sich ein Taubenschwarm niedergelassen hatte, waren noch Jahre später die Spuren zu sehen.

Was für Wälder waren das nur, die eine so zerstörerische Kraft aushielten? Welch eine Fruchtbarkeit, Fülle und Lebenskraft besaß das Nordamerika dieser Zeit? Den ersten europäischen Siedlern erschien der Kontinent als ein weites und leeres Land voll riesiger Wälder, in denen lediglich ein paar Indianerstämme herumstreiften – eine Wildnis enormen Ausmaßes, wie man sie sich heute kaum mehr vorstellen kann. Entlang der Ostküste wuchsen über Tausende von Kilometern hinweg Laubwälder. Ein Eichhörnchen, so hieß es, konnte von Neuengland im Norden bis nach Arkansas im Süden von Baum zu Baum springen, ohne jemals den Boden zu berühren.

In diesen Wäldern lebten schätzungsweise zehn Millionen Wapitis, amerikanische Verwandte unseres Rothirsches, dazu eine ähnliche Anzahl von Maultierhirschen. In den Prärien des «Wilden Westens» grasten dreißig bis sechzig Millionen Bisons, dazu bis zu vierzig Millionen der seltsamen Gabelantilopen. Etwa sechzig Millionen Biber bauten überall Dämme in den Flüssen und schufen somit Feuchtgebiete und Uferwälder – Lebensräume für viele andere Arten. Und bereits im 17. Jahrhundert beschrieben frühe Siedler, wie die Schwärme der Wandertauben die Sonne verdunkelten.

Doch gibt es immer mehr Hinweise, dass diese Wildnis nicht schon immer so da war, sondern erst entstand, *nachdem* Kolumbus die Neue Welt entdeckt hatte. Der Archäologe und Geograph William I. Woods untersuchte Abfallgruben von Indianern bei Cahokia im heutigen Bundesstaat Illinois, der größten Indianersiedlung, die aus Nordamerika bekannt ist. Wahrscheinlich war sie schon vor Kolumbus' Ankunft von den Einwohnern aufgegeben worden, aber um 1200 zählte die Stadt zehn- bis zwanzigtausend Einwohner, vielleicht sogar vierzigtausend.

Damit war die Stadt vermutlich ebenso groß wie die mächtigsten europäischen Städte dieser Zeit: In Köln lebten im Jahr 1180 etwa fünfundzwanzigtausend Menschen, um 1400 etwa vierzigtausend.

In den Küchengruben Cahokias fand Woods die Überreste vieler Tiere – und somit den Speiseplan der Indianer, die hier mehrere Jahrhunderte gelebt hatten. Die größte Grube enthielt fast zehntausend Knochen von über siebzig Vogelarten, aber nur wenige Knochen der Wandertaube. Dabei lag jener riesige Nistplatz, den Audubon Jahrhunderte später beschrieb, in der Nähe von Cahokia. Waren die Knochen zu klein, um die Zeiten zu überdauern? Offensichtlich nicht, denn im Abfall fand Woods auch Knochen kleinerer Vögel oder winzige Gräten von Fischen. Wieso also fehlten die Knochen der Wandertauben fast völlig? Hatten die Indianer Cahokias die Vögel gar nicht verzehrt? Woods' Erklärung war einfach: Vielleicht gab es die Tauben damals noch gar nicht in so ungeheurer Zahl.

Heute erst beginnt man zu lernen, dass auch präkolumbianische Indianer in großen Teilen Nordamerikas Landwirtschaft kannten, wenn auch nicht im europäischen Stil: Zum Teil legten sie Terrassen an oder bewässerten ihre Felder. Die von ihnen begründete «Mississippikultur» hatte sich zwischen 900 und 1500 vom amerikanischen Mittleren Westen bis zum Südosten ausgebreitet, und weil sie sich vor allem auf den Anbau von Mais und Bohnen gründete, veränderten die Indianer die Landschaft weiträumig, indem sie die aufstrebende Vegetation niederbrannten. Aufgrund dieser indianischen Feuerkultur, einer Art prähistorischen Landschaftsmanagements, waren große Flächen an der amerikanischen Ostküste nur locker bewaldet; aber auch in den Wäldern selber legten sie regelmäßig Feuer, um trockenes Gras und Unterholz abzubrennen. So entstanden eher lichte Parklandschaften mit hohen Bäumen, in denen sich leichter jagen ließ.

Die Wandertauben waren also nicht nur potenzielle Leckerbissen für die Indianer – aus den prallen Küken schmolzen sie das Fett als Butterersatz heraus; sie waren auch Konkurrenten – die großen Schwärme machten sich über die Maisfelder her. Außerdem waren Bucheckern und Eicheln auch für die Indianer eine wertvolle, energiereiche Nahrung. Was läge da näher, als dass die Menschen damals die Konkurrenz der Tauben möglichst gering hielten?

Es gibt eine Parallele zur Wandertaubengeschichte: die vom Auftauchen und Verschwinden der amerikanischen Bisons. Getrieben von der Suche nach Gold, zog der Spanier Hernando de Soto vier Jahre lang mit etwa sechshundert Mann als erster Europäer weit in den nordamerikanischen Kontinent hinein. Dabei erreichte er 1541 auch den Mississippi und beschrieb, wie viele indianische Siedlungen es im Südosten der heutigen USA gab. In manchen lebte er monatelang.

Erstaunlicherweise erwähnte de Soto mit keinem einzigen Wort den Bison, jenen «Indianerbüffel», obwohl der für einen Europäer ein gewaltiges Ungetüm gewesen sein muss. Das verblüfft besonders, denn als die spanischen Eroberer unter Hernán Cortés 1519 im mexikanischen Tenochtitlán die Menagerie des Aztekenherrschers Montezuma besichtigten, hatte sie jener «seltsame mexikanische Bulle mit löwenartigem Haar, einem Kamelhöcker und gekrümmten Schultern» tief beeindruckt. Hätte de Soto solche Tiere gesehen, hätte er sie wohl beschrieben. Erst recht, wenn sie in so gewaltigen Herden durchs Land zogen, wie sie über einhundert Jahre später der Franzose René Robert Cavalier de La Salle beobachtete, als er 1682 im Kanu den Mississippi hinunterpaddelte. Von den indianischen Kulturen, den vielen Siedlungen, fand Cavalier damals hingegen keine Spur mehr, nur ein paar versprengte Dörfer in der Einöde.

Was war geschehen? Wo waren die Indianer abgeblieben? Frühe Entdecker wie de Soto führten immer wieder kriegerische Auseinandersetzungen mit den amerikanischen Völkern und waren ihnen mit ihren Gewehren oft überlegen. Was aber viel schlimmer war: Sie brachten Krankheiten mit – Pocken, Masern, Grippe. Die Indianer waren gegen solche Erreger nicht gewappnet. Viele Menschen starben daher an den ihnen unbekannten Seuchen, oft sogar bevor sie überhaupt einen Europäer erblickt hatten. Allein östlich des Mississippi verschwanden bis 1650 zweiundzwanzig Indianerstämme, bis 1690 summierten sich die

Verluste sogar auf über dreißig Stämme. In manchen Regionen überlebten gerade einmal vier Prozent der Bevölkerung die Jahre zwischen den Reisen von de Soto und La Salle. (Selbst die Pest im Mittelalter raffte durchschnittlich «nur» ein Drittel der europäischen Bevölkerung dahin.) Die gesamte Siedlungsstruktur und Kultur der Indianer brach zusammen. Die Pferde, die die Spanier zurückließen, erleichterten den Überlebenden immerhin ein Leben als Reiternomaden – bis heute prägt dies unser Bild von den Indianern.

Nach dem Kollaps der indianischen Kulturen, die jahrhundertelang den Kontinent geprägt hatten, konnten sich die Bisons ungehindert vermehren, weil kaum einer mehr da war, der sie jagte. Auch die Wapitihirsche nahmen an Zahl gewaltig zu. Im Bereich des heutigen Yellowstone-Nationalparks finden sich ihre Knochen erst in jenen indianischen Abfallgruben häufiger, die nach den großen Seuchen angelegt wurden. Und der Himmel verdunkelte sich mit den gewaltig angeschwollenen Schwärmen der Wandertauben, die in den neugewachsenen Wäldern viel Nahrung fanden. Eine «neue» Wildnis war entstanden, von der die später kommenden europäischen Siedler annahmen, sie sei schon immer da gewesen.

Während sich im Nordamerika jener Zeit nach dem Verschwinden der Indianer die Wälder ausbreiteten, machte den Menschen in Europa die «Kleine Eiszeit» von 1550 an bis ins 19. Jahrhundert hinein das Leben schwer. Die Winter waren lang und kalt, die Sommer verregnet. Die Flüsse froren häufiger zu, in manchen Jahren konnte man über die zugefrorene Ostsee laufen – von Rügen bis nach Schweden. Immer wieder gab es Missernten und Hungersnöte, die dadurch ausgelösten Krisen gipfelten in Hexenverbrennungen und bewegten viele Menschen dazu, den Kontinent zu verlassen. Letztlich waren die schlechte Witterung und der Nahrungsmangel jener Zeit sogar einer der wesentlichen Faktoren, die die Französische Revolution vorbereiteten.

Wodurch die «Kleine Eiszeit» hervorgerufen wurde, ist umstritten: Haben Sonnenflecken die Strahlungsintensität der Sonne verringert? Oder gelangte durch Vulkanausbrüche so viel Schwefeldioxid in die

Atmosphäre, dass das Klima abkühlte? William F. Ruddiman, ein Paläoklimatologe aus Virginia, war der Erste, der die Kälteperiode mit dem Verschwinden der Indianer in Zusammenhang brachte. Denn vor Kolumbus schufen die Menschen in Nordamerika über Jahrhunderte, vielleicht auch Jahrtausende, mit dem Feuer und ganz ohne Axt Grasländer von Florida bis in die «Great Plains», die endlosen Prärien des «Wilden Westens».

Als die Indianer ausstarben, vermehrte sich nicht nur ihr Jagdwild, auch die Wälder breiteten sich auf dem brachliegenden Land wieder aus – und banden dabei große Mengen des in der Atmosphäre enthaltenen Treibhausgases Kohlendioxid im Holz. Berechnungen des amerikanischen Geochemikers Richard Nevle haben ergeben, dass die neugewachsenen Wälder bis zu siebzehn Milliarden Tonnen Kohlendioxid aus der Erdatmosphäre aufgenommen haben könnten – so viel, dass die Temperaturen merklich absanken. Und in jenen Tausenden von Kilometern Wald, die an der Ostküste herangewachsen waren, konnten die Schwärme der Wandertauben Nahrung finden.

Schon bevor die Wandertauben vor Sonnenuntergang von ihren Nahrungszügen zur Kolonie zurückkamen, hatten sich Siedler mit Pferden und Wagen, Gewehren und ausreichend Munition aufgestellt. Zwei Farmer hatten dreihundert Schweine über einhundertsechzig Kilometer vor sich her getrieben, als sie von dem Brutplatz in Russellville in Kentucky erfahren hatten.

Noch sah Audubon kaum erwachsene Tauben im Wald. Als aber die Sonne unterging und der allabendliche Sturm, die Heimkehr der Tauben zu ihren Nestern, begann, setzte auch ein grausames Schauspiel ein, eine blutige «Ernte» ohnegleichen: Lampen blendeten die Vögel, als sie sich niedersetzen wollten, ein Schrotschuss nach oben genügte – und schon fielen mehrere Dutzend Tauben zu Boden. Töpfe mit brennendem Schwefel wurden unter den Bäumen aufgestellt, die giftigen Dämpfe benebelten die Vögel, die benommen auf den Boden torkelten. Mit Keulen und langen Stöcken schlugen die Männer die fetten Küken aus den Nestern – die «Squabs» galten als besondere Leckerbissen. Hier sprechen zu wollen, war unnütz; der Aufruhr der Tauben war so laut, dass Audubon selbst die Schüsse des Nebenmannes nicht hören konnte. Nur am Blitzen des Pulvers und am Nachladen der Gewehre merkte er, dass dauernd geschossen wurde. Neugierig, wie der Naturforscher war, schickte er einen Begleiter los, weil er wissen wollte, wie weit denn der Lärm zu hören sei. Noch drei Meilen entfernt vernahm der das Gemetzel.

Solange das Schlachten anhielt, ging niemand tiefer in den Wald hinein. Die Schweine wurden in den Pferchen gehalten. Überall am Boden lagen tote, sterbende, zerfetzte Wandertauben. Als nach Stunden das Massaker ein Ende nahm, füllten die Leute Säcke mit erlegten Vögeln, beluden damit Pferde und Wagen. Andere salzten die Tauben gleich vor Ort ein, um das Fleisch haltbar zu machen. Als jeder so viele aufgelesen hatte, wie er wollte, als endlich alle genug hatten, wurden die Schweine losgelassen, um sich an den toten oder noch zuckenden Vögeln zu mästen.

Wo immer Taubenschwärme einfielen oder brüteten, kam es zu solchen Massakern. Zunächst reicherten die örtlichen Siedler auf diese Weise nur ihren Speiseplan an. Was waren da schon Tausende, Zehntausende oder Hunderttausende toter Tauben, solange die Bestände Milliarden zählten? Rasch wurde der Fang kommerzialisiert: Mit billigem Wandertaubenfleisch wurden die schnell wachsenden Städte der Ostküste beliefert. Schon 1805 sah Audubon auf dem Hudson River ganze Schiffsladungen von Wandertauben, die in New York für ein Cent das Stück verkauft wurden. Tausende gingen zudem als lebende, bewegliche Zielscheiben an die Schießstände der Sportschützen in den Städten.

Als gegen Mitte des 19. Jahrhunderts die Eisenbahn das Land östlich des Mississippi mehr und mehr erschloss, wurde der Transport zu den Märkten der großen Städte noch einfacher. Den Dampfrossen folgte der Bau transkontinentaler Telegraphenleitungen. Nun verbreitete sich die Nachricht vom Ankommen der riesigen Schwärme schnell, und professionelle Taubenjäger gelangten rasch in abgelegene Regionen des weiten Landes. Sie entwickelten neue «Erntemethoden», mit denen sie auch tagsüber Beute machen konnten. Dabei wurden Wandertauben die Augen zugenäht und an einen Ast gebunden. Deren Flattern lockte vorbeiziehende Trupps an, die auf Futtersuche waren. Denn wo ein Artgenosse am Boden flatterte, musste es etwas zu fressen geben, und so gingen sie zu Tausenden in aufgestellte Netze. Ein Trapper konnte auf diese Weise bis zu fünfhundert Vögel in einer Stunde töten, bis zu fünftausend an einem Tag. Andere kletterten mit Steigeisen in die Wipfel, um die fetten Küken aus dem Nest zu schlagen. So wurden 1851 fast zwei Millionen Tauben nach New York City geliefert, die von einem einzigen Nistplatz stammten. Für die Profis waren die Tauben ein Riesengeschäft: Ein einziger Taubenfänger soll in einem Jahr sechzigtausend Dollar verdient haben – dafür hätte er mindestens drei Millionen Tauben abschlachten müssen.

Lange schienen die Bestände unerschöpflich. Gesetzliche Schutzmaßnahmen wurden zwar diskutiert, doch noch 1857 war man in Ohio der Ansicht, die Wandertauben bräuchten keinen Schutz. Selbst Vogelfreund Audubon, der sich über Jahre mit ihnen beschäftigt hatte, glaubte an die Unerschöpflichkeit der Ressource Wandertaube: «Personen, die nicht mit diesen Vögeln vertraut sind, könnten natürlich schließen, dass solche scheußliche Zerstörung der Art bald ein Ende setzen könne. Aber ich habe mich nach langer Beobachtung damit zufriedengestellt, dass nichts außer dem allmählichen Verschwinden unserer Wälder ihren Rückgang vollbringen kann.» Dafür vermehrten sich die Tauben einfach zu rasch.

Doch die Tauben verschwanden vor den Wäldern.

Irgendwann blieben die großen Schwärme aus. Zunächst mochte man sich in einzelnen Regionen gar nicht so viel dabei denken, denn waren sie nicht schon immer heute hier, morgen da gewesen? Mieden für Jahre ein Gebiet, nur um dann plötzlich wieder einzufallen?

Noch im Jahr 1880 erlebte Simon Pokegon, der letzte Häuptling der

Pottawatomie-Indianer, ein Gemetzel am Plate River in Michigan, dem letzten großen bekanntgewordenen Nistplatz der Tauben östlich der Großen Seen und wurde Zeuge einer neuen, schrecklich effektiven Methode. Die Kolonie lag in einem Birkenwald. Die weiße Rinde hing am Stamm in langen Fetzen herunter. Je älter die Bäume waren, desto mehr trockene Streifen hingen herab – und die brannten wie Zunder. Genau das nutzten die Taubenfänger. Sie hielten ein entzündetes Streichholz an die Birken, und schon raste das Feuer wie ein Blitz den Stamm hinauf bis zum letzten Zweig. In Panik sprangen die aufgeschreckten «Squabs» aus den Nestern, die Eltern versuchten mit angesengtem Gefieder, der Flammenhölle zu entkommen – oftmals vergebens.

Ein abgelegener Nistplatz in Oklahoma, der über einhundertsechzig Kilometer von der nächsten Bahnlinie entfernt war, wurde noch 1881 von Trappern aufgespürt und geplündert. Bis 1886 wurden Wandertauben für die Märkte in den Städten gefangen, dann lohnte sich das professionelle Taubenbusiness nicht mehr. 1896 wurde noch ein Schwarm von fünfzig Vögeln in Missouri gesichtet. Häuptling Pokegon wollte im Frühling des gleichen Jahres eine kleine Gruppe nistender Tauben am Au Sable River in Michigan gesehen haben. 1897 wurde in diesem Staat schließlich ein Gesetz erlassen, das die Jagd auf Wandertauben für zehn Jahre verbot.

Diese Schutzmaßnahme kam allerdings viel zu spät, der Bestand war bereits nahezu ausgerottet. Nur drei Jahre später, am 24. März 1900, erlegte ein Junge in der Nähe von Sargents im Pike County in Ohio die letzte freilebende Wandertaube, deren Existenz verbürgt ist. Die Frau des Sheriffs, Mrs. C. Barnes, präparierte den Kadaver – der einst massenhaft auftretende Vogel war inzwischen zu einer sammlungswürdigen Besonderheit geworden.

Die wenigen Wandertauben, die zu diesem Zeitpunkt noch in Gefangenschaft lebten, hielt man bezeichnenderweise in der Nachbarschaft exotischer Tiere wie Löwen und Elefanten im Zoo von Cincinnati. Es waren zwei Männchen – und eben Martha. Eines der Männchen starb im April 1909, das andere am 10. Juli 1910. Danach bot die Ame-

**Last Lady: Martha hieß die letzte Wandertaube. Sie war benannt nach Martha Washington, der ersten First Lady der USA.**

rican Ornithologists' Union eintausendfünfhundert Dollar für einen Gefährten für Martha – vergeblich. Die war in ihren letzten Jahren immer schwächer geworden, sodass besorgte Pfleger ihren Schlafplatz im Käfig niedriger legten, weil sie nicht mehr so gut fliegen konnte.

Manche Besucher hingegen sollen mit kleinen Steinen nach Martha geworfen haben, damit sich die Letzte ihrer Art doch noch mal bewege.

Wie konnte dieser seinerzeit häufigste Vogel von der Erde verschwinden? Die Ungeheuerlichkeit seines Aussterbens ist bis heute rätselhaft. Natürlich beschleunigten der kommerzielle Raubbau und die unglaublich effektive Schlächterei der Taubenjäger den Niedergang der Spezies. Wie viele Küken wohl in den Nestern verhungerten, weil die Eltern nicht zurückkehrten? Und wie viele der erlegten Tauben in den Städten vergammelten, weil es oft ein Überangebot auf den Märkten gab?

Der Bison oder Indianerbüffel wurde zu jenen Zeiten ebenfalls bis an den Rand der Ausrottung gejagt – sogar aus politischen Gründen, um den verbliebenen Indianern die Nahrungsgrundlage zu entziehen. Gerade noch rechtzeitig wurden die letzten paar hundert Tiere unter Schutz gestellt, sodass heute wieder mehr als dreihundertfünfzigtausend Bisons in den Prärien Nordamerikas grasen. Von der Wandertaube muss es nach den letzten großen Massakern immer noch mehr Exemplare gegeben haben als vom Bison: Tausende, Zehntausende oder Hunderttausende mögen noch in kleineren Schwärmen umhergezogen sein. Wieso reichten sie nicht aus, um die Art zu erhalten?

Die gewaltige Zahl der Wandertauben gaukelte eine Sicherheit vor, die es nicht gab. Auch in der Ökologie gibt es so etwas wie «Murphy's Law» – den «Allee-Effekt», benannt nach einem amerikanischen Ökologen: Wenn etwas erst mal schiefgeht, dann richtig.

Die Wandertauben waren für das Überleben in riesigen Schwärmen ausgerichtet; fällt die Anzahl von Individuen einer solchen Art unter eine bestimmte Größe, wirken sich viele Faktoren plötzlich dramatisch aus. So bot die Masse den einzelnen Wandertauben beispielsweise Schutz vor angreifenden Habichten. Als der Bestand an Tauben nun aber innerhalb kurzer Zeit zusammengeschossen wurde, blieb die Zahl der natürlichen Feinde unvermindert. Sie erbeuteten genauso viele Tauben wie zuvor, möglicherweise sogar mehr: Für Greifvögel ist es viel einfacher, aus kleineren Schwärmen ein Einzeltier zu isolieren.

Zudem brauchten die Wandertauben wahrscheinlich große Schwärme, um überhaupt in Brutstimmung zu geraten. Das erklärt auch, weshalb sich Einzelpaare oder kleine Gruppen in Gefangenschaft kaum vermehrten. Von anderen Koloniebrütern kennt man dieses Phänomen, etwa von Flamingos: Wenn es in Zoos mit der Zucht nicht klappen will, stellt man dort manchmal Spiegel auf – und die zumindest optisch vergrößerte Gruppe beginnt plötzlich, Eier zu legen.

Irgendwann wurde es wohl für die letzten wildlebenden Exemplare immer schwerer, Partner zu finden – erst recht bei einer Spezies, die so nomadisch und unregelmäßig durchs Land streifte wie die Wandertaube. Wenn die Geburtenrate aber über einen längeren Zeitraum unter die Sterberate sinkt, ist das Aussterben nur noch eine Frage der Zeit – eine mathematisch zu lösende Gleichung.

Nach dem Ausbleiben der Wandertauben kamen zunächst Gerüchte auf: Die großen Schwärme seien fortgezogen, nach Australien, nach Chile oder Peru. Andere seien vom Wind verweht worden und in die Karibik abgedriftet, und dort seien alle Vögel ertrunken.

Die Jäger stiegen rasch auf andere Objekte der Begierde um: Brachvögel und Regenpfeifer, Enten und Gänse boten neue Möglichkeiten, den Appetit der Städter auf Fleisch zu befriedigen. In jenen Jahren rotteten die Jäger den Trompeterschwan und den Schreikranich beinahe aus. Auch den Eskimobrachvogel, einst einer der häufigsten Vögel an der Küste, ereilte wahrscheinlich dasselbe Schicksal wie die Wandertaube; 1974 wurde das letzte Exemplar dieser Spezies gesichtet. Die Jägervereinigung «Ducks Unlimited» begann schließlich, Sumpfgebiete unter Schutz zu stellen, damit nicht noch mehr Arten aussterben – und ihnen genug Beute bleibt.

Noch immer ist die Wandertaube die häufigste Vogelart der Welt – allerdings nur in den Museen, in den Sammlungen ausgestorbener Vögel. Von keiner anderen verlorenen Tierart gibt es so viele Überreste: Über eintausendfünfhundert Bälge, Skelette und Präparate zeugen davon, dass *Ectopistes migratorius* existierte, darunter Martha, die als

Letzte ihrer Art von den 1920er Jahren an bis 1999 im Smithsonian Museum in Washington ausgestellt war. Seither ist sie der Öffentlichkeit aus konservatorischen Gründen nicht mehr zugänglich.

Zwei Mal noch ging Martha auf letzte Reisen: 1966 zu einer Naturschutzkonferenz nach San Diego und 1974 nach Cincinnati, als vor ihrer alten Pagode ein Denkmal eingeweiht wurde, das an das Verschwinden ihrer Spezies erinnert. Beide Male flog sie, sogar in der ersten Klasse. Und wurde von einem persönlichen Assistenten begleitet, der aufpasste, dass ihr nichts geschah. Schließlich war Martha nicht irgendwer – sie war schon lange eine VIP.

# El Condor Pasa – jetzt ohne Laus

M ike Wallace hat Mitte der 1980er Jahre noch ein paar übriggebliebene Exemplare des kleinen Federlings krabbeln sehen.
Der Naturschützer gehörte damit zu den wenigen Menschen, die den
Winzling überhaupt einmal lebend zu Gesicht bekommen und auch
wahrgenommen haben. Doch zugleich ging just in diesem Augenblick
eine lange Geschichte zu Ende, die bis weit über die letzte Eiszeit hin-
ausreichte: in eine Epoche, als gewaltige Mammuts und rennende Rie-
senbären Nordamerika durchstreiften und die Großtierfülle des Kontinents die der heutigen Serengeti weit übertraf.

Erst 1963 wurde das bestenfalls anderthalb Millimeter große Tierchen offiziell in die wissenschaftliche Welt aufgenommen. Seine Existenz als Art stand aber schon auf der Kippe, als ihm Roger Price und
James Beer den Namen *Colpocephalum californici* gaben. Die beiden
Insektenforscher von der University of Minnesota prophezeiten damals
jedenfalls das baldige Aussterben ihrer Neuentdeckung. Denn sein
Überleben war eng an die Existenz eines anderen Tieres geknüpft, mit
dem es eine exklusive Beziehung eingegangen war.

Wenn sich das kleine Wesen mit seinen sechs Beinchen an dessen
schwarze Halskrause klammerte, die wie eine Federboa um den nackten Hals geschlungen ist, oder auf den Schwingen seiner ausgebreiteten
Flügel saß, die eine Spannweite von beinahe drei Metern erreichen,
dann schwebte es wie auf einem fliegenden Teppich. Manche Vertreter
seiner Art hätten dabei einen der grandiosesten Ausblicke haben können, den die Erde zu bieten hat: Unter ihnen hatte der Colorado River

Aus Versehen ausgerottet: der kleine Federling *Colpocephalum californici*.

etwa sechs Millionen Jahre zuvor eine tiefe Schlucht gegraben – den Grand Canyon.

Im Gefieder des Kalifornischen Kondors bekam der Federling das jedoch nicht mit. Der große Neuweltgeier, der nächste Verwandte des noch etwas größeren Andenkondors, war seine ganze Welt: mobile Heimstätte und Nahrungslieferant zugleich. Auf dem fast gänzlich schwarzen Vogel fand er alles, was er brauchte. An den Federästen legte er seine Eier, die Nissen, ab. Mit seinen Mundwerkzeugen schabte er Hornstückchen vom Gefieder des großen Vogels und machte sich über Federfetzen, Hautschuppen und Drüsensekrete her. *Colpocephalum californici* gehörte zu den Kieferläusen, die anders als die Läuse des Menschen kein Blut saugen.

Die Kondorlaus war ein typischer Parasit, also eines jener Lebewesen, die aus anderen Organismen heraus ihre Nahrung beziehen. Dabei schädigen sie ihre Wirte nicht unbedingt – ein Parasit wäre schlecht beraten, wenn er seine Nahrungsgrundlage vernichten würde. So schadeten auch die Federlinge dem Kondor vermutlich kaum, allenfalls haben sie ihn etwas gejuckt, wenn sie im Gewirr des Gefieders auf ihm herumkrabbelten. Die flugunfähigen Insekten verbrachten ihr ganzes Leben auf dem großen Vogel – und nur auf diesem.

Das Schicksal, nur auf einer einzigen Art zu leben, auf Gedeih und Verderb auf sie angewiesen zu sein, teilte die kleine Kondorlaus mit vielen anderen Parasiten. Es ist der Preis für eine Art Rundumversorgung: Wer einmal damit anfängt und über viele Tausende von Generationen hinweg auf keiner einzigen anderen Spezies lebt, der wird immer «eigenartiger» und verliert die Fähigkeit, sich an andere Wirtsorganismen anzupassen.

Jedes größere wildlebende Tier beherbergt Hunderte, Tausende oder Millionen von Individuen anderer Spezies, manchmal sogar eine ganze Menagerie verschiedener Arten, die oftmals nur auf diesem Wirt existieren: Läuse, die Blut saugen, an Haaren oder Federn rumknabbern; Bandwürmer, die sich an den Darmsäften laben; Bakterien, die bei der Verdauung helfen und sich dafür Nährstoffe zur eigenen Ernährung abzwacken. Wenn eine Wirtsspezies ausstirbt, dann nimmt sie oft mehrere Arten mit: Je höher sich die Parasiten spezialisieren, desto geringer ist ihre Chance, der «Co-Ausrottung» zu entgehen.

So war auch das Schicksal der kleinen Kondorlaus *Colpocephalum californici* unabdingbar an die Existenz des Kondors geknüpft – wahrscheinlich bereits seit mehreren Jahrzehntausenden, wenn nicht schon viel länger.

Der Kalifornische Kondor allerdings stand vor dem Aus. Als die europäischen Siedler in den amerikanischen Westen vordrangen, lebte *Gymnogyps californianus* noch entlang der gesamten Pazifikküste – von Mexiko und Kalifornien hinauf bis nach Britisch-Kolumbien. Hier segelte er oft zweihundertfünfzig Kilometer weit auf der Suche nach Kadavern großer Meeressäuger, die an die Strände gespült wurden: Wale, Delfine und Robben. Als die Siedler die Prärien zur Viehzucht nutzten, profitierte der Kondor zunächst: Verendete Rinder boten neue Nahrung und ermöglichten ihm, sich wieder ins Landesinnere auszubreiten.

Eine Reihe von Problemen führte aber bald zum Niedergang der Spezies. Sie wurden aus Spaß geschossen oder von Ranchern, die dachten, Kondore hätten Kälber oder Lämmer gerissen. Dabei sind sie – wie die Geier der Alten Welt oder ihre südamerikanischen Vettern – gar nicht in der Lage, so große Tiere zu töten. Viele vergifteten sich, weil sie mit Strychnin versetzte Köder für Kojoten fraßen, oder sie verschluckten bleihaltige Schrotkugeln, die in Kadavern geschossener Tiere steckten. In den 1940er Jahren benutzten die Farmer außerdem zunehmend DDT, um Insekten zu vernichten. Das Umweltgift reicherte sich über die Nahrungskette vor allem in den Körpern großer Fleischfresser an.

Bei den Kondoren bewirkte das DDT, dass die Eierschalen so dünn wurden, dass sie zerbrachen, wenn sich die Vögel zum Brüten draufsetzten. Auch bei Weißkopfseeadlern, Wanderfalken und Pelikanen führte das Gift zu enormen Einbrüchen der Bestände.

Vor allem aber ging das Nahrungsangebot für die großen Vögel insgesamt zurück: Weil die großen Meeressäuger durch Bejagung stark dezimiert waren, fanden die Kondore an den Stränden kaum noch genug Kadaver, und seit der Einführung der modernen, industrialisierten Agrarwirtschaft gab es auch an Land immer weniger zu fressen. Rinder wurden nicht mehr halbwild von «Cowboys» in den Prärien gehalten und verendete Tiere aufgesammelt – aus «hygienischen» Gründen, aber auch, um sie weiterzuverwerten. Viele Weideflächen in Kalifornien wurden in Obsthaine und Gemüsefarmen umgewandelt, und schließlich kamen viele der Vögel mit ihren gewaltigen Schwingen an den Hochspannungsleitungen zu Tode.

So ging es im 20. Jahrhundert mit dem größten Greifvogel Nordamerikas stetig bergab: Flogen in den 1950er Jahren noch etwa einhundertfünfzig Kondore über Kalifornien, waren es 1968 nur noch um die sechzig und 1978 nur noch dreißig, die alle in einem begrenzten Gebiet in der Nähe von Los Angeles lebten.

Vor dem Ende der letzten Eiszeit, vor über zwölftausend Jahren also, war der Kalifornische Kondor weit über den nordamerikanischen Kontinent verbreitet, von Küste zu Küste. Überreste – Knochen, Eierschalen, sogar Federn – fand man nicht nur in Arizona, New Mexiko, Texas und in Florida am Atlantik, sondern bis in den Westen des heutigen Bundesstaates New York. Sein Speiseplan war damals deutlich abwechslungsreicher als heute und voller längst verschwundener Kreaturen: Allein in den westlichen USA und Nordmexiko lebten über dreißig Arten von Huftieren, darunter fünf Arten von Mammuten und elefantenähnlichen Mastodonten, das Kolumbusmammut etwa, mit vier Metern Schulterhöhe der größte Elefant, der jemals lebte. Dazu fünf Pferdearten, mehrere Kamele, archaische Elche, Waldmoschusochsen, diverse antilopenartige Huftiere und Langhorn-Bisons mit gewaltigem Kopfschmuck von einer Spannweite über zwei Meter, mehrere Meter große und anderthalb Tonnen schwere Riesenfaultiere sowie Glyptodonten – Gürteltiere groß wie ein gepanzerter VW-Käfer mit stachelbewehrtem Keulenschwanz. Löwen, die doppelt so schwer waren wie ihre afrikanischen Verwandten, durchstreiften Nordamerika; Säbelzahnkatzen, amerikanische Geparde und gewaltige Kurznasenbären, die dreimal so viel wogen wie ein Grizzly, aber mit ausgesprochen langen Beinen exzellente Läufer gewesen sein müssen, machten Jagd auf die Fülle der Huftiere. Und ein Riesenbiber, groß wie ein Schwarzbär, fällte Bäume.

Wo so viele Großtiere lebten, manche von wahrer Monstergröße, da fielen auch viele Kadaver für Aasfresser an. Und so teilte sich der Kalifornische Kondor den Himmel über Nordamerika mit einer ganzen Schar von Kompagnons: nahen Verwandten, wie dem *Breagyps*, einem langschnäbeligen Neuweltgeier, der ähnlich groß wie ein Andenkondor war, und entfernteren, noch viel größeren Vettern, wie dem *Teratornis*, einer Art Riesengeier, dessen größte Vertreter eine Flügelspannweite von bis zu fünf Metern hatten.

Ähnlich wie heute in den Savannen Afrikas, so versammelte sich damals ein ganzes Spektrum von Geiern, Adlern und Falken an den verendeten Großtieren. Die Spezies standen zwar prinzipiell in Konkurrenz um die Kadaver, sie profitierten aber auch voneinander. Oft sahen die kleineren, viel zahlreicheren Aasfresser ein totes Tier zuerst. Ihre Schar machte die großen Aasfresser auf den Fund aufmerksam, die sich dazugesellten. Und erst deren großen Schnäbel vermochten die Kadaver zu öffnen und für alle anderen zugänglich zu machen.

Einer dieser Großen war der Kalifornische Kondor – mit seiner kleinen Laus.

Wie auf einen Streich verschwanden plötzlich fast alle dieser Arten. Innerhalb von nur dreitausend Jahren starben über vierzig Spezies aus; in den vorangegangenen siebzigtausend Jahren waren es dagegen nur neun gewesen. Auffälligerweise betraf der Massenexitus fast nur die

Ein Relikt aus Eiszeiten: Mit einer Flügelspannweite bis zu drei Metern ist der Kalifornische Kondor der größte Greifvogel Nordamerikas.

spektakuläre Megafauna (und mit ihnen – nicht zu vergessen – wahrscheinlich auch die jeweils arteigene Minifauna, von der sich keine fossilen Überreste erhalten haben; eine Fülle von Parasitenspezies also, die sich im Mammutfell oder Riesenfaultierdarm eingenistet hatten). Kleinere Säuger hingegen und Meeressäuger wie Wale und Robben überlebten. Wie Fossilienfunde zeigen, veränderte sich deren Artenzahl kaum.

Es war gegen Ende des Pleistozäns, am Ende der bislang letzten Eiszeit, als die großen Spezies verschwanden – in jener Zeit also, als der Mensch wohl zum ersten Mal nach Amerika kam, um dort eine eigenständige Kultur zu entwickeln.

Während der Eiszeit lag vor achtzehntausend Jahren der Meeresspiegel weltweit noch gut einhundert Meter niedriger als heute – so viel Wasser war in den Gletschern der Erde gebunden. Zwischen Sibirien und Alaska fiel der Meeresgrund frei; dort wuchs die «Mammutsteppe» – eine eisige Landschaft voller Gräser, Kräuter und verkrüppelter Zwergbirken. Diese Landbrücke, Beringia genannt, eröffnete den Menschen den Weg nach Nordamerika.

Dort aber versperrten gewaltige Gletscher den Weg in den Süden. Erst als sich vor etwa fünfzehntausend Jahren das Klima langsam erwärmte, schmolz ein Korridor durchs Eis – ein gangbares Tal, durch das die Menschen ziehen konnten. Aus Sibirien stammend, waren sie geübte Jäger: Mammuts, Wollnashörner, Büffel und andere Großtiere gab es auch da. Jetzt aber kamen sie in einem weitaus gewaltigeren Großwildparadies an.

Das Klima erwärmte sich in den nächsten Jahrtausenden weiter, und damit veränderte sich auch die Vegetation, die Nahrungsgrundlage der Großtierherden. War das die Ursache des Massenaussterbens gewesen? Warum waren dann die kleineren Arten nicht betroffen? Das Ende einer Eiszeit hat immer weltweite Auswirkungen: Wieso sind zu jener Zeit aber auf anderen Kontinenten nicht ähnlich viele Spezies ausgestorben wie gerade hier in Nordamerika?

«Die großen Säuger verschwanden hier nicht, weil sie ihre Nahrungszufuhr verloren, sondern weil sie selber zur Nahrung wurden», vermutete Paul Martin von der University of Arizona schon 1963. Später arbeitete er seine Theorie weiter aus; sie wurde als Overkill-Hypothese bekannt: Ein Blitzkrieg besonders geschickter menschlicher Jäger leerte den amerikanischen Kontinent von seinen Großtieren.

Die ersten Jäger dort mochten noch mit langen Speeren, deren Projektilspitze aus zugespitztem Knochen bestand, auf Jagd gegangen sein. Das belegt ein knapp vierzehntausend Jahre alter Fund, der in einem

Mastodon, einem Urzeit-Elefanten, steckte. Doch bald entwickelten die Großwildjäger die erste amerikanische Erfindung: Steinzeit-Hightech, das die Welt verändern sollte, bis zu zwanzig Zentimeter lange, blattförmige und rasiermesserscharfe Speerspitzen aus Feuerstein, aus Quarz, Jasper oder Obsidian steckten an einem langen Schaft. Aufwendig verarbeitet, konnten sie, von speziellen Speerschleudern aus abgeschossen, zielgenau selbst gefährliche Riesentiere aus relativ sicherem Abstand töten. In Arizona entdeckte man einmal acht solcher Speerspitzen im Skelett eines Mammuts – jede einzelne hätte für eine klaffende, tödliche Wunde genügt.

Nach dem ersten Fundort solcher Klingen in New Mexiko heißt diese Jägerkultur die «Clovis-Kultur». In ganz Nordamerika finden sich solche Steinwerkzeuge, alle rund dreizehntausend Jahre alt. Ob diese Jäger wirklich die ersten Menschen in Amerika waren, ist noch umstritten; nicht jedoch, dass sie die erste amerikanische Kultur begründeten.

Mit dieser neuen, tödlichen Technologie ausgestattet zogen die nomadischen Jägerhorden durch den gesamten Kontinent, von Nord nach Süd – bis hinunter nach Feuerland, wo ebenfalls Clovis-Projektile gefunden wurden: Auch Südamerika verlor in jener Epoche einen großen Teil seiner Megafauna, der Durchmarsch vollzog sich innerhalb von vielleicht eintausend Jahren.

So anschaulich die Blitzkrieg-Hypothese ist, so umstritten ist sie. Konnten sich so wenige Nomaden innerhalb weniger Jahrhunderte so vermehren, dass sie in der Lage waren, unerschöpflich scheinende Großtierherden auszurotten? Immerhin gibt es Berechnungen, dass zweihundert Pioniere innerhalb von siebzig Generationen in eintausend Jahren auf eine Bevölkerung von siebzigtausend Menschen anwachsen können. Andere Forscher gehen sogar von einer noch höheren Reproduktionsrate aus. Oder hatten die Pioniere neuartige Krankheiten eingeschleppt? Gab vielleicht doch das Klima den Ausschlag? Aber wieso waren die Auswirkungen dann nur in Nordamerika so gewaltig – und nicht anderswo auf der Erde?

Jedenfalls war die amerikanische Megafauna innerhalb weniger

Jahrtausende nach dem Erscheinen des *Homo sapiens* für immer ausgerottet. Als die riesenhaften Huftiere nicht mehr existierten, starben auch die gewaltigen Räuber und die meisten der großen Aasfresser der Lüfte. Die Landschaften Nordamerikas hatten sich in Windeseile geleert. Nur wenige größere Arten haben überlebt: Bison und Elch etwa, Wapitihirsch und Grizzly. Bemerkenswerterweise sind sie alle «Spätankömmlinge» auf dem Kontinent, deren Vorfahren aus Eurasien stammten und ebenfalls – vielleicht zu früheren Eiszeiten – über die Landbrücke eingewandert waren, sodass sie den kleinen Menschen als gefährlichen Jäger kannten. Als einzige uramerikanische Huftiere haben nur die seltsamen Gabelböcke bis heute überlebt – mit einer Laufgeschwindigkeit von bis zu sechzig Stundenkilometern waren sie wahrscheinlich zu schnell für die Clovis. Deren Kultur verschwand nach dem Aussterben der Megafauna ebenfalls. Es folgte die «Folsom-Kultur», und die richtete sich mit den verbliebenen kleineren Arten ein: mit deutlich kürzeren Speerspitzen.

Als Relikt aus Eiszeiten, als einziger Überlebender der nordamerikanischen Fluggiganten hat sich der Kalifornische Kondor an der Westküste des Kontinents, wo noch genug große Meeressäuger strandeten, bis in die Neuzeit retten können. Doch die Ankunft der europäischen Siedler stellte die Ökologie des Kontinents abermals auf den Kopf – und brachte nun auch den Kondor an den Rand der Ausrottung.

Schon seit Beginn des 20. Jahrhunderts stand der Vogel unter Schutz, der Biologe Carl Koford war aber der Erste, der von 1939 an die wenigen verbliebenen Exemplare über viele Jahre erforschte und damit den Blick auf den Kondor prägte. Er hielt den seltenen Vogel für viel zu scheu und viel zu empfindlich für eine Zucht in Gefangenschaft. Die einzige Chance läge darin, ihn noch strenger zu schützen, möglichst in zu Ruhe lassen und zu hoffen, dass sich die Spezies wieder vermehren würde.

Unter Naturschützern entwickelte sich nun eine Debatte, die viele Jahre andauerte: Sollte man einfach zusehen, wie der Kondor ausstarb, oder versuchen, ihn zumindest in Gefangenschaft zu erhalten? War die Zeit dieser Tierart vielleicht einfach abgelaufen? Der Naturschriftsteller Kenneth Brown meinte jedenfalls, es müsse für einen solch prächtigen Vogel demütigend sein, sich von Erdhörnchen zu ernähren anstatt wie einst von Mastodonten: «Falls es für den Kondor an der Zeit ist, dem *Teratornis* zu folgen, sollte er unbehelligt von Radiosendern gehen.» In Würde aussterben nannte man das.

Als die Zahl der Kondore trotz strengen Schutzes allerdings immer weiter abnahm, entschied man sich in den 1980er Jahren, alle freilebenden Kondore einzufangen und zu versuchen, sie doch in Gefangenschaft zu vermehren.

Am Ostersonntag, den 19. April 1987, lag auf der abgelegenen Hudson Ranch im Norden von Los Angeles ein totgeborenes Kalb. Schon am Tag vorher hatte AC-9 die Fehlgeburt entdeckt. Gegen 9.50 Uhr am Morgen landete er knapp fünfzehn Meter neben dem Kadaver, an dem schon ein paar Raben fraßen. AC-9 trippelte näher, und als er das tote Kalb gegen 10.10 Uhr erreichte, gab es eine Explosion. Ein Netz schoss über den großen Vogel, der sich gerade über den Köder hermachen wollte, und bevor er sich in den Maschen verstricken konnte, waren Wissenschaftler da, um ihn daraus zu befreien und ihn unverzüglich in den San Diego Wild Animal Park zu bringen.

Mit «Adult Condor 9» war der letzte Kondor, der noch in freier Natur lebte, an jenem Ostersonntag eingefangen worden: Eines von nur siebenundzwanzig Exemplaren seiner Art, auf denen nun die Hoffnung zur Regeneration dieser Spezies ruhte. Noch nie zuvor waren Kalifornische Kondore in Zoos gezüchtet worden. Sie werden erst mit sechs, sieben Jahren geschlechtsreif, legen jährlich nur ein Ei und betreuen das Küken oft ein weiteres Jahr lang. De facto brüten sie also nur alle zwei Jahre.

Für die Rettung des Vogels war das viel zu langsam; zudem sollten sie schnellstmöglich wieder in die Freiheit entlassen werden. Die Naturschützer im San Diego Wild Animal Park und im Los Angeles Zoo

**Puppenspiel für den Naturschutz: Ein Küken des Kalifornischen Kondors wird gefüttert.**

– auf diese Institutionen wurden die eingefangenen Kondore verteilt – setzten daher auf einen Trick: Sobald ein Kondorpaar ein Ei legte, nahm man es ihnen weg. Meist paarten sie sich erneut und legten ein zweites, manchmal sogar ein drittes Ei. Die Eier wurden im Brutschrank ausgebrütet, die Küken von Hand großgezogen. So konnte man von einem Kondorpaar innerhalb von zwei Jahren sechs Jungvögel heranziehen – und nicht nur eines.

Am 29. April 1988 war es so weit: In San Diego schlüpfte das erste Kondorküken. Damit die jungen Vögel nicht auf den Menschen geprägt wurden, fütterte man sie durch einen Vorhang hindurch mit einer Kondorhandpuppe. Schon nach vier Jahren Zucht hatte sich die Zahl der Kondore fast verdoppelt. Nur fünfeinhalb Jahre nachdem

AC-9 als Letzter seiner Art frei in Kalifornien geflogen war, konnte ein junges, in Gefangenschaft geschlüpftes Paar ausgesetzt werden. 2003 schlüpfte erstmals seit über zwanzig Jahren wieder ein Kondorküken in der Natur. Mittlerweile gibt es bereits mehrere Populationen, und die Kondore breiten sich sogar bis nach Mexiko aus. Weiterhin bestehen Risiken für das Überleben der Art. Doch im Mai 2011 gab es wieder fast vierhundert Kalifornische Kondore auf der Erde, die Hälfte davon lebt in freier Wildbahn.

Und so fliegen sie nun wieder: Wie schon vor Jahrtausenden zieht der Kondor auch über dem Grand Canyon seine Kreise – eine große Erfolgsgeschichte des Artenschutzes. Nur: Die kleine Laus ist nicht mehr dabei! Sie gesellt sich in die Reihe ausgestorbener Parasiten: zur Milbe der Karibischen Mönchsrobbe, die 1952 ausstarb, zu den Läusen des Roten Aras von Kuba (1864), des Guadeloupe-Caracarafalken (1900) und des neuseeländischen Lappenhopfes (1907) – mit dem Unterschied, dass ihr Wirt, der Kondor, im letzten Moment vor dem Aussterben gerettet werden konnte.

Mike Wallace hat also Mitte der 1980er Jahre noch ein paar übriggebliebene Exemplare des kleinen Federlings krabbeln sehen. Nachdem der Biologe seine Doktorarbeit in Peru über den Andenkondor geschrieben hatte, arbeitete er für den San Diego Zoo bei der Rettung des Kalifornischen Kondors mit. Sobald einer der letzten Vögel aus der Wildnis eingefangen war, untersuchten die Forscher im Zoo seinen Gesundheitszustand. Jahre später, als man das Verschwinden der Kondorlaus bemerkte, erinnerte sich Wallace, dass ein oder zwei der eingelieferten Kondore Läuse hatten – «typische» Läuse.

Das war das Todesurteil für den Winzling. Die Kondore wurden mit Carbaryl eingestäubt, einem Insektizid – und das Schicksal des *Colpocephalum californici* war besiegelt: Mit guter Absicht und um das Wohl des seltenen Kondors besorgt, rotteten die Forscher die letzten Exemplare der kleinen Laus aus. Sie fielen einem ehrgeizigen und ausgesprochen erfolgreichen Artenschutzprogramm zum Opfer.

Zur Zeit der Rettung des Kalifornischen Kondors war das Bewusstsein für die Einzigartigkeit solcher Parasiten noch nicht so groß. Erst 2004 machten sechs Biologen an seinem Beispiel auf die Ausmaße eines unbemerkten Artensterbens aufmerksam. Damals standen über zwölftausend Tier- und Pflanzenarten auf der Roten Liste der bedrohten Arten der Internationalen Naturschutzorganisation IUCN. (Diese Zahl wächst ständig: 2006 war die Liste auf über sechzehntausend Spezies angewachsen, 2011 schon auf fast zwanzigtausend.) Die sechs Biologen rechneten nun vor, dass zusammen mit den bedrohten Arten schätzungsweise gut sechstausend weitere, «angegliederte» Spezies ebenfalls ausstürben. Opfer dieser «Co-Ausrottung» wären nicht nur Parasiten, sondern auch Pflanzen, die auf ganz bestimmte Insekten oder Vögel angewiesen sind, um bestäubt zu werden.

Die Ausrottung des *Colpocephalum californici* gilt heute als Fehler – irgendwie verständlich, aber völlig unnötig. Schon allein, weil der Federling dem Kondor vermutlich gar nicht geschadet hat. Was bleibt, ist eine ethische, eine prinzipielle Frage: Zählt der Wirt mehr als der Parasit? Oder gilt: Gleiches Recht für alle – also auch für Parasiten? Denn eine Art ist eine Art ist eine Art.

# Geisterspecht und Kreischjuwel

D as muss Charisma sein: Im Internet «zwitscherte» man längst, dass «er» noch lebt. Weil die Forscher befürchteten, dass Heerscharen von Fans in das Refugium strömen würden, in dem sie ihn vermuteten, hatte man, so gut es eben ging, still und heimlich am Projekt «Elvis» gearbeitet. Vom Zeitpunkt der ersten Sichtung im Februar 2004 bis in den April 2005 hinein hatten die Wissenschaftler schon rund zweiundzwanzigtausend Stunden in die Suche in den Big Woods investiert, einem sumpfigen Naturschutzgebiet im südlichen Arkansas. Im Falle eines positiven Ausgangs der Fahndung sollte Laura Bush, die damalige First Lady der USA, höchstpersönlich den unglaublichen Erfolg verkünden, dass «er» nach über fünfzig Jahren wieder aufgetaucht war.

Irgendwann aber sickerte den Wissenschaftlern einfach zu viel an die Öffentlichkeit durch, und sie entschieden sich, selber vor die Presse zu treten, ehe ein anderer die zu erwartenden Schlagzeilen machte. Und so präsentierte der anerkannte Vogelkundler John W. Fitzpatrick von der Cornell University am 28. April 2005, was er den «Heiligen Gral der Ornithologie» nannte – er scheute also nicht den Vergleich mit jenem Kelch, den Jesus beim Letzten Abendmahl benutzt haben soll und den Generationen von Tempelrittern auf abenteuerlichen, wenngleich bis heute erfolglosen Fahrten gesucht haben. Herzstück der Präsentation war ein Videoclip, so wacklig, unscharf und verschwommen, dass die berühmte Bigfoot-Aufnahme von 1967 dagegen aussah wie eine perfekte, hochaufgelöste Naturdokumentation: ein Knie, eine Hand und der Griff eines Paddels in einem Boot, das durch einen überschwemmten Wald in Arkansas zwischen Tupelo-Bäumen treibt – und plötzlich fliegt im Hintergrund ein recht großer Vogel auf. Er füllt noch nicht einmal ein Zwanzigstel des Bildes aus, aber unter den Flügeln sind deutlich weiße Flächen zu erkennen, dann verschwindet er. Ganze vier Sekunden dauert der Flug. Die aber reichten dem angesehenen Wissenschaftsmagazin «Science» aus, um eine Sensation zu vermelden. Die Nachricht machte daraufhin Schlagzeilen auf der ganzen Welt; der amerikanische Sänger Sufjan Stevens besang die bedeutende Wiederentdeckung von Arkansas sogar in einem eigens komponierten Lied.

Natürlich hatten die Forscher jene vier Sekunden Bildmaterial ausgiebig analysiert: Die Größe des Vogels und die Muster der Flügel seien auch in der unscharfen Filmsequenz eindeutig zu erkennen. Dazu bestätigten sieben weitere, vertrauenswürdige Sichtungen innerhalb von zehn Monaten seine Existenz, alle im Umkreis von drei Kilometern gesammelt. Mehrfach war nach Ansicht der Forscher während der monatelangen Suche das typische Doppelklopf-Trommeln zu hören gewesen – «BAM bam». So waren die Vogelexperten um Fitzpatrick überzeugt, dass «er» wieder da war, endgültig wieder aufgetaucht. Mindestens ein Exemplar hatte also die Jahrzehnte überlebt – ein Männchen jenes Vogels, den die Amerikaner gerne den «Lord God Bird» nennen: der Elfenbeinspecht *Campephilus principalis*.

«Lord God, what a bird!» – «Oh, Herrgott, was für ein Vogel!», so entfuhr es vielen Menschen, die bewundernd und staunend den imposanten Elfenbeinspecht in der Natur erleben konnten. Der englische Naturhistoriker Mark Catesby beschrieb wohl als Erster im Jahre 1731 jenen Specht, einen der größten seiner Sippe, der von der Spitze bis zum Schwanz mehr als fünfzig Zentimeter maß. Sein elfenbeinfarbener Schnabel werde von den Indianern in eine Art Krone oder Diadem gebunden, mit den Spitzen nach außen, um damit große Krieger zu ehren. Indianerstämme aus nördlichen, kälteren Regionen, in denen der Specht nicht vorkäme, gäben drei Hirschhäute für einen der kostbaren Schnäbel.

Wegen seines prächtigen Aussehens und seiner satten Farben bezeichnete der Vogelmaler John James Audubon den «Herrgottsvogel» nach dem flämischen Meister des 17. Jahrhunderts als den «Van Dyck» unter den Vögeln: Das Gefieder war wie mit kühnem Pinselstrich in mattem Schwarz und glänzendem Weiß koloriert, darauf ein knallroter Schopf, zumindest beim männlichen Specht – beim Weibchen und jüngeren Vögeln war der Kamm schwarz.

Der Elfenbeinspecht kam zu jener Zeit im ganzen Südosten der USA vor, in den Sumpfwäldern des Mississippitals, an der Ostküste von North Carolina bis hinab nach Florida, wo er in moorigen, undurchdringlichen und dunklen Zypressenwäldern voller moosbehangener Äste lebte. Nur dort gab es ausreichend große, erst kürzlich abgestorbene Bäume, unter deren Borke er nach fetten, saftigen Larven von Bockkäfern und anderen Insekten suchen konnte. Wo der Vogel am Werk gewesen war, türmten sich vor den Stämmen gewaltiger Bäume Haufen abgehackter Rinde; der Boden ringsum war mit so vielen Spänen bedeckt, als wäre ein halbes Dutzend Holzfäller den ganzen Morgen bei der Arbeit gewesen – und nicht einfach nur ein Specht.

Die enorme Kraft im Schnabel des Elfenbeinspechts konnte zu Beginn des 19. Jahrhunderts der Vogelkundler Alexander Wilson erleben. Er war, wie viele Naturforscher jener Zeit, selber mit dem Gewehr unterwegs, um seine Forschungsobjekte zu sammeln, und hatte dabei einen Elfenbeinspecht angeschossen. Dieses Mal entschied er sich aber, den nur leicht am Flügel verwundeten Vogel als Gefährten zu behalten. Wilson trug den Specht, der wimmerte wie ein kleines Kind, in einer geschlossenen Tasche zu seinem Quartier. Als er nach Wilmington in North Carolina kam, stürzten die Frauen des Ortes an die Fenster, um zu schauen, wer da so herzzerreißend schrie.

In einer Herberge brachte Wilson den Specht samt Gepäck ins Zimmer, bevor er im Stall nochmals nach seinem Pferd schaute. In dieser Zeit verwüstete der Specht den Raum: Bei seiner Rückkehr fand Wilson das Bett mit großen Stücken abgefallenen Putzes übersät, der unter dem Gips liegende Deckenbalken war nahezu freigelegt, durch

**Der Elfenbeinspecht** *Campephilus principalis*,
gemalt von John James Audubon.

ein Loch konnte man zu den Dachschindeln durchschauen. Als Wilson später Insektenlarven für seinen Schützling besorgen wollte, band er ihn nach dieser Erfahrung sicherheitshalber mit dem Fuß an den schweren Mahagonitisch. Als der Naturforscher dieses Mal zurückkam, war der kostbare Tisch ruiniert. Der Specht, der ja nicht umsonst im Englischen «Woodpecker» heißt, hatte aus dem wertvollen Möbelstück Kleinholz gemacht.

Nur wenige Jahrzehnte später steckte die bis dahin weitverbreitete Spezies in Schwierigkeiten. Denn die Schönheit des Spechts weckte Begehrlichkeiten: Sammler und Präparatoren von Museen wollten den Vogel ausgestopft in ihrer Kollektion, Modemacher schmückten mit den hübschen Federn die Hüte der Damenwelt jener Zeit.

Zudem benötigte der Elfenbeinspecht einen besonderen Lebensraum – allein schon, um genug Nahrung zu finden. Ein einziges Paar der Spechte brauchte schon etwa acht Quadratkilometer ungestörten Waldes, um erfolgreich zu brüten. Die «Van Dycks» besiedelten zwar weite Gebiete im Süden der USA, doch gab es von ihnen in der jeweiligen Region immer nur wenige Exemplare. Sie bevorzugten offenen Wald mit wenig Unterholz, durch den sie mit ihren drei viertel Metern Spannweite ungehindert fliegen konnten – ein Wald, wie er im Südosten der USA wuchs, bevor die Europäer kamen und als die Indianer die Landschaft noch mit Feuer «pflegten».

Das Verschwinden der Indianer schränkte die Brutmöglichkeiten der Spechte ein: Da das Unterholz nicht mehr regelmäßig abgebrannt wurde, verbuschten die Wälder und wurden für die Vögel zu eng. Nur noch hoch aufragende Baumriesen boten weiterhin genug Platz, um in ihren Stämmen sowohl ausreichend geräumige als auch gut zugängliche Höhlen zu bauen. Genau jene Bäume wurden jedoch von den Holzfällern als Erste gefällt, als zunehmend Bohlen für den Ausbau der amerikanischen Eisenbahn benötigt wurden.

Der Archäologe und Naturforscher Charles Conrad Abbott sagte dem Elfenbeinspecht daher schon 1895 eine düstere Zukunft voraus –

wahrscheinlich sei die Spezies in den Vereinigten Staaten bald ausgerottet. Und tatsächlich wurde ihr Lebensraum immer weiter zerstückelt; wegen des guten Bodens waren die sumpfigen Tieflandwälder entlang der Flusstäler bei Farmern begehrt und wurden oft als Erstes gerodet und trockengelegt. Schon 1920 schien es so, als sei der Elfenbeinspecht infolge der Jagd und wegen des Verlustes seines Lebensraums ausgestorben. 1932 wurde dann noch ein männlicher Specht in einem abgelegenen Sumpf in Louisiana gesehen, aber sogleich abgeschossen. Immerhin gab es den Herrgottsvogel wohl noch.

Zu Zeiten von Audubon und Wilson lebte im gleichen Lebensraum wie der altehrwürdige «Van Dyck»-Vogel ein kreischendes Juwel mit quietschgrünem Gefieder, knallgelbem Hals und Kopf; Schnabel- und Augenpartie waren wie in kräftiges Orange getunkt. Seine lauten Rufe – «qui» oder «qui-i-i» – waren über Kilometer hinweg zu hören. Der Karolinasittich war der einzige Papagei Nordamerikas. Die meisten seiner Verwandten waren in südlichen Gefilden zu Hause, der *Conuropsis carolinensis* aber fühlte sich selbst in New York und im Gebiet der Großen Seen wohl; verschneite Winter machten ihm nichts aus. Ebenso wie die Elfenbeinspechte lebten die Karolinasittiche gerne am Wasser, in den Zypressensümpfen des Südens, oder dort, wo Platanen wuchsen, in deren großen, hohlen Stämmen sie übernachteten und brüteten. Nur selten bauten sie Nester auf Zweigen. Im Gegensatz zum Elfenbeinspecht waren sie extrem soziale Vögel, die zu Tausenden umherflogen.

Als die europäischen Siedler die Wälder abholzten und begannen, in den Flussniederungen Landwirtschaft zu betreiben, verloren die Papageien zwar viele Nistmöglichkeiten, ihre Ernährung konnten sie – anders als die Elfenbeinspechte – jedoch leicht umstellen. Schließlich gab es nun überall Getreidefelder und Obstplantagen, und statt Samen der Spitzklette fraßen die bunten Vögel eben Weizen, Mais oder reifes Obst von den Bäumen. Ein Vogelforscher wie Audubon konnte da noch so begeistert von Feldern voller Sittiche schwärmen, die aussahen, als hätte jemand einen mit Brillanten besetzten Teppich aus kräftigstem Grün ausgebreitet, durchwirkt mit orangefarbenen und gelb leuchtenden Tupfen: Für die Siedler waren die Papageien einfach Schädlinge ersten Ranges – «Ratten der Lüfte».

Entsprechend rücksichtslos wurden sie verfolgt und abgeschossen. Ihr Sozialleben machte sie extrem verwundbar. Kaum war einer der Papageien getroffen, kamen alle anderen Mitglieder der Schar herbei, um ihrem gefallenen Gefährten beizustehen. Bei natürlichen Feinden mag das sinnvoll sein, denn so manches Raubtier lässt sein Opfer wieder los, wenn eine kreischende Meute auf es zustiebt. Die jungen Vögel im angreifenden Trupp lernen auf diese Weise, vor wem sie sich in Acht nehmen müssen; eigentlich ein ausgesprochen sinnvolles Verhalten – nur nicht, wenn man es mit Menschen und deren Gewehren zu tun hat. So lockte jeder angeschossene Vogel die anderen vor die Flinte. Und im Nu war ein ganzer Schwarm vernichtet.

Da die Karolinasittiche so hübsch waren, wurden sie häufig gefangen und auf dem Vogelmarkt bis nach Europa verkauft. Das Geschäft lohnte sich: Der Hamburger Tierhändler Hagenbeck soll dem Berliner Zoo 1896 zwei Paare für die damals beachtliche Summe von einhundertfünfzig Reichsmark verkauft haben. Dieser hohe Preis war auch ein Zeichen dafür, dass die Sittiche mittlerweile Seltenheitswert hatten. Schon damals warnte die 1872 gegründete und auch noch heute existierende deutsche Vogelzeitschrift «Gefiederte Welt», dass diese Art bald auszusterben drohe. Dennoch kam zu jener Zeit wohl niemand auf die Idee, die gefährdete Spezies auf Dauer in Gefangenschaft zu erhalten – auch nicht Hans Freiherr von Berlepsch, der Begründer des wissenschaftlichen Vogelschutzes in Deutschland, obwohl er den Karolinasittich bereits erfolgreich gezüchtet hatte: Berlepsch hatte vor seinem Haus im thüringischen Seebach zwei Paare der winterharten Papageien freigelassen, die zunächst in einem Taubenschlag, später in den Höhlen zweier alter Linden brüteten und sich auf über zwanzig Exemplare vermehrten. Im Schwarm zogen sie weit übers Land und kehrten immer wieder zurück – bis sie eines Tages ausblieben.

**Der Schwarm war sein Schicksal: Der Karolinasittich**
*Conuropsis carolinensis.*

Erst Jahrzehnte später fand Berlepsch heraus, was geschehen war, als er in einer gut fünfzig Kilometer entfernten Dorfschenke «verräucherte Überreste von Karolinasittichen» entdeckte. Der Kneipenwirt erklärte ihm, sein Vater habe vor vielen Jahren diese komischen Vögel von der Hoflinde herabgeschossen: Einen nach dem anderen, denn die Überlebenden seien immer um den herumgeflattert, der gerade zuletzt von der Kugel niedergestreckt worden war. Das war das Ende der freilebenden Karolinasittiche Deutschlands.

Innerhalb von einhundert Jahren verschwanden sie aus immer weiteren Teilen ihres eigentlichen Verbreitungsgebietes: zunächst 1832 aus Ohio, 1856 dann aus Indiana, 1878 aus Kentucky, 1879 aus Illinois. Westlich des Mississippi hielten sich die Papageien länger – in Missouri sogar bis 1912. Letzte Sichtungen stammen aus den 1930er Jahren, unter anderem aus dem Okeechobee County in Florida. Das letzte Exemplar, dessen Existenz sicher verbürgt ist, ein Männchen namens Incas, starb jedoch bereits 1918 im Zoo von Cincinnati, also genau dort, wo vier Jahre zuvor auch Martha, die letzte Wandertaube, gestorben war. Allerdings scheint Incas keine solche Aufmerksamkeit zuteil geworden sein. Ob er am 14. oder 21. Februar verschied, ist unklar; sein Körper ging verloren.

Nachdem 1937 in Louisiana noch ein Elfenbeinspecht geschossen worden war, schickte die National Audubon Society, 1905 zu Ehren des großen Vogelmalers gegründet, einen jungen Biologen namens James Tanner aus, um den «Van Dyck» zu suchen. Zwei Jahre lang erkundete Tanner alle Regionen, aus denen Sichtungen gemeldet wurden. Er schätzte, dass noch etwas mehr als zwanzig dieser Spechte in den Vereinigten Staaten lebten.

Allerdings sah Tanner den seltenen Specht nur im «Singer Tract», dem größten der verbliebenen ursprünglichen Waldstücke des Südens, mit eigenen Augen. Vier Paare fand er hier; zum Teil waren sie wahrscheinlich erst jüngst zugeflogen, nachdem ihre angestammten Brutplätze den Holzfällern zum Opfer gefallen waren. Nur in diesem alten

Louisiana, 6. März 1938: An seinem Geburtstag fotografiert
James Tanner einen Nestling des Elfenbeinspechts – wahrscheinlich eines
der letzten Küken, das je geschlüpft ist.

Wald, so glaubte Tanner, gäbe es für den Specht noch eine Chance zu
überleben. Allerdings hatte die «Chicago Mill and Lumber Company»
bereits die Rechte erworben, genau hier Holz einzuschlagen. Unverzüglich startete die Audubon Society daher eine Kampagne zur Rettung
des Singer Tracts. Für das Überleben des Elfenbeinspechts erwies sich
diese Aktion leider als kontraproduktiv, denn nun beschleunigten die
Besitzer der Sägemühle die Abholzung des Waldgebiets.

Als die Japaner am 7. Dezember 1941 den Militärstützpunkt Pearl
Harbor auf Hawaii bombardierten und so die USA in den Zweiten

Weltkrieg hineinzwangen, brauchte die Armee zudem plötzlich sehr viel Holz für Container und Kisten jeglicher Größe, um darin Gewehre, Munition und Nahrungsmittel nach Übersee zu verschiffen. Auf den Singer Tract und die verbliebenen Spechte konnte nun erst recht keine Rücksicht genommen werden. Noch am 27. Dezember 1941 führte Tanner einen Verantwortlichen der Sägemühle in den Wald, um ihm jene Bäume zu zeigen, die für das Überleben des Elfenbeinspechts besonders wichtig waren. Der war zwar durchaus kooperativ, konnte aber nicht viel versprechen. Für die Vögel sei es besser, wenn sie rasch lernten, ihre Lebensweise umzustellen, meinte er.

Am nächsten Morgen, einem Sonntag, war Tanner wieder im Wald. Acht Tage zuvor hatte er eine Schlafhöhle der Spechte entdeckt. Um 6.55 Uhr beobachtete er nun, wie dort ein erwachsenes Weibchen aus dem Flugloch schlüpfte, den Stamm hochkletterte, zu einem anderen flog, dort ihr doppeltes «BAM bam» klopfte und sich das Gefieder putzte. Ein zweites, jüngeres Weibchen kam dazu. Die beiden fraßen gemeinsam, flogen von Baum zu Baum, blieben beieinander. Es waren die letzten lebenden Elfenbeinspechte, die Tanner sah: «Ich verlor sie um 7.45 Uhr aus den Augen.»

Noch einmal tauchte der Elfenbeinspecht auf: Im April 1944 beobachtete der Künstler Don Eckelberry, der ebenfalls für die Audubon Society unterwegs war, in den Sümpfen ein Exemplar, das er über zwei Wochen hinweg zeichnen konnte, während im Hintergrund die Sägen kreischten. Das war die letzte anerkannte Sichtung eines Elfenbeinspechts in den Vereinigten Staaten.

Gerüchte über seine Existenz kamen immer wieder auf; über Jahre hinweg gingen Dutzende unbestätigter Sichtungen im Südosten der USA durch die Presse, doch es gab immer Zweifel an der Richtigkeit der Beobachtungen. Zu leicht kann der Elfenbeinspecht mit einer ähnlichen Spezies verwechselt werden: Der etwas kleinere Helmspecht ist ebenfalls schwarz-weiß gefärbt, seine Flügel sind aber anders gemustert. Viele Beobachter haben sich also vermutlich einfach getäuscht.

In einer Zeit, in der ursprünglicher, sumpfiger Urwald fast überall in öde Agrarsteppe umgewandelt worden war, wollten viele jedoch an das Überleben des Elfenbeinspechts glauben und hofften, dass noch ein paar Exemplare zwischen den Reliktwäldern hin- und herflogen. Dass sie dabei kaum gesichtet wurden, wertete man paradoxerweise sogar als Indiz für ihre Existenz: Schließlich hätten nur die schlauesten Tiere die Jagd überleben können, jene, die ganz vorsichtig gewesen waren. «So fliegt der Elfenbeinspecht umher zwischen der Welt der Lebenden und der Welt der Toten, zwischen der amerikanischen Wildnis und der modernen Kulturwüste, zwischen Glaube und Zweifel, Überleben und Ausrottung», schrieb der Schriftsteller Jonathan Rosen über den mysteriösen «Geistervogel», der längst eine Projektionsfläche für die Träume der Amerikaner geworden war: immer noch wild, unerreichbar – und als Symbol für die Natur unverwüstlich.

Offiziell gilt eine Spezies als endgültig ausgestorben, wenn es seit über fünfzig Jahren keinen Nachweis für ihre Existenz mehr gibt und sie von niemandem mehr in freier Wildbahn gesichtet wurde. So hat die Internationale Naturschutzorganisation IUCN den Elfenbeinspecht ab 1996 schon einmal als «ausgestorben» geführt. Heute führt sie ihn wieder in der Kategorie «Vom Aussterben bedroht oder wahrscheinlich ausgestorben». Ausschlaggebend waren die Ereignisse am 11. Februar 2004.

An diesem Tag paddelte Gene Sparling aus Hot Springs auf dem Cache River im Bundesstaat Arkansas alleine in seinem Kanu. Gegen 13.30 Uhr flog ein ungewöhnlich großer Specht mit rotem Kamm auf ihn zu. Er landete auf einem Baumstamm, kaum zwanzig Meter entfernt. Aufgrund seiner Zeichnung war sich Sparling sicher, dass es ein männlicher Elfenbeinspecht war – und setzte diese Nachricht auf seine Website.

Schon sechzehn Tage später, am 27. Februar 2004, führte er zwei besessene Birdwatcher, Tim Gallagher und Bob Harrison, zu dem Ort. Die beiden waren dem Geistervogel schon lange hinterher. Und wieder erschien der Specht, flog schnurstracks zwischen den Bäumen entlang, landete, und flog weiter. Weil ihn zwischendurch Baumstämme verdeckten, gelang kein Foto. Was tun? Die beiden Vogelfreunde waren überzeugt, dass sie «ihn» gesehen hatten, informierten schließlich das Cornell Laboratory of Ornithology und setzten sich dort langen Interviews mit den Wissenschaftlern aus. Als die überzeugt waren, begann die heimliche Suche nach dem Elfenbeinspecht. Mit dem Vier-Sekunden-Video, das John W. Fitzgerald gut ein Jahr später als «größte Ornithologie-Geschichte des Jahrhunderts» vorstellte, erreichte diese Suche ihren vorläufigen Höhepunkt.

Danach durchstreiften von November 2005 bis in den April 2006 hinein zwanzig Biologen und über einhundert sorgfältig ausgewählte Helfer die Big Woods im südlichen Arkansas – jenes urwüchsige Naturschutzgebiet voller Wälder und Sümpfe inmitten der Agrarsteppe, in dem sich der Elfenbeinspecht aufhalten sollte. Automatische Kameras sollten weitere Bilder des Vogels liefern, ferngesteuerte Tonbandgeräte das typische rhythmische Doppelklopf-Trommeln aufnehmen: «BAM bam». Für diese Suche stand ein Budget von einer Million Dollar bereit.

So wurden Zehntausende von Stunden an Geräuschen aus dem Wald von Arkansas aufgezeichnet. Die Mühe schien sich zu lohnen: Die Ornithologen entdeckten auf den Bändern nicht nur das charakteristische «BAM bam»-Doppelklopf-Hämmern, sondern sogar einige Laute, die nach jenen nasalen «kent kent»-Rufen klangen, von denen in alten Berichten über diese Art die Rede ist. Allerdings geben andere Spechte der Region zumindest ähnliche Trommelgeräusche von sich, und ein nasales «kent» wäre auch dem stimmgewandten Blauhäher zuzutrauen. Zudem war nicht auszuschließen, dass jemand die in den 1930er Jahren aufgezeichneten Tonaufnahmen des Elfenbeinspechts im Wald abgespielt hatte, um mögliche Überlebende anzulocken.

Es gab weitere angebliche Sichtungen, aber trotz Hightech und Roboterkameras konnte der Elfenbeinspecht nicht dingfest gemacht werden. Weder Federn noch Kot des Spechts wurden gefunden. Und wo waren eigentlich die Spanhaufen, die sich nach den Hammerattacken mit dem großen Schnabel unter den Bäumen auftürmen, wie Wilson es im 19. Jahrhundert beschrieben hatte? War der Specht weitergezogen? Hielt er sich inzwischen in einem anderen Waldrest inmitten der Agrarsteppe auf? Die Kritiker unter den Ornithologen glaubten, dass die Bildsequenzen doch einen Helmspecht zeigen.

Die Forscher der Cornell University versuchten, was sie konnten, um die Existenz des Lord God Birds zu beweisen. Auch statistisch waren sie gerüstet: Wenn ein Elfenbeinspecht in jenem Gebiet in Arkansas überlebt hatte, dann gäbe es eine Chance von zwölf Prozent, ihn innerhalb zweier Jahre dort zu entdecken; bei fünf Vögeln wären es schon knapp fünfzig Prozent, und vierundsiebzig Prozent, wenn es dort zehn Spechte gäbe. Was aber, wenn er woanders hingeflogen ist? Fünf Jahre lang suchten sie in Arkansas – und weiteten die Fahndung auf sieben Bundesstaaten im Südosten der USA aus.

Im Jahre 2010 stellte das Team der Cornell University die Suche ein. Der Leiter des Suchteams, der Biologe Ron Rohrbaugh, erklärte: «Wir glauben nicht mehr, dass in den untersuchten Gebieten noch eine überlebensfähige Population existiert.» Doch ausschließen, dass es den Specht noch gab, das konnte Rohrbaugh auch nicht. Wer glaubt, einen Elfenbeinspecht gesehen zu haben – in der Cornell University nimmt man die Meldung noch immer gerne entgegen.

So schwirrt der Elfenbeinspecht weiterhin in gewissermaßen homöopathischen Dosen durch die amerikanischen Wälder – in realer Substanz bleibt er weit unterhalb der Nachweisgrenze. Seine energetischen Schwingungen allerdings haben große Wirkung: Bislang hat allein der «US Fish and Wildlife Service» (FWS) vierzehn Millionen Dollar aufgewendet, um die Existenz des Elfenbeinspechts im Südosten der USA nachzuweisen. Zwei Millionen kosteten allein die Suchaktionen im ehemaligen Verbreitungsgebiet, weitere acht Millionen flossen in den Schutz der Lebensräume, in denen der Specht vorkommen könnte – Geld, das immerhin auch anderen bedrohten Arten zugutekommt. Noch im Jahr 2010 veröffentlichte der FWS einen über einhundertfünfzig Seiten langen «Genesungsplan» für den Vogel. Die Suche geht also weiter.

Für andere, noch eindeutig existierende Spezies wird hingegen nicht so ein großer Aufwand betrieben: Im Jahr 2003 wurden für siebenundzwanzig hochbedrohte Vogelarten auf den US-amerikanischen Hawaii-Inseln, die ums Überleben kämpfen, gerade einmal 3,2 Millionen Dollar ausgegeben – insgesamt. Bei aller Bewunderung für den seit über sechzig Jahren verschollenen Charismatiker unter den amerikanischen Vögeln: Was hat er, was sie nicht haben?

# EUROPA:
# UNTERGANG IM ABENDLAND

## Sieben Minuten Renaissance

Es gibt mittlerweile ein Tier, das schon zwei Mal ausgestorben ist: der Bucardo oder Pyrenäen-Steinbock. Celia, die letzte Geiß, hatte sich gerade eben noch ins neue Jahrtausend hinübergerettet, da kam sie im Alter von dreizehn Jahren in einem wahrhaft dramatischen Finale in den Pyrenäen ums Leben: Ein Baum stürzte um, streckte Celia nieder und zertrümmerte ihr den Schädel. Am 6. Januar 2000 fanden Wildhüter im spanischen Ordesa-Nationalpark die mit einem Sender ausgestattete Steinböckin tot nahe der französischen Grenze vor. Damit war *Capra pyrenaica pyrenaica* das erste Großtier, das im neuen Millennium von dieser Erde verschwand.

Neun Jahre später wurde aber wieder ein Pyrenäen-Steinbock-Zicklein geboren – und zwar im Januar, was völlig unnatürlich ist. Denn vor der Ausrottung hatten die Geißen ihre Kitze im Mai bekommen; sie entfernten sich dafür von der Herde und zogen sich zur Niederkunft in schwer zugängliches, felsiges Terrain zurück, wo die Jungen vor Raubtieren besser geschützt waren. Der wiedergeborene Bucardo hingegen erblickte wohlbehütet und von Wissenschaftlern umsorgt das Licht der Welt. Schon bevor es überhaupt zur Schwangerschaft gekommen war, wussten die Forscher, dass wiederum ein «Mädchen» zur Welt kommen würde: Das Zicklein war aus Celias tiefgefrorenen Zellen entstanden und somit mit der letzten Geiß genetisch identisch – ein Klon also, Celias Kopie, ausgetragen von einer Hausziege als Leihmutter.

Damit ist der Pyrenäen-Steinbock das erste ausgestorbene Tier, das wieder zum Leben erweckt werden konnte. Seine Renaissance währ-

**Der Bucardo oder Pyrenäen-Steinbock besaß besonders
elegant geschwungene Hörner.**

te allerdings nur sieben Minuten, dann verabschiedete sich Celia 2.0 schon wieder. Ihre Lunge entfaltete sich schlecht, das Kitzlein starb, und mit der *Capra pyrenaica pyrenaica* war es zum zweiten Mal vorbei. Möglicherweise aber nicht zum letzten Mal.

Als eine von vier Unterarten des Spanischen Steinbocks war der Bucardo in den Pyrenäen einst weit verbreitet. Doch schon im 19. Jahrhundert wurde er auf der französischen Seite des Gebirges ausgerottet. Auch auf der spanischen Seite lebten um 1900 kaum noch einhundert der Wildziegen; von 1910 an waren es nie mehr als vierzig, die noch in einem kleinen Teil der Pyrenäen existierten.

Dem Steinbock wurde sein stattlicher Kopfschmuck zum Verhängnis; dieser war bei Jägern als Trophäe hoch begehrt. Die bis zu fünfundsiebzig Zentimeter langen Hörner krümmten sich vom Kopf ausgehend zunächst nach außen und wuchsen dann mit einem eigenwillig-eleganten Schwung nach innen aufeinander zu. Der Bucardo wurde aber nicht nur wegen seiner schmucken Hörner, sondern auch wegen des dichten Fells und des Fleisches so stark bejagt. Steinböcke galten jahrhundertelang als mythische Tiere, und manchen ihrer Körperteile wurden – wie heute in der traditionellen Medizin Südostasiens – heilende Wunderwirkung zugeschrieben.

Dieses Schicksal teilte der Bucardo mit einem nahen Verwandten, dem Alpensteinbock *Capra ibex*, dessen Gehörn in einem großen, runden Bogen nach hinten wächst. Er lebte früher fast überall in den Alpen, bis auch er dem mittelalterlichen Volksglauben zum Opfer fiel. Sein Blut galt als Heilmittel gegen Blasensteine, seine Hörner wurden zu Ringen geschnitzt und als Talismane getragen, die gegen alle möglichen Krankheiten schützen sollten. Besonders wertvoll waren die «Bezoare» aus den Mägen der Steinböcke: Diese Kugeln, die sich dort aus zusammengeschleckten Haaren, Steinchen und Harzen gebildet hatten, galten als Wunderwaffe gegen Krebs. Alles am Steinbock war etwas wert – sogar seine Exkremente, die bei Tuberkulose und Gicht helfen sollten. Wer eine solche «kletternde Apotheke» erlegte, konnte reich werden.

Als die Schusswaffen ab dem 16. Jahrhundert immer perfekter wurden, war es für Jäger einfacher, die schnellen Tiere im Hochgebirge zu erlegen. Zwar war in vielen Regionen das Töten von Steinböcken streng verboten, doch lockte nicht nur die Aussicht auf unglaublich viel Geld, die Wilderer ernteten auch Ruhm. Schließlich galt es als Akt des Widerstands, sich gegen die Obrigkeit, gegen Kirche und Fürsten und deren Verbote aufzulehnen. Im Schweizer Bündnerland war es bei Todesstrafe verboten, den Steinbock zu schießen – und doch verschwand *Capra ibex* aus weiten Teilen der Alpen. 1809 wurde in der Schweiz das letzte Exemplar erlegt.

Beinahe wäre es in den Alpen also um das Steinwild geschehen gewesen. In der Mitte des 19. Jahrhunderts lebten nur noch am italienischen Gran-Paradiso-Massiv, zwischen Piemont und dem Aosta-Tal gelegen, einige Steinböcke. Der Förster Josef Zumstein und der Naturkundler Alfred Girtanner setzten sich für sie ein – mit Erfolg: 1821 erließ der Graf von Turin Schutzbestimmungen für die letzte Kolonie, die kaum mehr als sechzig Tiere zählte. 1836 machte der italienische König Viktor Emmanuel II. den Gran Paradiso zu seinem persönlichen Jagdrevier; von 1854 an bewachten königliche Wildhüter die kostbaren Wildziegen, und so wuchs ihr Bestand langsam wieder an.

Dieser Erfolg gab den Eidgenossen zu denken. Von 1875 an bemühte man sich in der Schweiz, den dort seit Jahrzehnten ausgerotteten Steinbock wieder ins Land zu holen. Der Schweizer Bundesrat versuchte, auf offiziellem Wege an das begehrte Wild heranzukommen, höfliche Ersuche lehnten die Italiener aber ab: Eifersüchtig behandelten sie das urige Bergwild als nationale Kostbarkeit.

Also beschritten die Schweizer einen anderen Weg: Ein Gaunerstück brachte ihnen den begehrten Bock wieder in ihre Berge. Treibende Kraft dieses Unternehmens war der Hotelier und Jäger Robert Mader. 1892 hatte er gemeinsam mit einigen Geschäftspartnern in St. Gallen den Wildpark Peter und Paul gegründet, mit dem Ziel, hier Steinböcke zur Wiederansiedlung in den eidgenössischen Bergen zu halten. Über dubiose Kanäle knüpfte Mader einen Kontakt zum Wilddieb Joseph Berard, der ihm Steinkitze aus Italien beschaffen sollte. 1906 war es endlich so weit. Berard übergab den Schweizern zwei Zicklein – und erhielt dafür eintausendsechshundert Franken; das war doppelt so viel wie der Jahreslohn eines Wildhüters.

Die Aktion verlief ziemlich blutig. Denn um an die kleinen Steinböcke heranzukommen, musste der Wilderer deren Mütter erschießen; seine Gewehre hatten Schalldämpfer, damit der Knall nicht die Wildhüter des italienischen Königs auf ihn aufmerksam machte. Die verwaisten Kitze wurden im Wildpark Peter und Paul mit der Flasche aufgezogen. Bald lieferte Berard weitere Kitze aus Italien, und schon zwei Jahre später gab es im Tierpark den ersten Nachwuchs. 1911 wurden fünf Tiere im Weißtannental ausgewildert – die ersten Alpensteinböcke in der Schweiz seit über einhundert Jahren.

Um die Steinbockpopulation in der Schweiz schneller anwachsen zu lassen, stahlen die Eidgenossen bis zum Ausbruch des Zweiten Welt-

**Der Wilderer Joseph Berard mit illegal erbeuteten Steinbockkitzen –
im Hintergrund steht eine Hausziege als Amme bereit.**

kriegs zahlreiche weitere Steinbockkitze aus dem Aosta-Tal – insgesamt
entwendeten sie mindestens einhundertneun Tiere. Die Italiener waren
machtlos, denn ihre Parkwächter wurden immer wieder bestochen.
Im Rückblick erwies sich der Diebstahl der Kitze allerdings als Segen
für die Art. Im und nach dem Zweiten Weltkrieg konnte sich die italienische Regierung noch weniger um den Schutz ihrer Steinböcke
kümmern, und die Bestände wurden zusammengeschossen. Damit
wäre der Alpensteinbock beinahe wieder ausgerottet worden. Dank des
Schweizer Steinbock-Diebstahls existierten aber inzwischen an vielen
Stellen der Alpen Kolonien der großen Wildziegen – auch in Österreich,
Deutschland und Frankreich. Heute leben wieder über vierzigtausend

Steinböcke in den Alpen. Mittlerweile haben sich die Schweizer sogar offiziell bei Italien für den Diebstahl entschuldigt und der Regierung in Rom 2006 ein paar Steinböcke als Wiedergutmachung überreicht.

Den Steinböcken auf der Iberischen Halbinsel war es ähnlich ergangen wie den Vettern in den Alpen. Ihre vier Unterarten waren über Jahrhunderte stark bejagt worden. Der Portugiesische Steinbock starb um 1890 endgültig aus. Vom Gredos-Steinbock gab es 1905 lediglich noch zwölf Tiere. Dank strenger Schutzmaßnahmen wuchs sein Bestand auf inzwischen wieder mehrere tausend Exemplare an. Der Südspanische Steinbock hat sich in den 1990er Jahren sogar von etwa achttausend auf über vierzigtausend Tiere vermehrt.

Nur der Bucardo erholte sich nicht mehr. Dabei hatte die spanische Regierung zu seinem Schutz schon 1918 den Ordesa-Nationalpark in den Pyrenäen eingerichtet. Trotz dieser Bemühungen stagnierte die Zahl der Bucardos während des gesamten 20. Jahrhunderts – die Mitarbeiter des Nationalparks zählten nie mehr als vierzig Tiere. Um 1981 lebten noch etwa dreißig Bucardos dort, Ende der 1980er Jahre waren es noch höchstens vierzehn. Die Ursachen sind bis heute ein Rätsel: Weshalb konnte sich der Gredos-Steinbock wieder erholen, der Bucardo aber nicht? Wieso erlebte er nicht ein Comeback wie der Alpensteinbock? War er der Konkurrenz durch Haustiere im Nationalpark nicht gewachsen? Hatten diese Krankheiten eingeschleppt? Oder hatte zunehmende Inzucht über Generationen dazu geführt, dass sich die Pyrenäen-Steinböcke so schlecht vermehrten und unfruchtbar wurden?

Ein Lebewesen besitzt in seinem Erbgut jedes Gen, das für ein Merkmal zuständig ist, doppelt – eine Version kommt vom Vater, die andere von der Mutter. Manche dieser Gene können schädliche Eigenschaften ausprägen, die etwa zu Krankheiten führen. Solche Gene sind selten und werden in ihrer Wirkung zudem meist vom zweiten Gen überlagert, das vom anderen Elternteil stammt. Wenn aber eine Population schon stark geschrumpft ist, etwa weil sie stark bejagt wurde, können durch Zufall ein paar Individuen übriggeblieben sein, die jene seltenen, schädlichen, genetisch belasteten Merkmale tragen. In einer so kleinen Population, bei der viele Tiere schon miteinander verwandt sind, treffen nun also auch häufiger zwei der «schlechten» Gene bei einer Paarung zusammen und können nicht mehr ausgeglichen werden. Die erbliche Belastung der Nachkommen steigt an, sie vermehren sich schlechter, werden sogar unfruchtbar.

Vielleicht ist beim Bucardo eine solche «Inzuchtdegeneration» eine Ursache seines Aussterbens, während der Gredos-Steinbock einfach Glück gehabt hat, dass seine zwölf Überlebenden nicht so viele «schlechte» Merkmale im Erbgut besaßen? Mindestens einhundert Jahre lang bestand die Population des Bucardo aus wenigen Dutzend Tieren; jedes Mal, wenn eines starb, gingen Gene verloren, die nur noch dieses eine Tier trug. Als vom Alpensteinbock nur noch etwa fünfzig Exemplare überlebt hatten, wuchs die Zahl dank strengen Schutzes rasch wieder an – der Verlust an genetischer Vielfalt war daher nicht so groß.

Aber wieso hatte man den Pyrenäen-Steinbock nicht auf die gleiche Weise «managen» können, die bei anderen Spezies zum Erfolg geführt hatte? Wäre sein Aussterben zu verhindern gewesen? «Der Bucardo verschwand, weil die spanische Regierung zu spät handelte, um ihn zu retten», davon ist Guy Beaufoy vom spanischen Worldwide Fund for Nature (WWF) überzeugt. Zwar sei der Lebensraum schon lange geschützt gewesen, aber man habe sich nicht bemüht, den Pyrenäen-Steinbock in Gefangenschaft zu vermehren. Die Regierung sei erst aktiv geworden, als 1991 das letzte Männchen gestorben war – und damit die Hoffnung, den Bucardo reinblütig zu erhalten. Nun setzte man männliche Tiere der nahe verwandten Südspanischen Steinböcke im Ordesa-Nationalpark aus, damit wenigstens Mischlinge überlebten. Aber auch die zeugten keinen Nachwuchs mit den verbliebenen Geißen. 1996 starb die vorletzte Steingeiß. Nur Celia war noch am Leben.

Am 5. Juli 1996 kam im schottischen Edinburgh am Roslin Institut ein Tier zur Welt, das Wissenschaftsgeschichte schrieb, als seine Schöpfer

Monate später seine Existenz verkündeten. Weltweit zierte es die Titelblätter der Magazine. Ursprünglich hieß es 6LL3, aber das war für eine Kreatur seiner Bedeutung natürlich zu unanschaulich. So benannte man das Geschöpf nach der amerikanischen Country-Sängerin Dolly Parton, denn die war nicht nur für ihre Sangeskünste berühmt, sondern auch als «Busenwunder». Und weil 6LL3 aus einer Euterzelle entstanden war, taufte man es Dolly – das Klonschaf.

Mit diesem Tier war es Forschern zum ersten Mal gelungen, eine Kopie eines Säugetiers herzustellen und damit eine Methode zu entwickeln, die es ermöglichte, ein Individuum beliebig häufig zu vervielfältigen. Normalerweise entsteht ein Tier, wenn eine Samenzelle des Vaters mit der Eizelle der Mutter verschmilzt. Aus dem befruchteten Ei entwickelt sich dann der ganze Organismus. Diese eine Zelle hat die Fähigkeit, sich in all jene Hunderte von Zelltypen auszuprägen, aus denen der Körper eines Lebewesens besteht: Sie ist totipotent. Die befruchtete Zelle teilt sich wieder und wieder. Und im Laufe der individuellen Entwicklung spezialisieren sich die entstehenden Zellen immer mehr, sie differenzieren sich aus – zu Haut-, Muskel- oder Leberzellen. Wenn die Zellen dann aber ihren Platz im Körper gefunden haben, können sie sich nur noch in ihresgleichen teilen – so dachte man zumindest. Mit Dolly war es den Wissenschaftlern nun aber erstmals gelungen, diese Spezialisierung aufzuheben. Aus der Euterzelle eines Schafes präparierten sie den Zellkern heraus, in dem die gesamte Erbinformation eines Individuums gespeichert ist. (Ganz stimmt das nicht, denn auch die Mitochondrien, die «Kraftwerke» der Zelle, die in jeder einzelnen Zelle vorhanden sind, besitzen eine kleine Menge eigener Erbinformationen. Aber die haben wahrscheinlich keinen Einfluss auf das Erscheinungsbild eines Lebewesens.) Den Kern aus der Euterzelle verschmolzen die Forscher mit Hilfe eines Stromimpulses mit der unbefruchteten Eizelle eines zweiten Schafes, der zuvor der eigene Kern entnommen worden war. Die so «befruchtete» Eizelle kultivierten sie in einer Nährlösung, bis sich nach mehreren Tagen ein kleiner Zellhaufen gebildet hatte – ein «Embryo», den die Forscher einem dritten Schaf, der

Leihmutter, einpflanzten. Dolly hatte also drei Mütter – und keinen Vater.

Ganz so einfach lief dieses Verfahren natürlich nicht ab: Die Wissenschaftler hatten auf diese Weise zwar fast zweihundertachtzig befruchtete Eizellen hergestellt, aber nur neunundzwanzig entwickelten sich zu Embryonen, von denen wiederum nur ein einziger überlebte: Und der wurde zu Dolly, dem Klonschaf. Doch immerhin bewiesen sie, dass mit biotechnischen Tricks selbst aus einer Hautzelle wieder eine sogenannte totipotente Zelle werden kann, aus der sich ein Individuum entwickelt, das – bis auf die wenigen Mitochondrien-Gene – identisch ist mit dem Ursprungstier. Es bedeutet auch: Aus einem einzigen Individuum lassen sich theoretisch unendlich viele Kopien herstellen.

Dolly brachte mehrere gesunde Lämmer zur Welt, aber im Alter von sechs Jahren bekam das berühmte Schaf starken Husten. Bei einer Computertomographie zeigte sich, dass ihre ganze Lunge voller Tumore war. Dolly wurde eingeschläfert. Viele geklonte Tiere kämpfen mit körperlichen Defekten, oft Lungen-, Herz-, Nieren- oder Immunschäden. Außerdem ist die Zahl an Fehlgeburten hoch. Wieso viele Klone nicht zu gesunden Individuen heranreifen, ist noch rätselhaft. Forschung und Biotechnik haben sich aber seither entwickelt und verbessert. Wegen der noch recht geringen Erfolgsquote und der hohen Kosten lohnt sich eine Klonierung vor allem bei der Zucht besonderer oder besonders wertvoller Tiere: In Amerika gibt es bereits Hunderte geklonter Super-Zuchtbullen und Mega-Milchkühe, Scheichs klonen erfolgreiche Rennpferde und Renndromedare; auch Lieblingstiere von Millionären wurden schon auf diese Weise nach dem Tod des Lieblings dupliziert.

Könnte das Klonen also auch Chancen für seltene oder schon ausgestorbene Spezies bergen? Um sie wiederzugewinnen, bräuchte man nicht mehr mehrere Vertreter dieser Art, um sie miteinander zu verpaaren, sondern nur ihr gesamtes Material und eine geeignete Leihmutter.

Naturschützer kritisieren, die Möglichkeit des Klonens könne ein falsches Gefühl von Sicherheit vermitteln, wenn es darum geht, bedrohte Arten zu schützen und zu erhalten: Als genüge ein tiefgefrorenes «Back-up», um eine Art notfalls immer wieder zu revitalisieren. Der einzig sichere Weg, um die Vielfalt und das Gefüge der Arten zu schützen, liege darin, bedrohte Lebensräume zu erhalten sowie Wilderei, Klimawandel und Umweltverschmutzung einzudämmen. Die Wiedergewinnung einzelner lebender Museumsstücke helfe der Natur gar nicht, sondern diene nur der Beruhigung des eigenen Gewissens. Neben diesen grundsätzlichen Einwänden führen Naturschützer noch zahlreiche, ganz praktische Einwände ins Feld: Woher soll man die passenden Eizellspender nehmen, woher geeignete Leihmütter? Nur nahverwandte Arten kommen dafür in Frage, sonst sind die biologischen Unterschiede zu groß, um solche Klon-Schwangerschaften auszutragen. Auch muss man die Fortpflanzungszyklen solcher Arten gut kennen, um die richtigen Momente für die Embryoverpflanzung abzupassen.

Nach Dollys Geburt war die Vision jedenfalls in der Welt – und bald begannen erste Versuche mit bedrohten Arten und deren nahen Verwandten. Zunächst bemühte man sich um Spezies, von denen es auch domestizierte Varianten gibt, denn von Haustieren ist die Fortpflanzungsbiologie gut bekannt. Italienische Forscher schufen im Juli 2000 ein Mufflon, den Vorfahr unserer Hausschafe, indem sie einen Mufflonzellkern in die entkernte Eizelle eines Schafes verpflanzten. Amerikanische Forscher machten den Schritt von einer Art zu einer anderen und klonten einen Gaur, ein seltenes indisches Wildrind; als Leihmutter diente in diesem Fall eine normale Hauskuh. Als Ergebnis kam im Januar 2001 «Noah» zur Welt, ein kleiner Gaurbulle, der aber nach zwei Tagen an Verdauungsstörungen zugrunde ging. Im Jahr 2003 gelang Ähnliches mit einem anderen asiatischen Wildrind, dem Banteng. Die Wissenschaftler nutzten dabei sogar tiefgefrorene Zellen, die von einem Bantengbullen stammten, der vor über zwanzig Jahren im Zoo von San Diego gestorben war. Zwei geklonte Bantengs kamen zur Welt; eines der beiden Bullenkälber starb ebenfalls gleich nach der Geburt, das andere Kalb aber war gesund und überlebte.

Im Frühling 1999 fingen spanische Biologen um Alberto Fernandez und José Folch die letzte Pyrenäen-Steingeiß Celia ein, entnahmen ihr Blut- und Gewebeproben am Ohr und froren diese bei fast minus zweihundert Grad Celsius in flüssigem Stickstoff ein. Dann statteten sie die Geiß mit einem Sender aus, mit dessen Hilfe sie den Aufenthaltsort von Celia immer orten konnten, und ließen sie wieder frei. Monate später zertrümmerte der umstürzende Baum Celias Schädel.

Inzwischen gab es zwar die Möglichkeit, ein gerade ausgestorbenes Tier wiederzuerwecken, doch selbst wenn Celias Wiedergeburt gelänge, bliebe ein großes Problem: Würde der auferstandene Steinbock nicht einsam bleiben? Schließlich besaß man ja nur tiefgefrorene *weibliche* Zellen des Bucardo. Man müsste das erwachsene Celia-Duplikat also mit anderen Unterarten kreuzen, um später wenigstens Bucardo-Mischlinge in den Pyrenäen auswildern zu können. Andererseits wären diese Hybride – aufgefrischt durch die Gene anderer Steinbockrassen – vielleicht lebenstüchtiger gewesen als die letzten Bucardos.

Schon früh gab es eine weitere Idee: Im Eizellstadium könnte man ein weibliches Geschlechtschromosom gegen ein männliches Geschlechtschromosom einer anderen Unterart austauschen. Der resultierende Bock besäße dann nur das männliche Geschlechtschromosom des fremden «Spenders»; der genetische Rest wäre Bucardo pur. Doch das ist vorerst Science-Fiction – so weit ist die Fortpflanzungsmedizin noch nicht.

Die ersten Versuche, Celia zu klonen, scheiterten. 2003 wurden knapp zweihundertneunzig Embryonen hergestellt; als Leihmütter dienten die nahe verwandten Iberischen Steinböcke und Mischlinge aus Steinböcken und Ziegen. Aber nur zwei der verpflanzten Embryonen nisteten sich in die Gebärmütter der potenziellen Adoptivelterntiere ein, und nach zwei Monaten endeten beide Schwangerschaften mit einem Spontanabbruch.

Der zweite Versuch im Jahre 2008 verlief zunächst erfolgreicher: Von vierhundertdreißig Embryonen, die nach einem Kerntransfer entstanden, pflanzte man siebenundfünfzig in vorbereitete Leihmütter ein, dieses Mal waren es Hausziegen. Der Transfer von sieben Embryonen führte zu einer Schwangerschaft, aber nur eine der Ziegen brachte im Januar 2009 wirklich einen kleinen Pyrenäen-Steinbock zur Welt: Jenes Kitz, Celias Kopie, das nur sieben Minuten überlebte, weil es wie viele geklonte Tiere Atemprobleme hatte. Immerhin war zum ersten Mal ein verschwundenes, ausgerottetes Tier wieder lebendig geworden – auch wenn es gleich darauf wieder ausstarb.

An der Wiederauferstehung des Bucardo soll angeblich aber weiter gearbeitet werden; gut möglich, dass er noch ein paar Mal ausstirbt.

# Ur-Vieh, Einhorn, Rasenmäher

**W**as gehört zu einer guten Orgie dazu? Ausgefallene Schlemmereien natürlich, Bärenblutwurst etwa oder gefüllte Giraffenhälse; dazu vielleicht Schweinskaldaunen mit Honig, gebraten im Fett des Auerochsen. Mit solcherlei exotischen Leckerbissen verköstigte jedenfalls Statthalter Agrippus Virus im gallischen Condate schon zu Zeiten Caesars seine Gäste – allerdings nur im Comic «Asterix bei den Schweizern». *Bos primigenius*, der Auerochse, auch als «Ur» geläufig, kam aber nicht nur bei den opulenten Ausschweifungen in den Heften des pfiffigen Galliers auf den Tisch.

Beim ältesten Gelage, das archäologisch nachgewiesen ist, hatten sich die Gastgeber ebenfalls nicht lumpen lassen: Bei jenem Steinzeit-Bankett vor zwölftausend Jahren, dessen Überreste Archäologen in zwei Höhlen oberhalb des Flusses Hilazon im Norden Israels fanden, wurden einundsiebzig Schildkröten aufgetischt – im eigenen Panzer geröstet. Das reichte, um über dreißig Personen satt zu machen. Es war wohl der Leichenschmaus für eine etwa fünfundvierzig Jahre alte Schamanin, die dort inmitten der Schildkrötenpanzer bestattet lag. Die Orgienreste zeigen, dass große Feste schon gefeiert wurden, bevor der Mensch vor gut elftausend Jahren die erste Landwirtschaftskultur entwickelte und sesshaft wurde. Zu jener Zeit begannen im Norden Israels immer mehr Menschen eng zusammenzuleben; gemeinschaftliches Feiern stärkte soziale Bindungen und baute Spannungen ab. Bei dem Leichenschmaus für die Schamanin wurden aber nicht nur Schildkröten kredenzt: In einer weiteren Grube fanden die Forscher neben den

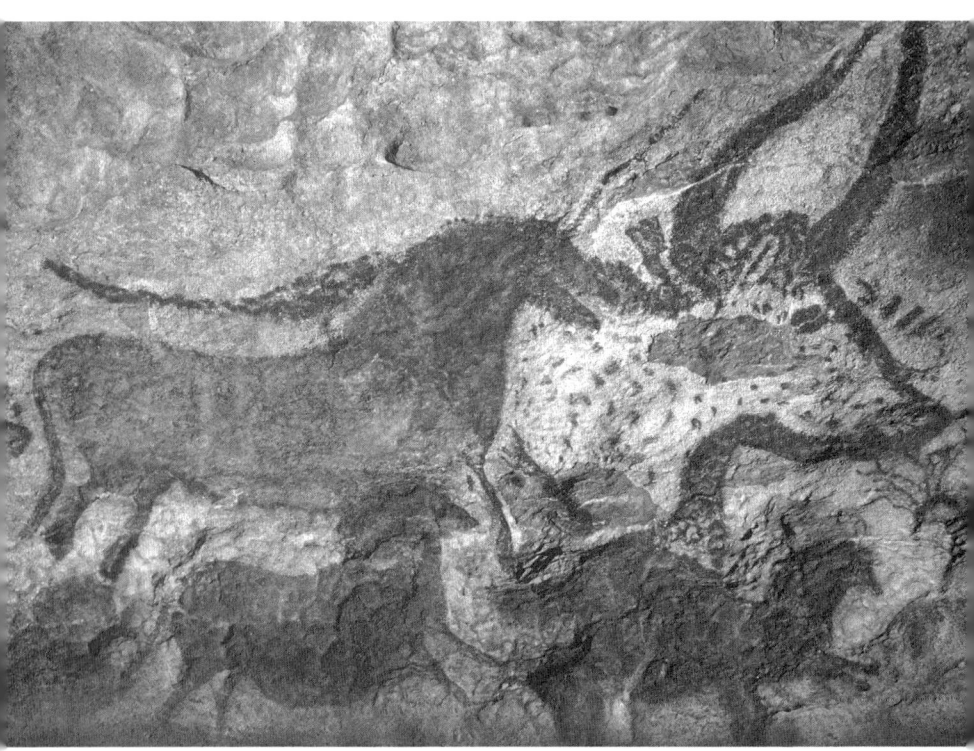

Urzeitkunst: Im «Saal der Stiere» bewunderte Picasso den Pinselstrich
der Steinzeitkünstler in der Höhle von Lascaux.

Überresten eines verspeisten Wildschweins auch die Knochen dreier
Auerochsen: Offenbar durfte das gewaltige Ur-Vieh bei der ersten fossil
belegten Orgie nicht fehlen und wurde zum ersten «Feierbiest» in der
Geschichte der Menschheit.

Allerdings war der Auerochse nicht nur ein wichtiger Bestandteil
des Speiseplans der damaligen Menschen, er spielte auch in der Hoch-
kultur jener Zeit eine wichtige Rolle.

Stolz reckten die Auerochsenbullen ihre Hörner nach vorne, hochbei-
nig und elegant standen sie da. Die Kraftpakete aus der Steinzeit waren

perfekt dargestellt und voller Dynamik. Über siebzehntausend Jahre lagen zwischen jenen phantastischen Bildnissen in der 1940 entdeckten Höhle von Lascaux und ihrem Betrachter Pablo Picasso, einem der wichtigsten Pioniere der modernen Kunst. Zeitlebens war der große spanische Maler von der archaischen Gewalt des Stieres und des Kampfes mit ihm eingenommen; Picasso hatte es oft geschafft, mit wenigen, klaren Linien das Wesen der starken, von ihm so bewunderten Tiere einzufangen. Doch dann sah er im «Saal der Stiere» jene Ur-Porträts, so bewegt, lebendig und voll unbändiger Kraft – und musste feststellen, dass schon anonyme Steinzeitmaler mit einfachem, sicherem Strich schwungvoll Bilder an die Höhlenwand geworfen hatten, wie sie ihm erst nach Jahren der Meisterschaft gelungen waren: «Wir haben nichts dazugelernt!», entfuhr es dem großen Maler.

Vor über zwei Millionen Jahren ist *Bos primigenius* im indischen Raum entstanden und breitete sich von dort aus. Drei Unterarten gab es: die asiatische, deren Verbreitungsgebiet sich von China bis Kleinasien erstreckte, eine weitere in Nordafrika und schließlich eine dritte, deren Vorfahren vor über zweihundertfünfzigtausend Jahren in Europa ankamen. Nach der letzten Eiszeit, vor etwa zwölftausend Jahren, waren die Auerochsen auf dem ganzen europäischen Kontinent heimisch. Nur die eisigen Regionen im Norden Skandinaviens und Russlands mieden sie, und auch auf der Insel Irland waren sie nicht zu finden. Die Stiere waren bis zu zwei Meter hoch, bis zu einer Tonne schwer und aufgrund ihrer Aggressivität dem Menschen sehr gefährlich; selbst die Kühe maßen noch einundhalb Meter. Und doch waren sie wichtiges Jagdwild und wurden deshalb schon früh in Kunstwerken verewigt: Auch in der Chauvet-Höhle an der Ardèche, die erst 1994 entdeckt wurde, sind Ure abgebildet – mit einem Alter von mindestens zweiunddreißigtausend Jahren gelten sie als die ältesten bekannten Gemälde der Welt. Zum wichtigsten Haustier des Menschen wurde *Bos primigenius* aber anderswo.

«Meinst du, das Einhorn werde dir dienen und werde bleiben an deiner Krippe? Kannst du ihm dein Joch anknüpfen, die Furchen zu machen, dass es hinter dir pflüge die Täler? Magst du dich auf das Tier verlassen, dass es so stark ist, und wirst es dir arbeiten lassen? Magst du ihm trauen, dass es deinen Samen dir wiederbringe und in deine Scheunen sammle?»

Im Alten Testament, wie hier im Buche Hiob, ist mehrfach vom Einhorn die Rede. Im hebräischen Urtext wurde dieses Tier «Reem» genannt, im Griechischen machten Übersetzer aus dem Namen ein «Monokeros», im Lateinischen «Unicornum», und Luther hat es als «Einhorn» ins Deutsche übertragen. Doch hatten die Schreiber der Bibel wirklich jenes sagenhafte Tier heutiger Kleinmädchenträume gemeint? Das weiße pferdeartige Wesen mit dem langen, spitzen Horn auf der Stirn? Oder war vielleicht ein ganz anderes Tier gemeint?

Im Berliner Pergamon-Museum kann man die Antwort sehen: Das Flachrelief des berühmten Ischtar-Tores von Babylon zeigt neben Löwen und Drachen auch ein Wesen, das ebenso elegant wie kraftvoll voranschreitet und ein spitzes Horn auf der Stirn trägt: Es ist ein Stier, von der Seite abgebildet, sodass ein Horn das andere verdeckt. Wer mit dieser Art der Darstellung nicht vertraut ist, könnte denken, das Tier trüge nur eines auf dem Kopf. Der auf dem Relief abgebildete Stier ist deutlich hochbeiniger und damit eleganter als die heutigen Rinder, seine Hörner sind nach vorne geschwungen – es ist wohl ein Auerochse. Auf vielen babylonischen, assyrischen sowie altgriechischen Friesen und Gefäßen finden sich ähnliche Darstellungen: Aus dem Tier Reem, von dem im Buche Hiob die Rede ist, wurde in der Vorstellungswelt späterer Generationen das «Tier mit dem einen Horn» und das mutierte schließlich zum mythischen Einhorn. In modernen Bibelübersetzungen wurde dieses Missverständnis inzwischen korrigiert – das Tier Reem aus dem Buch Hiob wird dort nun als «Wildstier» bezeichnet.

Die Bibel beschrieb im Buch Hiob also nichts weniger als die Haustierwerdung des wilden *Bos primigenius*. Die Menschen im «Fruchtbaren Halbmond», jenem Landstreifen, der vom heutigen Irak über Anatolien bis nach Syrien und Israel reicht, in dem der *Homo sapiens* sesshaft wurde und erstmals Landwirtschaft betrieb, hatten vor etwa elftausend Jahren die ersten Tiere domestiziert, aus Mufflons wurden Schafe, aus Wildziegen Hausziegen.

Aus genetischen Analysen weiß man, dass in Syrien und Anatolien das Zentrum der frühen Rinderzucht gelegen haben muss. Die dortigen Menschen begannen vor gut neuntausend Jahren, auch die Auerochsen zu domestizieren. Wie ihnen diese Zähmung gelang, darüber kann nur spekuliert werden: Haben sie die erwachsenen Tiere gejagt und die Kälber mitgenommen? Und wie haben sie wohl den ersten Ur-Bullen gebändigt, nachdem sie ihn aufgezogen hatten? Gezielte Zucht über viele Generationen nahm dem Auerochsen schließlich viel von seiner Aggressivität, Kraft und Größe; irgendwann konnten die neugeschaffenen Hausrinder nicht nur vor den Pflug gespannt, sondern sogar gemolken werden. Und das Abschlagen der Hoden machte den Stier schließlich zum Ochsen – und viel zahmer.

Schon vor über achttausend Jahren breiteten sich diese domestizierten und gezähmten Rinder, die nun deutlich kleiner waren als die wilden Auerochsen, auch westlich des Bosporus aus. «Alleine können diese Viehherden nicht nach Europa gekommen sein, es muss von Menschen organisierte Viehzüge gegeben haben», sagt Joachim Burger vom Mainzer Institut für Anthropologie, der mit einem internationalen Team das Erbgut aus Skeletten von europäischen Uren und prähistorischen Hausrindern untersucht hat. Innerhalb weniger Jahrhunderte besiedelten die Viehzüchter den Kontinent und wussten offensichtlich zu verhindern, dass ihre zahmen Rinder sich mit den wilden Uren Europas paarten, was sie wieder wilder und aggressiver gemacht hätte. Die Genetiker um Burger konnten nämlich keine Kreuzungen nachweisen. Sein Team fand heraus, dass alle Rinderrassen, die es heute gibt, wohl von jenen Auerochsen abstammen, die im Nahen Osten domestiziert worden waren und sich genetisch deutlich von den europäischen Auerochsen unterschieden. Wann die asiatischen, wann die nordafrikanischen Ure ausstarben, ist nicht bekannt, wahrscheinlich geschah dies schon vor dem Aufstieg des Römischen Reichs. Nur in Europa lebten Hausrind und wilder Auerochse noch nebeneinander.

«Sie sind fast so groß wie Elefanten, nach Aussehen, Farbe und Gestalt aber zählen sie zu den Rindern. Groß ist die Kraft ihrer Hörner und groß ihre Schnelligkeit. Sie schonen weder Mensch noch Tier, das sie erblickt haben. Man fängt sie in absichtlich hergestellten Gruben und tötet sie.» So beschrieb Caesar in «De Bello Gallico» den Auerochsen der germanischen Wälder. Man stellte den Wildrindern nicht allein wegen ihres Fleisches nach: Die großen Hörner waren den Germanen auch ein wichtiger Werkstoff für Gefäße und Kämme, die mit Silber beschlagenen Trinkgefäße wurden mutigen Kriegern als Auszeichnung verliehen.

Der Auerochse war ein Tier wie für Helden geschaffen: Siegfried erschlug in der Nibelungensage nicht nur den Drachen, sondern gleich «der Ure vier». Ungeübte blieben zu diesen Tieren lieber auf Distanz: Als Karl der Große arabische Staatsgäste mit zur Jagd auf die wilden Stiere nahm, suchten die angesichts der «schrecklichen Tiere» das Weite. Tatsächlich war ein Auerochse stark genug, ein Pferd samt Reiter auf die Hörner zu nehmen und in die Luft zu schleudern oder mit einem ganzen Wolfsrudel fertigzuwerden.

Doch seine Stärke nutzte dem Wildrind nichts: Im 5. Jahrhundert verschwand es aus Spanien, im 10. aus Frankreich, im 11. aus der Schweiz und aus Süddeutschland, im 12. aus England und Norddeutschland. Dieser Rückzug war nicht nur eine Folge der Jagd. Zwischen dem 9. und dem 11. Jahrhundert wurden vielerorts in Europa die Wälder gerodet und damit das Rückzugsgebiet der wilden Ure zerstört. Zudem stellten ihm Bauern nach, die ihre Äcker vor dem gefräßigen Wildrind schützen wollten. Im niederbayrischen Neuenburger Wald wurde 1470 der letzte deutsche Auerochse geschossen. Im 16. Jahrhundert gab es den Auerochsen nur noch in großen Parks, wo er für die Jagd der Fürsten und Könige gehegt wurde.

Die allerletzten Auerochsen lebten schließlich im Wildpark von Jaktorowa im Herzogtum Masowien, fünfundfünfzig Kilometer südwestlich von Warschau, unter dem Schutz des Landesherrn. Seit Mitte des 16. Jahrhunderts führten die Wildhüter dort Buch über Geburten und

**Heldentod: König Teutebert starb bei der Jagd – allerdings weil der wütende Auerochse mit Wucht gegen eine Eiche rannte. Ein Ast brach ab und erschlug den Herrscher.**

Todesfälle dieser großen Tiere. Krankheiten, Wilderei und gezielte Jagd dezimierten die Ure auch hier; im Winter drangen zudem Bauern in den Wildpark ein und ließen ihre Rinder und Pferde dort weiden. Das verknappte das Nahrungsangebot der letzten Auerochsen so stark, dass einige verhungerten. 1565 lebten in dem Gehege noch dreißig Ure, 1602 noch vier, 1620 starb der letzte Stier. Seine Hörner, mit Gold und Silber verziert, können heute in der Rüstkammer von Stockholm bewundert werden. Die letzte Auerkuh wurde 1627 tot aufgefunden. Sie war eines natürlichen Todes gestorben. Damit war der wilde Urahn unseres wichtigsten Haustieres für immer ausgestorben.

In den prähistorischen Höhlenzeichnungen ist ein weiteres Tier abgebildet, das später ein wichtiger Gefährte der Menschen wurde: Stämmig und urig, oft mit Backenbart und abstehender Mähne, galoppieren

Wildpferde über die Wände vieler europäischer Grotten, die in der letzten Eiszeit von Menschen genutzt wurden. Diese oder zumindest ähnliche Tiere gelten vielen Pferdeforschern als Stammform des Hauspferdes. Wo sie geblieben sind, was aus ihnen wurde, ist unklar. Kirchenchroniken aus dem Mittelalter berichten, wie beliebt das Fleisch von «Wildpferden» gerade bei Mönchen gewesen sei; im Elsass, in der Pfalz, in West- und Ostpreußen sollen wilde Pferde bis ins 17. Jahrhundert hinein gejagt worden sein. Wahrscheinlich handelte es sich aber um verwilderte Hauspferde – ähnlich jenen, die heute noch bei Dülmen in Westfalen leben.

Nur im Osten Europas soll es bis in die Neuzeit noch echte Wildpferde gegeben haben – die Tarpane. In den Wäldern Polens lebten sie bis ins 18. Jahrhundert hinein; die Koniks, eine kleine, zähe, gezähmte Hauspferderasse, stammen vermutlich von ihnen ab. In der Ukraine hat der Steppentarpan etwas länger überlebt. Zu Beginn der 1870er Jahre gab es dort noch einige wilde Tarpane, doch weil die Hengste Stuten aus den Herden der Bauern entführten, wurden sie nach und nach abgeschossen. Die letzte Stute schloss sich 1876 der halbwild lebenden Pferdeherde eines russischen Gutsbesitzers an. Sie bekam zwei Fohlen und gewöhnte sich langsam an die Hirten, sodass sie im dritten Winter der Herde erst in eine Umzäunung folgte, wo es Futter gab, und dann sogar in einen Stall. Als aber die Tür geschlossen wurde, sprang die Stute wild an den Wänden hoch, verlor ein Auge und nahm einige Tage kein Futter an. Als sie im Frühjahr ein drittes Fohlen bekam, ließ man sie mit der Herde hinaus, sie wieherte und floh in die Steppe. Nur einmal kehrte sie noch zurück – um ihr Fohlen aus der Herde zu holen; danach hielt sie sich vom Hof fern.

Die Tarpanstute lebte aber weiterhin in der Nähe, und das sollte ihr zum Verhängnis werden: Während der Weihnachtsfeiertage im Dezember 1879 veranstalteten Bauern eines nahen Dorfes aus Spaß ein Rennen, um im Vergleich mit ihr Schnelligkeit und Ausdauer der eigenen Pferde zu testen. In der Steppe stellten sich Reiter auf ihren Pferden auf, dann ging die Treibjagd los: Der erste Reiter trieb die Tarpanstute zum

Die letzten Tarpane lebten in den Steppen der Ukraine.

zweiten, der verfolgte sie bis zum dritten und so fort. Der Stute machte das eigentlich nichts aus; sie rannte leichtfüßig und mit geradezu unerschöpflicher Energie durch den verkrusteten Schnee ihren Verfolgern davon. Dann aber geriet sie beim Springen in eine unter Schnee verborgene Spalte und brach sich ein Bein.

Die Bauern hatten ihr nichts Böses gewollt und brachten sie auf einem Schlitten ins Dorf. Dort schiente der Barbier das verletzte Bein – vergeblich. Die Stute starb in den letzten Dezembertagen des Jahres 1879. Weder Fell noch Skelett blieben erhalten. Der Urahn unserer Hauspferde war – ebenso wie der Auerochse – für immer verschwunden. Nur in der fernen Mongolei gab es noch echte Wildpferde, die Przewalskipferde, aber sie galten nicht als Vorfahr der Hauspferde.

«Kein Lebewesen ist ausgestorben, dessen lebendige Erbmasse noch vorhanden ist.» Das war die Ansicht der Gebrüder Heck, die sich in den 1920er Jahren daranmachten, den Auerochsen und den Tarpan wiederauferstehen zu lassen. Die beiden Zoodirektoren, Bruder Lutz in Berlin und Bruder Heinz in München, wollten aus möglichst urwüchsigen Rassen beider Haustierformen die Eigenschaften der Wildformen durch gezielte Kreuzungen wieder in einem Tier vereinen – die Domestizierung also rückgängig machen. Grundlage ihres Experiments waren die Erkenntnisse des Augustinermönchs Gregor Mendel, der gegen Ende des 19. Jahrhunderts bei seinen Erbsenversuchen gezeigt hatte, dass sich einzelne Eigenschaften getrennt voneinander vererben können.

«Wenn wir diese gesamten erblichen Wildeigenschaften unserer Hausrinder, die einzeln verteilt bei verschiedenen Rassen noch vorhanden sind, zusammenbringen und sie auf eine einzige Tierpersönlichkeit übertrügen, hätten wir ein Rind, das sämtliche, vom Auer noch erhaltenen Eigenschaften in sich vereinigt, also den Auerochs», erklärten die Gebrüder Heck. Sie «mendelten» also die verteilten «Ur»-Eigenschaften zusammen, kreuzten möglichst urwüchsige Rassen immer wieder miteinander in der Hoffnung, auf diese Weise ein Rind entstehen zu lassen, das dem ausgestorbenen Tier glich. So brachten sie korsische Bergrinder zu südfranzösischen und spanischen Kampfstieren, kreuzten sie mit ungarischen Steppenrindern und mischten schließlich ein bisschen schottisches Hochlandblut dazu. Genauso gingen sie bei der Rückzüchtung des Tarpans vor: Graue Isländische und Gotländische Ponystuten wurden einem mongolischen Przewalski-Hengst zugeführt, Koniks und Dülmener Pferde sollten die Nachkommen «tarpaniger» machen.

Schon nach zehn Jahren war es beiden Brüdern unabhängig voneinander gelungen, Rinder zu züchten, die den historischen Abbildungen des Urs glichen. «Viel schneller, als ich gedacht hatte», schrieb Heinz Heck. Fellfarbe und Hornform ähnelten dem ursprünglichen Auerochsen, die Stiere waren zudem – wie es für die Ure belegt war – deutlich größer als die Kühe und Kälber und viel dunkler. Auch die Wieder-erschaffung des Tarpans ließ sich zunächst vielversprechend an: Schon nach zwei Generationen kam ein mausgraues tarpanhaftes Fohlen zur Welt. Weitere Merkmale, die von den Eiszeitbildern bekannt waren, wie eine stehende Mähne, bekamen die Rückzüchtungen jedoch nie. In der Nazizeit machten die Nachschöpfungen der Hecks dann Karriere: Luftwaffenchef und «Reichsjägermeister» Hermann Göring hatte vor allem Gefallen an dem «germanischen Urstier» gefunden, das arme Tier passte zu gut zur Rassen-Ideologie und sollte wieder «an Kraft dem Nashorn gleichgestellt in deutschen Wäldern umher-ziehen». Schon 1938 weideten die ersten Ersatz-Ure in der ostpreußi-schen Rominter Heide, später auch in der Schorfheide. Als gegen Ende des Zweiten Weltkriegs die Rote Armee näher rückte, soll Göring die ausgewilderten «Auerochsen» in der Schorfheide persönlich geschos-sen haben, damit die «deutschen Stiere» nicht den Russen in die Hände fielen.

Die rückgezüchteten Auerochsen und Tarpane im Berliner Zoo gingen im Krieg zugrunde, die in München hingegen überlebten. Nach dem Krieg begann die Kritik an den Heck'schen Rückzüchtungen: Die Auerochsen waren beispielsweise zu klein, und die Frisur mit den Stirnlocken stimmte nicht mit der überein, die auf den historischen Bildern dieser Tiere zu sehen war. Wer konnte außerdem genau sa-gen, wie sich die echten Auerochsen verhalten hatten? So interessant die tiergärtnerischen Versuche der Gebrüder Heck waren – die echten Stammformen unserer Haustiere waren und blieben ausgestorben. In einigen Tiergärten wurden die Neuschöpfungen dennoch weiter gezüchtet, als Anschauungsmaterial, wie Urrind und Wildpferd einst in etwa ausgesehen hatten. 1980 erfasste ein Zuchtbuch nur noch ins-gesamt achtundachtzig der Auerochsen-Abbilder.

In den Jahren darauf kam es jedoch zu einem regelrechten Ur-Boom. Für die Ersatz-Ure fand sich eine neue Planstelle: Sie wurden vom lebenden Museumsstück zum Rasenmäher im Dienste des Natur-schutzes befördert. Mittlerweile gibt es über dreitausend dieser Tiere in

Europa, von denen viele in naturnahen Wildparks leben. Allerdings behauptet heute niemand mehr, wirklich den Auerochsen zurückgezüchtet zu haben, sondern nur eine weitere, ihm ganz ähnliche Rinderrasse. Wo vor über achtzig Jahren noch die Nordsee wogte, grasen heute große Herden dieser «Heck-Rinder». Mausgraue Koniks, die Nachfahren der echten Waldtarpane, ziehen zu Hunderten über den einstigen Meeresboden. Früher stand das Salzwasser hier bis zu fünf Meter hoch, nun röhren an der gleichen Stelle im Herbst die Rothirsche. Die ansonsten scheuen Waldtiere ziehen in großen Gruppen zu zweihundert bis vierhundert Tieren durch das flache Grasland – wie Antilopen in afrikanischen Savannen. Das sumpfige Gebiet hat sich zu einem Vogelparadies entwickelt: Kormorane und Löffler brüten hier, Rohrdommeln und Seidenreiher, außerdem mausern hier alljährlich über dreißigtausend Graugänse.

Es ist ein großartiges Naturexperiment, das in den Niederlanden stattfindet: Erst 1968 wurde Oostvaardersplassen dem Ijsselmeer abgerungen. Auf den trockengelegten Polderflächen, die durch Eindeichung entstanden sind, sollte eigentlich Öl- und Schwerindustrie angesiedelt werden; nach der Ölkrise 1972 bestand dafür jedoch kein Bedarf mehr. Da das neugewonnene Land zu feucht für Landwirtschaft war, lag es fortan brach – etwa sechstausend Hektar, doppelt so groß wie die Insel Borkum, über siebzehn Mal so groß wie der Central Park in Manhattan.

Rasch wucherte hier Schilf. In einem Tempo, das niemand vorhergesehen hatte, eroberten die Pflanzen das Gebiet, das einmal Meer gewesen war, und binnen kurzer Zeit entstanden dort beste Brutbedingungen für unterschiedlichste Arten von Wasservögeln. Schon Ende der 1980er Jahre wurde Oostvaardersplassen zum international bedeutsamen Vogelschutzgebiet erklärt. Bald aber setzte die natürliche Abfolge der Pflanzenarten ein, die «Sukzession»: Das sumpfige Flachland wuchs immer mehr zu – es verbuschte. Ohne zusätzliche Eingriffe des Menschen, das Aussetzen der großen Pflanzenfresser nämlich, hätte dort am Ende ein Wald gestanden – ebenfalls ein Naturraum also, aber einer, der nicht so vielen Wasservogelarten Lebensraum geboten hätte.

Oostvaardersplassen ist nicht die einzige Landschaft, in der auf diese Weise eine auf den ersten Blick naturbelassene Idylle geschaffen wurde: Auch die Lüneburger Heide, viele Flussauen mit Weiden oder artenreiche Streuobstwiesen wären rasch zugewachsen, wenn sie nicht mit Schafen oder Rindern bewirtschaftet würden. Denn sie alle sind vom Menschen geschaffene Kulturlandschaften. Große Teile Deutschlands wären heute von Wäldern bedeckt, Buchen- und Eichenwälder vor allem, wenn man der Sukzession ihren Lauf ließe. Lange dachte man, dass Deutschland einst völlig von Urwäldern bewachsen war, bis der Mensch sie abgeholzt und Ackerbau betrieben hatte. Doch dem war wohl nicht so. Die Höhlenzeichnungen aus Lascaux und Chauvet zeigen, dass Mitteleuropa einst von einer ganzen Reihe großer Pflanzenfresser bevölkert war: nicht nur von Auerochsen und Wildpferden, sondern auch von Steppenelefanten und Waldnashörnern, Riesenhirschen und Elchen, Rentieren und dem anderen großen europäischen Wildrind, dem Wisent. Sie alle hatten großen Einfluss auf die Landschaft: So wie heutzutage die Heidschnucken die Lüneburger Heide davor bewahren zuzuwachsen und sie als wacholderbewachsene Kulturlandschaft mit offenen Stellen erhalten, so haben damals die «Megaherbivoren» in großen Teilen Mitteleuropas halboffene, parkartige Weidelandschaften geschaffen.

Die großen Pflanzenfresser sind lange verschwunden, doch die Ersatz-Ure, kälteresistent und genügsam wie sie sind, eignen sich vorzüglich, um in Zeiten der industriellen Agrarwirtschaft die verbliebenen alten Kulturlandschaften zu erhalten. So erleben die Heck-Rinder und -Pferde an vielen Stellen Deutschlands und anderen Ländern Europas ein Comeback als Landschaftsgärtner.

Auch in Oostvaardersplassen wurden zu Beginn der 1990er Jahre zunächst Rothirsche, dann Heck-Rinder und Koniks ausgesetzt und sich völlig selbst überlassen: Sie sollten den ehemaligen Meeresgrund davor bewahren, zu dichtem Wald zuzuwuchern. Das ist geglückt: Über dreitausend der Megaherbivoren halten die weiten Flächen der «Serengeti hinter dem Deich» offen und sichern so über zweihundertfünfzig Vogelarten den Lebensraum. Erstmals seit dem Mittelalter schlüpfte 2006 in der künstlichen Wildnis wieder ein Seeadler in den Niederlanden. Das erfolgreiche Experiment stößt aber an seine Grenzen. Mehr als die gegenwärtig dort lebenden, etwa dreitausend Großtiere kann das Land wohl nicht ernähren. Alljährlich sterben bis zu dreißig Prozent der Rinder, Pferde und Hirsche – die meisten davon verhungern in den Wintermonaten. Für den zivilisierten, «tierlieben» Europäer ist das kein schöner Anblick. Viele Aasfresser haben sich angesiedelt: Raben und Krähen sowie diverse Raubkäfer; Füchse streunen ohne Scheu durchs Land und finden gerade im Winter tote Tiere zuhauf. Was aber fehlt, sind jene großen Räuber, die ebenfalls auf den Höhlenzeichnungen zu sehen sind: Löwen, Hyänen und Höhlenbären, Arten also, die in der Lage sind, auch große Pflanzenfresser zu erbeuten.

Ein Blick nach Nordamerika zeigt, was mit Landschaften passiert, wenn die großen Räuber fehlen: Im Yellowstone Park, dem ältesten Nationalpark der Welt, wurden in den 1930er Jahren die Wölfe und fast alle Pumas ausgerottet. Daraufhin vermehrten sich die Wapitis, nahe Verwandte unserer Rothirsche, immens – und sie veränderten ihr Verhalten. Die stolzen Hirsche wurden schlapp und träge; beinahe wie das Vieh auf der Weide verbrachten sie den ganzen Tag in großen Herden und grasten gemütlich in den Flussniederungen. Dabei überweideten sie nicht nur die Grasländer des Parks; sie knabberten zudem die Weidenschösslinge entlang der Flüsse ab, sodass junge Weiden nicht mehr groß wurden. Damit fehlte den Bibern, die in Yellowstone ebenfalls fast ausgerottet waren, im Winter eine wichtige Nahrung. Die großen Nager sind als besonders gute «Baumeister» wichtige Landschaftsgestalter: Ihre langen Dämme stauen Wasser zu Seen. So schaffen sie Überschwemmungsgebiete mit Lebensraum für viele andere Arten. Ohne die Weiden konnten die Biber aber nicht überleben.

1995 entschied man, fünfzehn Wölfe aus Kanada im Park auszusetzen, und diese setzten rasch eine bemerkenswerte Dynamik in Gang: Begeistert beobachtete der Naturschützer Dave Forman, wie Wapitis sich wieder wie Wapitis verhielten: «Sie sind wieder wach! Sie bewegen sich wieder!» Weil die Hirsche an den offenen Flüssen leichter von den Wölfen gesehen und gejagt werden konnten, blickten sie sich wieder nach ihren Feinden um und wurden scheuer. Sie verteilten sich mehr im Park und zogen sich wieder in die Wälder zurück.

Nun konnten die Weiden an den Ufern wieder sprießen, die Biber hatten Nahrung für den Winter und breiteten sich ebenfalls aus: Gab es zuvor nur eine Biberkolonie im Park, waren es 2011 schon neun. Die neuaufgestauten Biberteiche speichern Wasser für regenarme Zeiten; hier finden andere Fische Heimat als in den schnell fließenden Flüssen. In den Weidendickichten brüten wieder Singvögel, deren Bestand schon zurückgegangen war. Auch die Aasfresser profitierten von der Rückkehr der Wölfe – Grizzlys, Schwarzbären und Kojoten, Elstern, Adler, Luchse, Raben und Vielfraße, auch aasfressende Käfer – für alle fällt ein Häppchen ab, wenn die Wölfe einen Wapiti gerissen haben. Mittlerweile leben etwa einhundert Wölfe im Park, die Zahl der Wapitis ist um etwa siebzig Prozent gesunken. Yellowstone hat eine fehlende Art zurückerhalten, und die «Wunden in der Landschaft» wurden geheilt.

Um Wölfe, die in den Niederlanden seit 1881 ausgerottet waren, auch in Oostvaardersplassen auszusetzen, ist dieses Schutzgebiet viel zu klein. Doch in vielen anderen Gebieten in Europa werden die Wölfe dank besseren Schutzes derzeit wieder heimisch. So siedelten sich in Deutschland Ende der 1990er Jahre die ersten aus Polen kommenden Wölfe von selber an; im Sommer 2011 zählte man bereits etwa neunzig, und sie breiten sich immer weiter nach Westen aus. Der erste Wolf in den Niederlanden wurde im späten August 2011 gesichtet und kam wohl aus Frankreich. Es bleibt abzuwarten, ob und wann diese Wildhunde vielleicht nach Oostvaardersplassen kommen – und welche Dynamik sie dann in diese Landschaft tragen.

Eine «Wildnis» entsteht, wenn der Mensch keinen Einfluss mehr nimmt auf die «natürlichen Prozesse». Welche Wildnis entsteht, hängt aber auch davon ab, welche Arten in einem Lebensraum leben. Wer also «natürliche» Bedingungen herstellen will, muss fragen: Was ist denn «natürlich» oder ursprünglich? Welche Art von Wildnis streben wir an? Die dichten Wälder des Mittelalters, als in großen Teilen Europas die Megafauna längst verschwunden war? Oder die nacheiszeitliche halboffene Landschaft?

Auch wenn die Ur-Auerochsen nicht mehr leben: Ihre Abbilder können – selbst wenn sie im Grunde bloß ähnlich aussehende Hausrinder sind – dennoch die gleichen ökologischen Funktionen erfüllen und naturnahe, artenreiche und reich strukturierte Landschaften erschaffen und erhalten.

Der wilde Auerochse ist und bleibt ausgerottet. Als Art ist der *Bos primigenius* jedoch so erfolgreich wie nie in seiner Geschichte, denn alle Hausrinder zählen zu dieser Spezies. Weltweit gibt es etwa anderthalb Milliarden Exemplare, deren Gewicht das der gesamten Menschheit um das Doppelte übersteigt: Steaks für viele Orgien also!

# Der Friedhof der Geirfugl

Funk Island, Insel des Gestanks, so haben Seefahrer jenen gewaltigen Granitblock genannt, der knapp sechzig Kilometer vor Neufundland aus dem Nordatlantik ragt. Seit jeher liegt dort ein unangenehm fauliger Geruch in der Luft – Folge des seit Ewigkeiten abgelagerten Vogelkots. Würden die Ausdünstungen dieses Kots nicht alle Gerüche überdecken, so ließe sich der Name der Insel wohl auch von einem anderen Gestank herleiten: Auf Funk Island liegt der «Hauptfriedhof» einer ganzen Spezies, deren Kadaver dort vermodert sind. Auf diesem schroffen Felsen spielt ein großer Teil jener Geschichte, «die es vermag, Tränen des Mitgefühls selbst aus einem steinernen Herzen zu wringen», so schrieb es der schottische Naturkundler Symington Grieve im Jahre 1885.

Jeden Sommer – damals und inzwischen auch heute wieder – ist auf dem Eiland, das mit nur 0,2 Quadratkilometern Fläche kaum größer als die Hamburger Binnenalster ist, ein unglaubliches Gewimmel zu beobachten. Dann brüten hier insgesamt eine Million Seevögel verschiedener Arten: Tordalken, Basstölpel, dazu Trottellummen. Allein von diesen schwarzweißen, entengroßen Vögeln mit dem wunderbar tapsig klingenden Namen nisten alljährlich bis zu vierhunderttausend Paare auf Funk Island – weltweit eine der größten Brutkolonien dieser Art. Manchmal kommen aber auch noch Relikte jener Spezies ans Tageslicht, deren Ende hier besiegelt wurde.

Mitten auf dem sturmumtosten Felsen stehen noch immer Mauern, die schon vor Jahrhunderten aufgeschichtet worden sind; dazwischen wachsen auf einigen wenigen grünen Fleckchen etwas Gras und Moos.

**Wo auf Funk Island einst Hunderttausende von Riesenalken brüteten, wimmelt es heute vor Trottellummen.**

Papageitaucher brüten hier: Jene komischen Vögel, die mit dem weißen Gesicht und dem schwarzen Streifen hinterm Auge wie ein Clown wirken – mal verschmitzt, oft melancholisch dreinschauend. Etwa zweitausend Paare können hier, an der einzigen Stelle der Insel, die mit ein wenig Erde bedeckt ist, ihre unterirdischen Nisthöhlen bauen. Wenn sie mit dem Schnabel den Boden auflockern, mit den Füßen die Krümel nach draußen schubsen, fliegt ab und zu ein alter Knochen aus dem Brutloch: Der torfige Boden, in dem der Nachwuchs der Papageitaucher Schutz findet, ist aus den verrotteten Leibern unzähliger Riesenalke entstanden – ein Überbleibsel jener grausamen Gemetzel, die vor über zweihundert Jahren auf Funk Island stattfanden.

Gibt es Pinguine auf der Nordhalbkugel? Das ist eine Frage wie aus einem Fernsehquiz. Die Antwort gehört zum Standardwissen der Tiergeographie: Die flugunfähigen Frackträger leben nur auf der Südhalbkugel; dort aber nicht nur im Eis der Antarktis, sondern sogar bis knapp unter den Äquator. Selbst auf den Galápagosinseln brütet eine kleine Art dieser watschelnden Vögel. Und doch ist die Sache nicht so eindeutig, wie es auf den ersten Blick scheint. Es gab nämlich durchaus einen «Nord-Pinguin», der mit denen im Süden allerdings gar nicht näher verwandt war. Die heutigen Pinguine haben ihren Namen nur von ihm «geerbt». Seefahrer haben ihn vor Jahrhunderten auf sie übertragen, weil sie vom Nordatlantik her einen Vogel kannten, der mit seinem schwarzweißen Federkleid und seinem Watschelgang ganz ähnlich aussah. Auch er konnte nicht fliegen und tauchte im Meer nach Fischen. Der Riesenalk besaß also eine ähnliche Lebensweise wie die Pinguine der Südhalbkugel. «Konvergente Evolution» nennen die Biologen diesen Prozess, wenn sich unter ähnlichen Umweltbedingungen Lebewesen mit ähnlicher Gestalt und Form entwickeln, die gar nicht näher miteinander verwandt sind. Bei Delfinen und Haien lässt sich dieses Phänomen auch beobachten.

Der Riesenalk wurde jedenfalls als Erster von Seeleuten «Pinguin» genannt. Vielleicht wegen seiner «ping wings», den Stummelflügeln, die perfekt waren, um unter Wasser zu «fliegen»? Oder wegen des großen weißen Federflecks am schwarzen Vorderkopf? Im Walisischen bedeutet «pen» nämlich Kopf und «gwyn» weiß – ein «Weißkopf» also? Oder weil der Vogel ziemlich fett – lateinisch «pinguis» – war? Auch die Wissenschaft nannte den Riesenalk ursprünglich *Pinguinus impennis*. Bis man ihn umbenannte, um die nahe Verwandtschaft zum Tordalk auszudrücken. Sein heute gültiger Name lautet daher *Alca impennis*.

Die beiden Arten der Alke zählen mit den Lummen sowie den Teisten, den Krabben- und den Papageitauchern zur Familie der Alkenvögel, deren Beine alle relativ weit hinten am Körper sitzen, sodass sie an Land ganz aufrecht wirken. Dank ihres kurzen, enganliegenden Gefieders sind sie gute Taucher. Alle Arten der *Alcidae* brüten gerne an Steilklippen im Norden des Pazifiks und Atlantiks, also in eher kalten Gewässern. Mit fünf Kilogramm Gewicht und einer Größe bis zu neunzig Zentimetern war der Riesenalk der Gigant dieser Familie – und der Einzige, der nicht fliegen konnte. Das wurde sein Verhängnis.

Von Florida über Maine nach Massachusetts, von Labrador, Island und Grönland bis an die norwegische Küste: Zu prähistorischen Zeiten lebte der große Vogel im ganzen Nordatlantik – und an allen europäischen Küsten von der Nordsee bis ins Mittelmeer. Einen der ältesten Hinweise darauf entdeckte Henri Cosquer 1985 beim Tauchen in der Nähe von Marseille. Er stieß auf eine Höhle, deren Eingang etwa vierzig Meter unter dem Meeresspiegel lag. Am Ende eines einhundertsechzig Meter langen aufwärtsführenden Ganges, oberhalb der Wasserlinie, entdeckte er eine Grotte voller Zeichnungen, entstanden auf dem Höhepunkt der letzten Eiszeit. Damals, vor achtzehntausend Jahren, lag der Meeresspiegel einhundert bis einhundertzwanzig Meter niedriger als heute, und der Eingang zur Grotte war einige Kilometer vom Mittelmeer entfernt. Die Steinzeitkünstler hatten an den Höhlenwänden Riesenhirsche und Steinböcke, Pferde und Wildrinder verewigt – und einen pinguinähnlichen Vogel, offensichtlich den Riesenalk. Da Vögel auf steinzeitlichen Gemälden selten zu sehen sind, vermuten die Forscher, dass der große Vogel eine wichtige Beute jener Menschen am Mittelmeer gewesen sein muss. Tatsächlich fanden Archäologen Knochen des großen Alks an zahlreichen Siedlungsplätzen, unter anderem im Schutt einer römischen Siedlung beim niederländischen Velsen. Auch in den Abfallgruben der frühen Indianer Nordamerikas hat man Knochen des Riesenalks gefunden. Zur Zeit der Römer vor etwa zweitausend Jahren war die Nordseeküste noch nicht durch Deiche gebändigt, sondern eine amphibische Ur-Landschaft. In den Mündungsdeltas von Rhein und Elbe brüteten Flamingos und Pelikane, Walrösser und große Wale schwammen vor der Küste, und Auerochsen, Elche und Wölfe wateten durch die Sümpfe.

Im Gegensatz zu den Pinguinen auf der südlichen Hälfte der Erdkugel hatte der große Alk somit nicht das Glück, in Regionen zu Hause zu sein, die wie die Antarktis oder abgelegene Inseln gar nicht oder kaum vom Menschen besiedelt waren. Der flugunfähige und an Land etwas tapsige Vogel war immer eine leichte Beute. Auch wenn prähistorische Jäger ihn nur für den Eigenbedarf fingen, verschwanden die Kolonien an den Küsten der Kontinente als Erste; im Laufe der Jahrtausende zog sich der Riesenalk auf schwer zugängliche, abgelegene Inseln und Eilande zurück. Als größte Brutkolonie in geschichtlicher Zeit blieb schließlich jene auf der sogenannten Pinguin-Insel übrig – auf Funk Island.

«Außerordentlich fette Vögel», so dicht gedrängt, dass sie sich gegenseitig fast auf die Füße traten, brüteten auf jenem Granitblock vor Neufundland, den 1534 der Franzose Jacques Cartier als erster Europäer betrat. Er war vom französischen König ausgeschickt worden, um die Nordwestpassage zu finden, einen eisfreien Weg um Nordamerika herum nach Asien. Doch der Gestank, der den Männern auf dem Eiland entgegenschlug, war buchstäblich atemraubend. Wo später Trottellummen den nach der Ausrottung des Riesenalks freigewordenen Platz besetzten, nisteten damals noch bis zu zweihunderttausend der großen Vögel auf dem schroffen Felsen. Mit Ruderschlägen bahnten sich Cartier und seine Männer einen Weg durch die Kolonie. Die fetten Alke waren eine willkommene Wegzehrung für die lange Expedition, ihr Fleisch schmeckte auch ausgesprochen gut. «In weniger als einer halben Stunde hatten wir zwei Ruderboote mit ihnen gefüllt», berichtete Cartier. Mit mehreren Fässern gepökelter Riesenalke setzte er seine Reise fort.

Seeleute, Fischer und Robbenfänger legten seither bei der Atlantiküberfahrt gerne einen Zwischenstopp auf Funk Island ein, um die Speisekammern mit den leckeren, flugunfähigen Vögeln und den lange haltbaren Eiern mit ihren großen Dottern aufzufüllen. Die fügsamen Vögel ließen sich sogar über bereitgelegte Planken direkt ins Schiff treiben. Von solchen Beutezügen auf Funk Island und einigen anderen, kleineren Brutinseln stammt das wenige, was wir heute über das Verhalten der Riesenalke wissen.

*Alca impennis* baute kein Nest, sondern legte ein einziges großes Ei auf den blanken Untergrund. Nach manchen Berichten führten die Eltern die Küken schon bald nach dem Schlupf ans Wasser, also zu einem Zeitpunkt, an dem sie noch das feine Daunengefieder trugen. (Bei den verwandten Tordalken dagegen verlassen die Jungvögel das Nest erst etwa achtzehn Tage nach dem Schlupf.) Was für ein Bild muss das gewesen sein: Zu Tausenden watschelten die an Land etwas tollpatschigen Vögel zum Meer, wo die Eltern schließlich voran in die Fluten sprangen und mit erhobenem Kopf auf der Brandung surften, während die grauen Küken an der schroffen Küste von Funk Island bei den ersten Wellen noch zurücktorkelten, dann wieder den Eltern folgend zum Wasser tapsten und sich endlich das erste Mal ins Nass stürzten. Dort kletterten sie auf die Rücken der Eltern, die sie durch die Wogen der Labradorsee trugen.

In der zweiten Hälfte des 18. Jahrhunderts begann die gewerbliche Nutzung der Alke – und die einst riesigen Bestände auf Funk Island schmolzen rasch dahin. Ganze Mannschaften lebten während der Brutsaison auf dem stinkenden Felsen. Inzwischen waren die Jäger allerdings kaum noch an dem Fleisch der Tiere interessiert. Vielmehr begehrten sie nun das Fett der Vögel, um es als Lampenöl zu nutzen. Vor allem aber sammelten sie die Federn der Alke, um sie in Decken und Kissen zu stopfen. Die Federsammler machten sich bald gegenseitig Konkurrenz: Jeder wollte so viele Alke wie möglich ergattern, um sie nicht dem nächsten Trupp zu überlassen, der sonst seine Boote mit ihnen füllen und das Geld verdienen würde, das man selber haben könnte.

In ihrem blinden Eifer, den aktuellen Gewinn zu maximieren, verschwendeten die Jäger keinen Gedanken daran, wie der Bestand der Alke zu erhalten sei – und untergruben damit ihre Möglichkeit, auch in den folgenden Jahren noch Profit zu machen. Um die grausame Ernte zu beschleunigen, errichteten die Männer auf dem Plateau der Insel steinerne Pferche, in die sie die brütenden Alke hineinscheuchten. Die im Meer schwimmenden Vögel trieben die Jäger von kleinen Booten aus in Richtung Insel und dann hinauf auf den Felsen, ebenfalls in die Pferche hinein. Der Matrose Aaron Thomas beschrieb 1794 ein solches Massaker: Viele der Männer gaben sich gar nicht erst die Mühe, die Alke zu töten, sondern rissen ihnen die Federn bei lebendigem Leib aus und warfen die dem Tod geweihten Vögel danach einfach beiseite, wo sie verendeten. Allerdings scheint es kaum vorstellbar, dass die Alke sich dabei nicht gewehrt und den Männern mit ihren großen Schnäbeln nicht zumindest schmerzhafte Verletzungen zugefügt haben.

Um das «Federlesen» zu erleichtern, siedeten die Jäger Wasser in großen Kesseln, die sie mit Riesenalken als Brennstoff heizten: «Ihre fetten Körper fangen schnell Feuer; es gibt kein Holz auf der Insel», so Aaron Thomas 1794. Ein Alk nach dem anderen wurde mit Knüppeln erschlagen oder gleich lebend ins Wasser geworfen, das mit den Körpern der Artgenossen zum Kochen gebracht worden war. Weitere Vögel kamen als Nachschub ins Feuer, um es am Brennen zu halten. Die Federn der abgekochten Alke ließen sich nun leichter rupfen; die ausgelaugten Kadaver wurden einfach beiseitegeworfen und verrotteten an Ort und Stelle. Die Körper der geschundenen Alke bildeten den Grundstock jener Erde, in der heute Papageitaucher brüten.

Schon 1785 hatte Kapitän George Cartwright beim Besuch von Fund Island gewarnt: «Die angerichtete Zerstörung ist unglaublich. Wenn diese Praxis nicht bald aufhört, wird die ganze Rasse verschwinden, vor allem die ‹penguins›. Denn hier ist die einzige Insel, auf der sie noch brüten.» Tatsächlich waren die Alke nicht besonders flexibel bei der Wahl der Brutplätze. Egal wie grausam das Gemetzel im Vorjahr

Der Riesenalk *Alca impennis*, der «Pinguin
des Nordens».

gewesen war – sie kehrten jedes Jahr nach Funk Island zurück. Und so
kam das Ende, das Cartwright vorhergesagt hatte, rasch: Bereits um
1800 gab es auf Funk Island keine Riesenalke mehr. Zurück blieben nur
große Haufen von Knochen und neuentstandener Humusboden. Ein
paar Bälge überdauerten unter Eisflecken: Der britische Paläontologe
Richard Owen erhielt 1863 eine «vertrocknete, plattgedrückte, federlose
und mumifizierte» Alkenleiche, anhand der er erstmals das vollständige Skelett des Vogels untersuchen konnte. Von 1860 an machte man
selbst damit einige Jahre lang noch einmal richtig Geld: Schiffe transportierten große Mengen der sterblichen Überreste der Vögel ab, um
sie als Dünger auf den Feldern um Boston, Baltimore und New York
zu verstreuen.

Während sich die geschundenen Populationen der anderen flugfähigen Seevögel auf Funk Island wieder erholten, waren die Riesenalke für immer von dort verschwunden. Woanders gab es sie noch ein paar Jahre länger: Auf Grönland wurden 1815 und 1821 noch je einer erbeutet, zwei weitere fing man 1829 und 1834 auf St. Kilda, einer Insel der Äußeren Hebriden. Sie wurden nach Schottland gebracht, wo man versuchte, die halbverhungerten Vögel mit Forellen und in Milch eingeweichten Kartoffeln aufzupäppeln. Sie überlebten aber nur wenige Monate.

Seitdem gab es auf der ganzen Welt nur noch eine einzige kleine Kolonie der «Geirfugl», wie die Riesenalke auf Island heißen, auf einigen Felsen vor der Küste dieser Insel im Nordatlantik. Die Vögel auf den «Geirfuglasker» gehörten der Gemeinde Reykjanes: Wer dort Alke fing, musste hohe Steuern zahlen, nur ein Viertel des Erlöses verblieb beim Jäger. Als vor Reykjanes am 6. März 1830 die See kochte und die Erde bebte, schien sich das Geschäft mit der Jagd auf Alke allerdings sowieso erledigt zu haben: Beim Ausbruch eines Unterwasservulkans versanken die Geirfuglasker mitsamt den meisten Riesenalken im Meer. Nur eine kleine Gruppe von etwa sechzig Vögeln überlebte den Vulkanausbruch und fand Zuflucht auf der beständig sturmumtosten Nachbarinsel Eldey. Der fast achtzig Meter hohe und beinahe senkrecht aus dem Meer ragende Felsen war kein idealer Brutplatz für die Alke. Nur an einer Seite gab es einen Zugang für die flugunfähigen Vögel; eine Böschung, als «Unterland» bezeichnet, führte zu den Kliffs hinauf. Doch immerhin schienen die überlebenden Vögel hier sicher: Mangels Masse lohnte sich das Risiko der gefährlichen Überfahrt nicht mehr.

Das galt zumindest so lange, bis die Wissenschaft auf die bevorstehende Ausrottung aufmerksam wurde: Die Kuratoren jener naturkundlichen Museen, die noch keine Präparate des selten gewordenen Vogels besaßen, erschraken über diese Lücke in ihrer Sammlung. Da der Vogel früher so häufig gewesen war, hatten sie einfach nicht daran gedacht, sich rechtzeitig einen ausgestopften Alk zu sichern. Prompt setzte ein Wettlauf der Museen um die letzten Exemplare der Riesenalke ein. Ein neuer Markt war geschaffen.

Als Folge stiegen die Preise für Bälge und Eier des seltenen Vogels: 1832 wurde für ein Ei eines Riesenalks bei einer Auktion bereits über fünfzehn Pfund gezahlt – damals das Doppelte des Jahreseinkommens eines Handwerkers. Nun lohnte sich die gefährliche Überfahrt für die Fänger vor Ort wieder; für einen einzigen Vogel bekamen sie jetzt mehr als früher für eine ganze Bootsladung voller Fett und Federn. In den 1830er Jahren erbeuteten die Jäger auf Eldey noch insgesamt mehr als vierzig der «Nord-Pinguine», 1840 nochmals vier Vögel sowie fünf Eier, 1844 fielen dann die endgültig letzten beiden Riesenalke, deren Existenz verbürgt ist, dieser Jagd im Dienste der Wissenschaft zum Opfer.

1858 reisten die britischen Vogelkundler Alfred Newton und John Woolley nach Island. Sie wollten nach Eldey übersetzen, in der Hoffnung, dort vielleicht doch noch überlebende Riesenalke anzutreffen. Zwei Monate harrten sie in Reykjanes aus, aber das stürmische Wetter ließ keine Überfahrt zu. Zumindest hatten sie dadurch ausreichend Zeit, im Ort mit fast allen Beteiligten der allerletzten Jagdexpedition zu sprechen und von ihnen zu erfahren, wie die beiden letzten Riesenalke zu Tode kamen.

Vom Händler Carl F. Siemsen in Reykjavik angeheuert, hatten am Abend des 2. Juni 1844 vierzehn Mann in einem achtrudrigen Boot in Reykjanes abgelegt. Sie ruderten die ganze Nacht hindurch, bis sie am nächsten Morgen Eldey erreichten. Vom einzigen Landungsplatz aus sahen sie zwei Riesenalke am höchsten Punkt des Unterlandes stehen. Vier Männer, so der Plan, sollten sie zusammentreiben, um sicherzugehen, dass keiner der beiden kostbaren Vögel entwischt. Nur drei machten sich dann aber tatsächlich auf, der vierte schreckte zurück, da das Wetter zunehmend stürmischer wurde.

Die drei rannten sofort los, denn sie wollten die beiden Riesenalke unter den vielen anderen Vögeln auf Eldey nicht aus dem Blick verlieren. Mit ausgebreiteten Flügeln, den Kopf vorgestreckt, liefen die beiden Alke mit kurzen Schritten vor den heranstürmenden Männern davon, die den Vögeln im unwegsamen Gelände kaum folgen konnten. Schließlich gelang es Jón Brandsson aber doch, den ersten der beiden Geirfugl zu ergreifen. Sigurdr Iselfsson und Ketil Ketilsson verfolgten den zweiten, der den Abhang hinaufwatschelte und sich einer Felskante näherte, von der aus er sich ins Meer stürzen konnte. Ketilsson war nicht nervenstark genug, am Abgrund zuzugreifen, also packte Iselfsson den Alk – kurz vor dem rettenden Sprung.

Da Ketilsson nicht als Einziger erfolglos aufs Boot zurückkehren wollte, kehrte er dahin zurück, wo die Männer die beiden Alke erstmals gesehen hatten. Und wirklich: Dort lag noch ein Ei neben einem Lavablock. Ketilsson nahm es auf, aber als er sah, dass es bereits zerbrochen war, warf er es enttäuscht weg – so berichtete er es zumindest. Der Vogelkundler Newman nahm allerdings an, dass Ketilsson das wertvolle Ei vor Aufregung selber zerbrochen hatte und dieses peinliche Missgeschick nur nicht eingestehen wollte. Inzwischen war der Sturm stärker geworden, die Brandung toste, und so eilten die drei Männer mit den beiden erwürgten Vögeln im Gepäck zurück aufs Boot. «Alles das ereignete sich in kürzerer Zeit als zur Erzählung nötig», schrieb Newton.

Nach der Ausrottung der Riesenalke stiegen die Preise für Relikte dieser Tiere schließlich ins Unermessliche: 1894 wurde ein Ei auf einer Auktion für dreihundertfünfzehn Pfund verkauft – der durchschnittliche Jahresverdienst eines Handwerkers lag damals bei etwa achtzig Pfund. In den früher 1970er Jahren gab ein amerikanischer Sammler für die Überreste eines Alks sogar dreißigtausend Dollar aus. Ketil Ketilsson hätte die Eierschalen von Eldey also besser nicht wegwerfen sollen – wenige Jahre später wären sie ein Vermögen wert gewesen.

Die Bälge der beiden letzten erwürgten Riesenalke sind verschollen, ihre Skelette und Innereien werden im Kopenhagener Naturkundemuseum aufbewahrt. Insgesamt erinnern noch fünfundsiebzig Eier, vierundzwanzig vollständige Skelette und einundachtzig ausgestopfte Alke, von denen die meisten auf Eldey Island umgebracht wurden, an eine Zeit, in der es zoologischen Institutionen wichtiger war, Lücken ihrer Sammlungen zu schließen, als lebende Arten zu bewahren. Der einzige Trost in dieser traurigen Geschichte ist, dass zumindest Wissenschaftler heute anders handeln würden.

# ASIEN: AUFBRUCH, MAO UND MILLIARDEN

## Im Auftrag des Zaren

Die Expedition war ein einziges Desaster, und am Ende waren alle tot: Der Kapitän, der schon kurz nach dem Schiffbruch starb. Der Naturforscher und Arzt, dem ein großer Teil der Mannschaft das Überleben auf der unbewohnten Insel zu verdanken hatte, der aber vier Jahre nach dieser Robinsonade auf dem Rückweg nach Europa ums Leben kam. Und die großen, bislang unbekannten Meeressäuger, die dieser Arzt im Nordpazifik vorgefunden hatte, wo sie zwar seit Hunderttausenden von Jahren zu Hause waren, dann aber ihre Entdeckung nur um siebenundzwanzig Jahre überlebten.

Die «Große Nordische Expedition» hatte sich aufgemacht, um einen Auftrag Peters des Großen zu erfüllen: Sibirien war noch so gut wie unerforscht, eine riesige, fast menschenleere Wildnis mit nur wenigen befestigten Siedlungen darin. Nun wünschte der Zar, es solle «alles entdeckt werden, was noch nicht entdeckt war». Außerdem sei zu klären, ob eine Landbrücke Asien mit Amerika verbinde. Bis die Expedition Sibirien durchquert und bei Kamtschatka den Pazifik erreicht hatte, dauerte es allerdings ausgesprochen lange. Erst am 29. Mai 1741 – sechzehn Jahre nach dem Tod des Zaren – legten die beiden Boote «St. Peter» und «St. Paul» endlich in Petropawlowsk ab. Das Kommando führte der dänische Kapitän Vitus Bering, mit ihm an Bord der «St. Peter» reiste der deutsche Arzt und Naturforscher Georg Wilhelm Steller.

Bald verloren sich die zwei Schiffe im Sturm. Bering erreichte am 12. Juli die heutige Kayak-Insel an der Südküste Alaskas. Für den Auftrag, alles zu erforschen, interessierte sich der Kapitän zu Stellers Leidwesen jedoch kaum. Ihm genügte es, in Amerika angekommen zu sein. Sein wichtigster Auftrag war damit erfüllt: Ganz offensichtlich gab es keine Landverbindung zwischen Asien und Amerika. Und so schickte er zwar Männer auf die Insel – aber nur, um frisches Trinkwasser zu beschaffen. Erst als sich Steller empörte, ob sie denn hergekommen seien, um Wasser von Amerika nach Asien zu bringen, erhielt er die Erlaubnis, ebenfalls an Land zu gehen. Als der Naturforscher dort einen Diademhäher erblickte, war auch er überzeugt, dass sie den Kontinent Amerika erreicht hatten: Den blauen Vogel kannte er aus einem Buch über Pflanzen und Vögel Carolinas. Viel Zeit für Forschungen blieb ihm jedoch nicht. Bering drängte zum Aufbruch, denn er fürchtete das wechselnde Wetter. «Zehn Jahre dauerte die Vorbereitung des großen Unternehmens, zehn Stunden hatten wir für die eigentliche Arbeit», kommentierte Steller verbittert die Kürze des Aufenthalts. Immerhin war er der erste Forscher, der Alaska betreten hatte, und konnte dort Proben von über einhundertsechzig verschiedenen Pflanzen sammeln.

Die Rückfahrt geriet zu einer Odyssee: Stürme und Nebel brachten die «St. Peter» vom Kurs ab. Das Trinkwasser faulte, die Vorräte schwanden und fast alle Seemänner wurden krank. Als sie im November Land erblickten, hofften sie, das rettende Ufer Kamtschatkas erreicht zu haben. Bei der Landung zerschellte das Schiff. Am folgenden Tag erblickte Steller Herden gewaltiger Meeressäuger im seichten Wasser. Ein Gefährte, der aus Kamtschatka stammte, versicherte ihm, solche Tiere gäbe es an der dortigen Küste nicht. Das war der erste Hinweis für eine schlimme Befürchtung, die sich bald als zutreffend herausstellte: Sie waren auf einer unbekannten und beinahe baumlosen Insel gestrandet, auf der sie den arktischen Winter überstehen mussten – gut zweihundert Kilometer vom rettenden Festland entfernt.

Die Gewässer um die Insel waren das letzte Refugium jener schwimmenden Riesen, die zu den größten Säugetieren der Neuzeit zählten, gigantische Überlebende der eiszeitlichen Megafauna – und sogar mit den Mammuts verwandt. Steller identifizierte sie gleich korrekt als «Manatis, welche ich vorher noch nie gesehen habe» – Riesenseekühe.

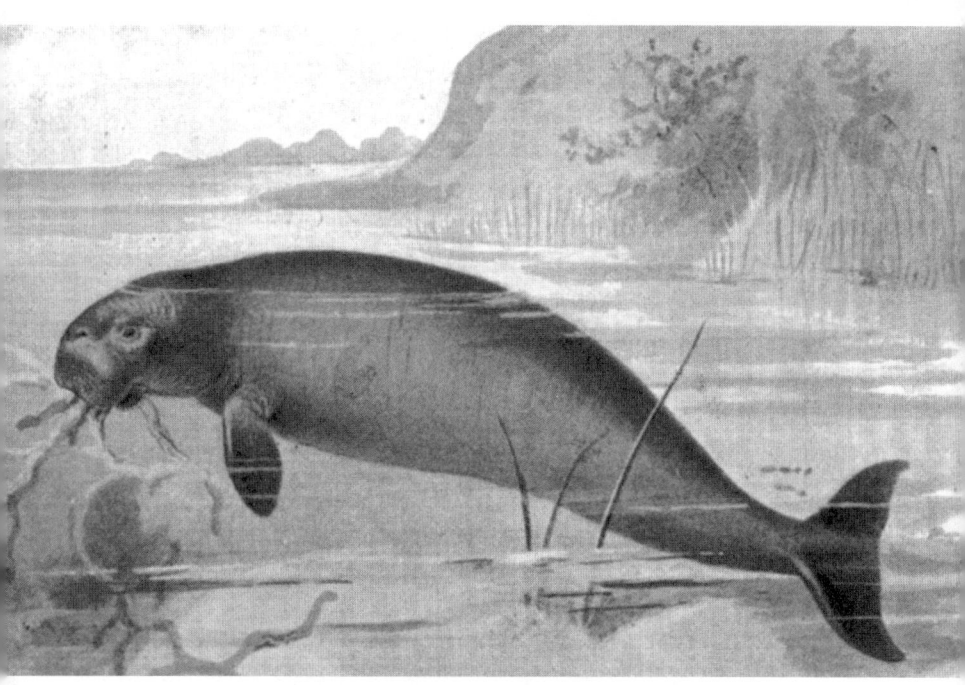

**Nur wenige Walarten waren größer als die Steller'sche Seekuh, die im seichten Wasser den Tang abweidete.**

Im arktischen Winter hatten die Schiffbrüchigen alle Hände voll damit zu tun, ihr Überleben zu sichern. Mit Treibholz entzündeten sie wärmende Feuer oder bauten Erdhütten daraus. Viele Besatzungsmitglieder gingen an Skorbut zugrunde, verursacht durch den Mangel an Vitamin C. Kapitän Bering starb am 8. Dezember. Als Arzt rettete Steller viele Männer, indem er ihnen neben den Fleischmahlzeiten eine vitaminreiche Kräuterkost verordnete. Zum Glück war die karge Insel voller Tiere. Im Wasser tummelten sich zutrauliche Seeotter, und an Land ließen sich die Brillenkormorane mit ihren verkümmerten Flügeln leicht greifen; sie hatten ihre Flugfähigkeit mangels Feinden nahezu aufgegeben und waren somit auf dem Weg, so etwas wie die

«Riesenalke des Nordpazifiks» zu werden. Diese größten aller Kormorane wogen bis zu sieben Kilogramm – ein Vogel reichte aus, um drei Männer zu sättigen.

Außerdem machten die Gestrandeten im flachen Wasser mit der Harpune Jagd auf die Seekühe. Das war nicht schwer, denn die Tiere hatten keinerlei Scheu vor den Menschen und konnten sich auch kaum wehren: Wurden sie getroffen, schlugen sie zwar wild mit dem Schwanz aufs Wasser, doch weil sie am relativ dünnen Körperende wenig Muskeln besaßen, ermatteten sie rasch und konnten dann mit Dolchen getötet werden.

Während der Jagd auf die Meeressäuger beobachtete Steller eine außergewöhnliche Zuneigung der Tiere zueinander: War eines von ihnen harpuniert, wollten alle anderen helfen und versammelten sich um das verwundete Herdenmitglied, um es vom Strand weg ins Meer zu drängen. Einige legten sich auf die Seile und versuchten so, die Harpune aus dem Leib zu ziehen. Ein Männchen kehrte noch zwei Tage lang dorthin zurück, wo die Überreste des geschlachteten Weibchens im Wasser lagen. Gerade das schmackhafte Fleisch der Seekühe half den Schiffbrüchigen, über den Winter zu kommen. Vom «angenehmen, schneeweißen» Fett geriet Steller geradezu ins Schwärmen, es war «wie beste holländische Butter, an Geschmack gleich süßem Mandelöl, von ausgesprochen gutem Geruch, sodass man es schalenweise trinken konnte, ohne Ekel zu empfinden».

Das Frühjahr brachte Abwechslung in den Speiseplan: Die Strände der Insel waren nun mit Nördlichen Seebären angefüllt, die hier ihre Jungen zur Welt brachten. Es kamen so viele, dass die Männer ins hügelige Hinterland ausweichen mussten. «Während des ganzen Mais und des halben Junis lebten wir fast nur vom Fleisch der jungen und weiblichen Robben», berichtete Steller, der diese Art als Erster genauer beschrieb.

Nach zehn Monaten gelang es den Schiffbrüchigen, aus den Resten der «St. Peter» ein neues, winziges Segelboot zu bauen. Am 13. August 1742 verließen die Überlebenden das karge Eiland, das später zu Ehren des verstorbenen Kapitäns «Bering-Insel» genannt wurde, am 27. August erreichten die längst totgesagten Seefahrer endlich ihren Ausgangshafen Petropawlowsk.

Trotz der misslichen Lage der Expedition fand Steller in jenen Monaten Zeit, alles auf der unbekannten Insel zu erkunden, zu beschreiben und zu vermessen – auch die Seekühe. Eines der erlegten Weibchen maß siebeneinhalb Meter. Wahrscheinlich wurden sie bis zu acht Metern lang und wogen zwischen vier und zehn Tonnen – ein Afrikanischer Elefant wiegt durchschnittlich drei Tonnen. Steller war der einzige Wissenschaftler, der *Hydrodamalis gigas* jemals lebend zu Gesicht bekommen hat. Das meiste, was wir von der Riesenseekuh wissen, kennen wir daher nur aus seinem Buch «De Bestiis Marinis» – «Von sonderbaren Meerestieren».

Darin beschrieb Steller beispielsweise ihre rissige und spröde oberste Hautschicht: «Ihre äußere Schale ist schwarz oder schwarzbraun und an Festigkeit fast wie Pantinenholz. Um den Kopf ist sie voller Gruben, Runzeln und Löcher.» Da diese Hautschicht wie Rinde vom Baum abplatzte, erhielt das Riesenvieh auch den Namen «Borkentier». Unter der darunterliegenden eigentlichen Haut, so notierte Steller, sei «der ganze Körper des Tieres von vier Finger hohem Speck umgeben». Auf der «Borke» entdeckte Steller «Ungeziefer», das sich tief in sie hineinbohrte – wahrscheinlich handelte es sich dabei um einen Krebs aus der Familie der Walläuse. Steller hatte von ihnen sogar Zeichnungen angefertigt, die jedoch leider verlorengegangen sind. Wahrscheinlich handelte es sich bei diesen Tieren um eine jener Parasitenspezies, die nur auf diesem einen Wirtstier vorkam und mit ihm verschwand.

Der ganze Körper der Seekuh war wie eine Insel für kleinere Kreaturen: Entenmuscheln wuchsen an der Seite, Seevögel nutzten die treibenden Riesen als Ruheplatz. «Rücken und die Hälfte der Leiber sind allezeit über dem Wasser zu sehen.» Bis heute ist unklar, ob diese Meeressäuger überhaupt abtauchen konnten, wie die heute noch lebenden anderen Seekuharten. Steller erwähnte jedenfalls nicht, dass sie jemals völlig im Wasser verschwanden – nicht einmal, wenn ihnen eine Harpune im Rücken steckte. War es das viele Fett, das ihnen Auftrieb verlieh?

Den Tag verbrachten diese Tiere damit, die Riesentange, den Kelp, im flachen Wasser abzuweiden. «Statt der Zähne hat die Seekuh im Munde auf jeder Seite zwei breite, längliche, glatte Knochen mit vielen schräg im Winkel zusammenlaufenden Furchen und Schwielen, mit denen das Tier seine gewöhnliche Nahrung, die Seekräuter, zermalmt.» Dabei hielten sie sich mit ihren reduzierten Vordergliedmaßen am Meeresboden. Die anderen Seekuharten besitzen Flossenpaddel, bei den Riesenseekühen hingegen war das äußere Ende eher «wie ein Pferdefuß» mit hufartigen Klauen und unten wie bei einer Kratzbürste mit vielen kurzen und dichtgesetzten Borsten versehen, beobachtete Steller. So schwimme «das Thier mit diesen Vordertatzen, woran weder Finger noch Nägel zu unterscheiden sind, vorwärts und schlägt Seekräuter von den Steinen am Grunde ab». Bei Ebbe zogen sich die Riesenseekühe aufs Meer zurück, bei Flut kamen sie nahe an den Strand, wodurch sie für die Männer leicht zu erreichen waren.

Im Juni beobachtete Steller das «Venusspiel» der großen Seekühe – die Paarungszeit begann. Nach langem Vorspiel umfassten sie sich bei der Begattung mit den Armen, das Weibchen drehte sich im Wasser auf den Rücken und das Männchen paarte sich mit ihr «auf menschliche Weise». Dieses Verhalten ist ungewöhnlich im Tierreich, entspricht aber dem anderer Seekuharten. Steller entdeckte während dieser Paarungsszenen bei den Weibchen «unter den Armen schwarze, runzlige, zwei Zoll lange Warzen» – gut fünf Zentimeter lang also. Diese Zitzen ähnelten jenen der Elefanten, die sich ebenfalls zwischen den Vorderbeinen finden, was übrigens kein Zufall ist, da die Seekühe zu den nächsten Verwandten der Dickhäuter gehörten.

Überhaupt entstammen die Seekühe, auch Sirenen genannt, einer reichlich seltsamen Sippe, den *Afrotheria*. Der Ursprung dieser Säugergruppe liegt auf der afrikanischen Landmasse. Zu ihr gehören nicht nur die Elefanten mitsamt den ausgestorbenen Mammuts, sondern auch das schrullige Erdferkel mit der röhrenförmigen Schnauze, die hasengroßen Schliefer, die ein wenig wie Murmeltiere aussehen, die kleinen Rüsselspringer mit langgezogener Nase, die igelartigen Tenreks sowie der fast blinde, grabende Goldmull. Diese so ungleiche Verwandtschaft eint, dass sie alle einen gemeinsamen Vorfahren besitzen – einen Insekten- oder Pflanzenfresser, der vor über einhundert Millionen Jahren, zu einer Zeit also, als sich die afrikanische Kontinentalplatte von den anderen Kontinenten getrennt hatte, wahrscheinlich noch in Wäldern lebte.

Vor etwa fünfzig Millionen Jahren gingen die Vorfahren der Seekühe dann ins Wasser: Es waren vierbeinige Pflanzenfresser wie *Pezosiren portelli*, deren Überreste man auf Jamaika fand – eine amphibische Übergangsform, die im flachen Wasser weidete, sich aber auch an Land bewegen konnte. Über Jahrmillionen hinweg bildeten sich die Hinterbeine dieser Tiere zurück und eine Schwanzflosse entstand. Die Sirenen lebten fortan ständig im Wasser; die rüsselartige Oberlippe wurde zum Tast- und Greiforgan, die Vorderbeine zu Flossen. Erfolgreich verbreiteten sie sich in vielen warmen Meeren; auch in Europa sind ihre Fossilien zu finden.

Während die anderen vier heute noch existierenden Seekuharten im subtropischen und tropischen Bereich entlang der Küsten oder in Flüssen leben, kam die Riesenseekuh *Hydrodamalis gigas* nur im flachen und felsigen Uferbereich des kalten Nordpazifiks vor. Aber auch sie hat sich aus wärmeliebenden Arten entwickelt: *Hydrodamalis cuestae*, eine bis zu zehn Meter lange Seekuh, lebte vor vier Millionen Jahren an der kalifornischen Küste. In den darauffolgenden Jahrmillionen passten sich die Seekühe wohl mehr und mehr auch an kälteres Wasser an, sodass *Hydrodamalis gigas* vor etwa zweihunderttausend Jahren von den Kurilen über die Bering-See bis in die Monterey-Bucht Nordkaliforniens zu finden war.

Dabei änderten sie auch ihren Speiseplan: Seegras, ihre Hauptnahrung, verschwand im kühler gewordenen Nordpazifik, und die Riesenseekühe stiegen in jener Zeit auf eine Kelpdiät aus weichem Tang um.

Im kalten Wasser legten sie Masse und Fett zu, trieben an der Oberfläche und entwickelten aus den Flossenpaddeln jene klauenartigen Kratzbürsten, um Tang und Algen im turbulenten Nordpazifikwasser abzuschaben. Tauchen konnten sie wohl nicht mehr, ihr Rücken schaute aus dem Meer heraus. Sie waren fast wieder zu einer halbaquatischen Lebensweise zurückgekehrt. Wer weiß – vielleicht wären sie sogar irgendwann wieder aufs Land gezogen?

Die Landbrücke, die während der folgenden Eiszeit zwischen Sibirien und Alaska durch das Absinken des Meeresspiegels entstand, war für die Seekühe wohl ein Segen, denn sie hielt das noch kältere Wasser aus der Arktis zurück. Als die Gletscher wieder schmolzen und Beringia überfluteten, wurde es allerdings ungemütlich für die Riesenseekühe. Zudem hatte der Mensch vor etwa vierzigtausend Jahren Sibirien besiedelt; einige Zehntausend Jahre später dann auch Amerika. Und dort machte er nicht nur Jagd auf Mammuts und andere Großtiere, sondern auch auf die behäbigen Meeressäuger an den Festlandsküsten – und rottete sie dort aus.

So ist die Existenz der *Hydrodamalis gigas* in historischer Zeit nur von den Kommandeur-Inseln sicher belegt, also der Bering- und der benachbarten Kupferinsel. Zwar hatte der englische Arktisforscher Henry Hudson, der durchs nördliche Eismeer um Sibirien herumgesegelt war, im Jahre 1609 von einer großen «Seejungfer» geschrieben, die er bei der Insel Nowaja Semlja in den Wogen gesehen habe. Und aus dem 18. Jahrhundert stammen Berichte von der Aleuten-Insel Attu über ein großes Meerestier namens «kukh su'kh tukh», das im Wasser so leicht zu töten gewesen sein soll, dass es nur die Frauen gejagt hätten. Vielleicht also hat es damals wirklich noch an ein paar anderen Stellen des Pazifik und des Nordmeers Riesenseekühe gegeben. Doch sobald dort Menschen erschienen, waren die großen Tiere binnen kurzer Zeit verschwunden. Sie waren einfach eine zu leichte Beute.

Bei den Seekühen in den Gewässern der Kommandeur-Inseln handelte es sich somit wahrscheinlich um eine sogenannte Reliktpopulation des einstmals weit verbreiteten Meeressäugers – leider war der Lebensraum für diese Tierart aber nicht optimal. Das Kelp nämlich wächst im sonnenarmen, nordischen Winter kaum; am Ende der kalten Jahreszeit waren die Seekühe daher so abgemagert, dass Steller ihre Rippen zählen konnte. Da die behäbigen Tiere seit dem Ende der Eiszeit auf den abgelegenen Inseln festsaßen, konnten sie von hier aus nicht mehr weiterwandern. Vielleicht, so sagen manche Naturforscher, waren die Riesenseekühe also einfach am Ende ihrer Karriere angekommen. Wahrscheinlich lebten nicht mehr als zweitausend von ihnen auf den Kommandeur-Inseln, als Steller dort überwinterte.

Als die Vermissten am 27. August 1742 in Petropawlowsk ankamen, berichteten sie von dem Pelztierparadies, das sie auf dem Weg nach Alaska gefunden hatten: Robben! Seeotter! Eisfüchse! Als Beweis zeigten die Heimkehrer gut siebenhundert kostbare Seeotterfelle vor; sie stammten von jenen Tieren, die die Seeleute auf der Bering-Insel verzehrt hatten. Steller sprach voller Respekt von den verspielten Wassermardern, denen sie ihr Leben verdankten.

Die meisten seiner Zeitgenossen waren mehr aufs Geldmachen aus. Schon ein Jahr nach der Rückkehr der Expedition machten sich «Promischleniki» auf den Weg – raubeinige russische Pelzjäger – und ein großes Schlachten begann auf den Inseln zwischen Kamtschatka und Alaska. Die Bering-Insel diente dabei als Winterquartier und Zwischenstation. Die Seekühe waren auch diesmal als Proviant begehrt; vom Fleisch eines Tieres konnten sich dreiunddreißig Männer einen Monat lang ernähren.

Allein von 1743 bis 1763 kamen neunzehn Pelzexpeditionen auf die Insel, insgesamt etwa sechshundertsiebzig Mann. Um die Kupferinsel herum gab es schon um 1754 keine Seekühe mehr, auf der Bering-Insel wurde die Jagd auf sie 1763 weitgehend eingestellt. Iwan Popow, der mit Steller auf der Insel überwintert haben soll, harpunierte 1768 die letzte Riesenseekuh. Siebenundzwanzig Jahre nach ihrer Entdeckung war *Hydrodamalis gigas*, die ansonsten wohl nur Schwertwale als Feinde hatte, somit in ihrem letzten Refugium ausgerottet.

Auch der flugunfähige Brillenkormoran, den Steller auf der Bering-Insel entdeckt hatte und der noch auf wenigen anderen Eilanden lebte, verschwand. Um 1850, etwa hundert Jahre nachdem der deutsche Forscher den ersten dieser Vögel aufgegessen hatte, landete das letzte Exemplar in einem Kochtopf. Tierarten, die nur so kleine Verbreitungsgebiete haben wie die Riesenseekuh und der Brillenkormoran, halten einem so enormen Jagddruck nicht stand. Doch auch andere Spezies, die im Nordpazifik leben und einen sehr viel größeren Lebensraum bevölkern, wären dem Menschen beinahe zum Opfer gefallen: In den Jahrzehnten und Jahrhunderten nach Stellers Expedition wurden zwischen Sibirien und Alaska Millionen von Robben abgeschlachtet und beinahe ausgerottet, und von den bis zu zweihunderttausend Seeottern, die um 1740 noch in den Gewässern um die Inselkette zwischen Kamtschatka und Alaska herumspielten, gab es 1911 kaum noch zweihundert Tiere. Infolge strenger Jagdbeschränkungen erholten sich diese Arten allerdings wieder.

An den Kapitän Vitus Bering erinnern heute die Insel, die seinen Namen trägt und auf der er begraben liegt, sowie das Meer zwischen Kamtschatka und Alaska – die Bering-Straße. Auch die Landbrücke, die Asien und Amerika während der Eiszeiten verband, ist nach dem Kapitän benannt – sie heißt Beringia.

Georg Wilhelm Steller blieb nach seiner glücklichen Rückkehr von der Expedition nach Alaska noch drei Jahre in Kamtschatka, um die Natur zu erforschen. Auf dem Heimweg nach Mitteleuropa starb er am 12. November 1746 im Alter von siebenunddreißig Jahren im westsibirischen Tjumen an einem schweren Fieber. Von ihm existiert noch nicht einmal ein Bild, und sein Grab wurde bei einem Hochwasser davongespült. Doch eine Reihe von Tierarten, die er entdeckt hat, sind nach ihm benannt: der Steller'sche Seelöwe, der Diademhäher *Caynocitta stelleri*, der ihm zeigte, dass die Expedition Amerika erreicht hatte, sowie die Scheckente *Polysticta stelleri*.

Auch jener gewaltige Meeressäuger, der ein Paradebeispiel dafür ist,

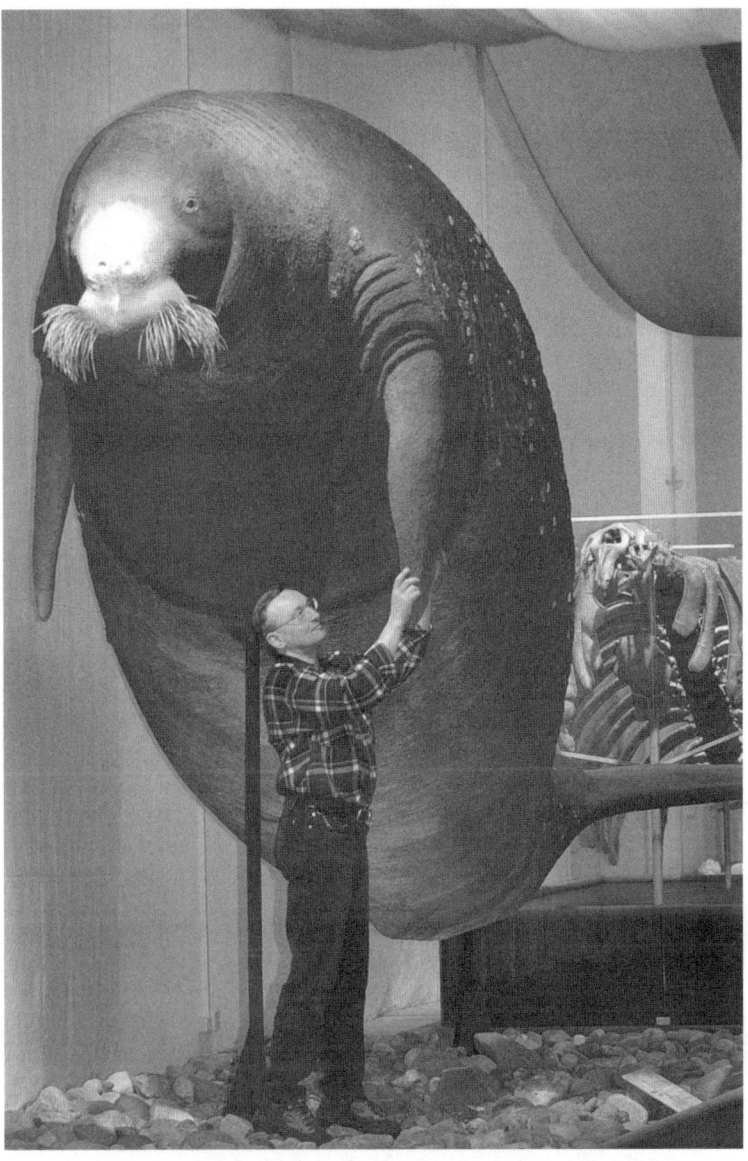

Gemütlicher Koloss: Das einzige lebensgroße Modell einer Riesenseekuh
steht im Dresdner Senckenberg-Museum.

in welch langen Entwicklungslinien und Zeiträumen sich die Evolution vollzieht, der zeigt, wie aus kleinen, unscheinbaren Landgeschöpfen Wasserwesen werden können, deren Schicksal von Kontinentalverschiebungen und Eiszeiten geprägt wurde, der am Ende seine Entdeckung durch den Menschen um lediglich siebenundzwanzig Jahre überlebte und von dem nur wenige Überreste zeugen, darunter je ein Skelett in Braunschweig, Dresden und Wien oder Stücke der Borkenhaut, wie im Bremer Überseemuseum, trägt den Namen des frühverstorbenen Naturforschers und ist fast überall nur bekannt als: die Steller'sche Seekuh.

## Die verschwundene Prinzessin

Eigentlich wollte Charles M. Hoy am 18. Februar 1916 am chinesischen Dongting-See Enten jagen. Aber dann schwamm dem siebzehnjährigen Sohn eines amerikanischen Missionars die Reinkarnation einer ertrunkenen Prinzessin vor die Flinte, kaum siebzig Meter entfernt. Hoy drückte ab, und mit einem Klagewimmern, das wie von einem Wasserbüffelkalb klang, verschied die wiedergeborene Königstochter, deren Existenz der westlichen Wissenschaft bislang verborgen geblieben war, weil sich China, das riesige Reich der Mitte, seit Jahrhunderten vom Rest der Welt abgeschottet hatte.

Schon im alten China war das Wesen, das der Missionarssohn erlegt hatte, legendär gewesen: Man erzählte sich, eine Prinzessin habe sich geweigert, den Mann zu heiraten, den ihr Vater ihr zuwies, weil sie ihn nicht liebte. Zu jener Zeit bedeutete das Schmach und Schande für die Familie, sodass der erzürnte Vater in seiner Wut die Tochter im Fluss ertränkt habe. Seither sei ihre Reinkarnation als «Baiji», als «weißer Delfin», im großen Jangtse geschwommen.

An anderen Stellen des Stromes geht die Legende so: Bei der Überfahrt mit einem Boot warf sich der böse Stiefvater auf das schöne Mädchen, um sie zu vergewaltigen. Doch die Schöne sprang lieber ins Wasser und damit in den Tod. Ein Sturm kam auf und warf auch den Lüstling über Bord. Das Mädchen reinkarnierte in einen Baiji, der Stiefvater in das «hässliche Schwein des Wassers», einen Glattschweinswal, einen anderthalb Meter langen Miniwal mit Knubbelkopf, Stupsnase und ohne Rückenflosse, der ebenfalls im Jangtse lebt.

Schon im «Er Ya», dem ältesten chinesischen Wörterbuch aus dem dritten Jahrhundert vor Christus, wird der Baiji erwähnt. Auch der Gelehrte und Naturforscher Guo Pu lieferte vor etwa zweitausendzweihundert Jahren eine ziemlich exakte zoologische Beschreibung des Delfins: «Der Baiji hat einen großen Magen und eine kleine, spitze Schnauze, in der lange Zähne wachsen, sodass sie einem Käfig gleicht; schließt er die oberen und unteren Zahnreihen, kann er damit zuschnappen. Sein Nasenloch, mit dem er Töne zu erzeugen vermag, befindet sich auf der Stirn. Er hat wenig Fleisch, aber viel Fett. Er gehört zu den Lebendgebärenden und ernährt sich von kleinen Fischen.» Die größten Exemplare seien zweieinhalb Meter lang.

Aber erst als Charles Hoy wieder nach Amerika ging und dort Schädel und Nackenwirbel der erlegten Reinkarnation an die Smithsonian Institution in Washington verkaufte, war die Existenz der ertrunkenen Prinzessin auch aus wissenschaftlicher Sicht offiziell. Als der Säugetierkundler Gerrit S. Miller die Knochen des Baiji 1918 untersuchte, erkannte er, dass es sich bei dem Tier nicht nur um eine neue Art, sondern sogar um eine bislang unbekannte Gattung handelte. Miller nannte den Baiji *Lipotes vexillifer*, den «zurückgebliebenen Fahnenträger». Weil chinesische Silben für das untrainierte Ohr oft ähnlich klingen, hatte Hoy das Wort «Baiji» als «weiße Flagge» übersetzt – und dachte wohl an die aus dem Wasser ragende Rückenflosse. Dabei bedeutet es «weißer Delfin». Allerdings steckte in dem Übersetzungsfehler ungewollt ein Körnchen Wahrheit, denn «zurückgeblieben» im Jangtse war der Baiji wirklich.

Vor über zwanzig Millionen Jahren, als der Meeresspiegel höher lag, lebte der Vorfahr des Baiji in jenem flachen Küstengebiet, das im Bereich des heutigen Jangtse lag. Als später der Meeresspiegel fiel und sich der Fluss zu einem Süßwassersystem ausdünnte, blieb der Ur-Baiji dort – und wurde zum «chinesischen Flussdelfin». Am Indus und am Ganges, am Amazonas und am argentinischen Rio de la Plata entstanden auf ähnliche Weise ebenfalls Flussdelfine, jeweils eine eigene Art pro Strom. Keine von ihnen ist mit einer der anderen Arten näher verwandt, allerdings entwickelten sie sich zwar isoliert voneinander, aber jeweils in die gleiche Richtung: Sie alle bildeten eine langgezogene Schnauze voller spitzer Zähne aus und besitzen große Brustflossen; zudem sind sie extrem beweglich, weil ihre Halswirbel im Gegensatz zu den Delfinen im Meer nicht miteinander verwachsen sind. Das macht sie in flachen Gewässern ausgesprochen manövrierfähig. Die südamerikanischen Botos jagen in den überschwemmten Wäldern Amazoniens sogar zwischen Baumstämmen nach Fischen. Im Laufe der Jahrmillionen sind bei allen Flussdelfinen die Augen kleiner geworden. Weil die Sicht in den trüben Strömen eingeschränkt ist, hat ihre Sehfähigkeit abgenommen, stattdessen haben sie ein exzellentes Echolotsystem entwickelt.

«Chang Jiang», der «lange Fluss», wie der Jangtse auf Chinesisch heißt, ist mit seinen mehr als sechstausend Kilometern der längste Strom Asiens, nach Nil und Amazonas der drittlängste der Welt und eines der wichtigsten Süßwassergebiete der Erde: Dreihundertsiebzig Fischarten leben in ihm, von denen über einhundertsiebzig nur hier vorkommen, wie etwa der urige Schwertstör, einer der größten Süßwasserfische der Erde, von dem schon sieben Meter lange Exemplare gefangen wurden und dessen Stirn zu einem schwertförmigen Fortsatz ausgezogen ist, die ein Drittel der Körperlänge ausmacht. Einst war die Region zudem reich an großen Tieren, voller Elefanten, Nashörner und Tiger. An den Ufern hausten gewaltige Salamander, Riesenweichschildkröten und China-Alligatoren.

Schon vor etwa siebentausend Jahren begann der Mensch jedoch, das «Amazonien des Ostens» umzuwandeln, als er erstmals an den fruchtbaren Ufern des «langen Flusses» Reis kultivierte. Damals begann jene Dynamik, die den Jangtse bis heute beständig verändert und in deren Verlauf die Landschaft mehr und mehr ihrer biologischen Reichtümer verlor, um die stetig wachsende Bevölkerung Chinas zu ernähren. Während des Mittelalters entstanden am Ufer des Flusses große Städte, Wälder wurden zu Reisfeldern. Die großen Landtiere verschwanden, weil sie die Felder verwüsteten oder wegen ihres Fleisches gejagt wurden. Während der Qing-Dynastie wuchs die Bevölkerung

Chinas enorm an; allein zwischen 1700 und 1800 verdoppelte sie sich auf etwa dreihundert Millionen Menschen. Um 1900 mussten bereits vierhundertfünfzig Millionen Chinesen mit Nahrung versorgt werden.

Bis zu diesem Zeitpunkt hatte der Baiji die Zeitläufte in seinem Lebensraum, dem Großen Fluss, unbeschadet überstanden. Seit über zwanzig Millionen Jahren – über hundert Mal länger, als die Spezies *Homo sapiens* überhaupt existiert – schwamm der Delfin nun schon vom Delta des Jangtse bis hinauf zur Dreischluchtenregion, wo felsige Stromschnellen seit jeher seine Verbreitung – und die des Glattschweinswales – begrenzten. Außerdem kamen die Baijis noch in zwei Seen vor, die Verbindung zum Jangtse haben: dem Dongting, an dem der junge Hoy einen schoss, und dem Poyang. Dazu kam noch der Qiantang-Fluss südlich des Jangtse. Doch so groß das Verbreitungsgebiet auch war: Wahrscheinlich lebten hier nie viel mehr als etwa fünftausend Delfine.

Fünftausend Baijis und fünfhundertvierzig Millionen Chinesen. 1:108 000, so war das Zahlenverhältnis von Flussdelfin zu Mensch um 1950, kurz nachdem die Kommunistische Partei die Volksrepublik China gegründet hatte. Bislang verehrten die Fischer die «ertrunkene Prinzessin» als Flussgottheit. Wenn ein Baiji vor ihnen auftauchte, so glaubten sie, dann warne er ganz freundschaftlich vor einem herannahenden Sturm. Das hielt die Menschen jedoch nicht davon ab, die Delfine zu töten und ihre Körper zu verwerten: In der traditionellen chinesischen Medizin galt getrocknetes Baiji-Fleisch als Heilmittel gegen Vergiftungen und Malaria sowie gegen Dämonen, die von einem Besitz ergriffen hatten. Den Blubberspeck aß man als Arznei gegen Husten und Erkältungen, und sein Fett wurde als Lampenöl verwendet.

Wie sehr diese Jagd die Zahl der Delfine dezimierte, ist nicht bekannt. Als die Kommunisten unter Mao Tse-tung die Macht übernahmen, passte der Status des Baiji als Gottheit im Fluss jedenfalls nicht mehr zur herrschenden Ideologie. In den späten 1950er Jahren setzte der «Große Vorsitzende» zum «Großen Sprung nach vorn» an: Mit brutaler Repression wollte Mao China quasi über Nacht von einer bäuerlichen in eine moderne kommunistische Industriegesellschaft umwandeln, die es mit den etablierten Industrienationen aufnehmen konnte. Nicht nur in den Städten, sondern auch auf dem Land sollte die industrielle Produktion gewaltig gesteigert werden: In den Dörfern entstanden hierfür Zehntausende kleiner Hochöfen. Weil sie für diese Öfen Holzkohle brauchten, fällten die Bauern innerhalb weniger Monate gut zehn Prozent der verbliebenen Wälder Chinas. Die Landwirtschaft mussten sie dagegen gezwungenermaßen vernachlässigen, obwohl die Nahrungsmittelsituation angespannt war. In China lebte damals bereits ein Fünftel der Weltbevölkerung, das Land verfügte aber nur über sieben Prozent der weltweit vorhandenen landwirtschaftlichen Nutzfläche. So folgten dem «Großen Sprung» die «Drei Bitteren Jahre» von 1959 bis 1962 – eine der schwersten Hungersnöte der menschlichen Geschichte. Mindestens dreißig Millionen Chinesen kamen in dieser Zeit um.

Auch dem Baiji ist der «Große Sprung» schlecht bekommen. Denn die reinkarnierte Prinzessin wurde ab sofort gezielt gejagt, nicht zuletzt, um überhaupt etwas zum Essen zu haben. In Zhenjiang am Unterlauf des Jangtse soll eine Fabrik sogar Taschen und Handschuhe aus Delfinleder hergestellt haben. Die kann allerdings nicht lange existiert haben, denn bald gab es in der Umgebung kaum noch Delfine.

Um die Menschenmassen besser zu ernähren und um Strom für die neuen Industrien zu erzeugen, wurden im Land Hunderte von Staudämmen und Bewässerungsanlagen errichtet, so auch am Fluss Qiantang, südlich des Jangtse. Der Bau des Staudamms zerteilte die dortige kleine Population der Delfine, zudem änderten sich die Fließ- und Wasserbedingungen, sodass viele Fische – die Beute des Delfins – nicht mehr in ihre Laichgebiete wandern konnten. Bald war der Baiji aus dem Qiantang verschwunden.

Die Bevölkerung Chinas wuchs derweil immer weiter. 1970 lebten schon etwa achthundertzwanzig Millionen Menschen im Land, 1981 wurde die Milliardengrenze überschritten, 2005 gab es schließlich

1,3 Milliarden Einwohner. Im Eiltempo, innerhalb weniger Jahrzehnte, hatte China die Phase der Industrialisierung nachgeholt und in einer beispiellosen Aufholjagd den Aufstieg vom Agrarland zu einer der führenden Wirtschaftsmächte der Welt geschafft. Nachdem die Ökonomie von den Fesseln des Kommunismus befreit war, nahm auch der Wohlstand der Bevölkerung zu: Gehörten Ende der 1970er Jahre noch fast dreihundert Millionen Menschen zur Kategorie «extrem arm», so waren es 2007 nur noch zwanzig bis dreißig Millionen.

Der rasante Aufschwung hat allerdings Schattenseiten: Saurer Regen, der durch das Verfeuern schwefelhaltiger Kohle entsteht, verseucht inzwischen gut ein Viertel des Landes, vor allem um den Jangtse herum. Die Emissionen sind so gewaltig, dass selbst im fernen Los Angeles an manchen Tagen ein Viertel der Immissionen aus China stammt. Über zwanzig Prozent der Chinesen haben keinen Zugang zu sauberem Trinkwasser; Industrieabwässer und Fäkalien aus den Städten werden oft ungeklärt in die Flüsse geleitet, denn nur jede zweite Stadt hat Kläranlagen. Auch aus der Landwirtschaft gelangen Schmutzstoffe in die Flüsse – Pestizide und Dünger. Mittlerweile ist aus dem Jangtse eine der dreckigsten Wasserstraßen der Welt geworden. Aufgrund dieser Verschmutzung des Wassers und wegen der permanenten Überfischung ging der Fischfang seit den 1950er Jahren auf ein Fünftel zurück. Zudem schränkten die Bauten zum Hochwasserschutz den Lebensraum der Fische immer stärker ein: Mit den betonierten Ufern verschwanden fast alle Überschwemmungsflächen – wichtige Laichgründe vieler Fischarten.

Auch der gigantische Drei-Schluchten-Staudamm, dessen Bau 1993 begonnen wurde, soll zunächst und vor allem vor dem Hochwasser schützen, das am Jangtse allein im 20. Jahrhundert bis zu einer Million Tote gekostet hat; außerdem soll das Bauwerk die Schifffahrt erleichtern und zudem noch so viel Energie liefern, wie fünfzehn Atomkraftwerke produzieren. Beim Bau dieses größten Wasserkraftwerks der Welt, einem der gewaltigsten Bauwerke der Menschheit, wurden mehr als zweihundertsechzig Millionen Kubikmeter Stahlbeton verbaut –

hinter der «neuen Chinesischen Mauer», die über zwei Kilometer lang und dreihundert Meter breit ist, kann sich der Kölner Dom verstecken. Der Stausee dahinter – sechshundertsechzig Kilometer lang – würde von Hamburg bis München reichen.

In einem Land, in dem jahrtausendealte archäologische Stätten und Tempel in den steigenden Fluten versinken, eintausendfünfhundert Ortschaften untergehen sowie zwei Millionen Menschen ihre Heimat verlassen und in neue Siedlungen umziehen müssen – alles für einen Staudamm, alles für den wirtschaftlichen Fortschritt –, in so einem Land hat es ein Delfin schwer, selbst wenn er schon zwanzig Millionen Jahre hier lebt. Um 1980, als etwa ein Zehntel der Weltbevölkerung im direkten Einzugsbereich des Jangtse lebte, schätzten chinesische Wissenschaftler, dass es vielleicht noch vierhundert Delfine im großen Strom gab, über deren Biologie nur wenig bekannt war.

Immerhin war es seit 1975 strafbar, einen weißen Delfin zu verletzen oder zu töten. Der Baiji wurde zum «nationalen Schatz» erklärt, und man begann, sich um die ertrunkene Prinzessin der alten Legenden zu kümmern. Doch das Jagdverbot fruchtete nichts, denn immer mehr Delfine endeten als «Beifang» der Fischer, mit denen sie die Lieblings-jagdgründe teilten und die eine spezielle Angelmethode verwendeten: Hunderte Meter lange Leinen mit Tausenden eng beieinanderstehender Haken trieben von Booten aus im Wasser oder sanken mit Steinen beschwert auf den Grund. Nach zwölf bis vierundzwanzig Stunden sammelten Fischer die Tiere, die angebissen hatten, von den Haken. Oft genug waren Baijis unter den Opfern. Wenn ein Delfin einen Fisch am Haken schnappte, hing er selber daran, geriet in Panik, und anstatt sich zu befreien, wie es bei einem einzigen Haken möglich wäre, verhedder-te er sich in den Leinen und den benachbarten Haken. Viele Delfine ertranken, andere starben an den Wunden. In den 1970er und 1980er Jahren besaß die Hälfte aller tot aufgefundenen Baijis Narben und Verletzungen durch Rollhaken.

Um überhaupt noch vom Fischfang leben zu können, wandten die Menschen zudem immer drastischere Methoden an. In den 1990er

Jahren verbreitete sich das Elektrofischen am Jangtse: Etwa vierzig Prozent aller Todesfälle unter Baijis in dieser Zeit sind auf diese wahllose Methode zurückzuführen, die Wasserorganismen gleich welcher Art im Umkreis von zwanzig Metern tötet. Viele andere Delfine starben beim Fischen mit Dynamit, oder wenn bei Sprengungen Seitenarme des Jangtse vertieft oder erweitert wurden, um Platz zu machen für den stetig zunehmenden Schiffsverkehr. Doch nicht nur die Baumaßnahmen, sondern auch die Frachtkähne an sich bedrohten die Delfine immer stärker. Sie nutzten im trüben Flusswasser seit jeher den «Unterwasserfunk», sendeten kurze Schnalzlaute aus und orientierten sich am zurückkommenden Echo. Untereinander verständigten sie sich mit Pfiffen. Der Lärm der Schiffsmotoren und Schrauben überforderte das Echolotsystem und machte die Baijis regelrecht blind. Im Wasser, das eine Sichtweite von kaum zehn Zentimetern hat, rammten sie mit dem Kopf an Schiffsrümpfe oder schlitzten sich an den Schrauben den Bauch auf. Etwa ein Drittel der in den 1980er Jahren tot aufgefundenen Baijis war bei Schiffskollisionen gestorben.

Die Zahl der Flussdelfine nahm somit immer weiter ab: 1985 gab es vielleicht noch zwei- bis dreihundert von ihnen. Um den Baiji zu retten, blieb nicht mehr viel Zeit. Dabei war der Delfin inzwischen wieder äußerst populär: Es gab Baiji-Bier und Baiji-Cola; der seltene Delfin prangte auf Toilettenpapier und war Namenspatron von Hotels – er war zum «Großen Panda des Flusses» geworden.

Im Zuge des wirtschaftlichen Erfolgs hatte sich China dem Ausland geöffnet: Im Oktober 1986 fand eine erste internationale Konferenz zum Schutz des Baiji am Hydrobiologischen Institut in Wuhan statt. Die westlichen Walexperten plädierten dafür, den Lebensraum zu schützen und die Bedingungen im Jangtse wieder zu verbessern, während die Chinesen den Baiji in Gefangenschaft züchten und retten wollten. Die Westler verwiesen darauf, dass es keinerlei Erfahrung gebe, wie man das seltene Tier behutsam fangen und artgerecht halten könne. Würden die Baijis das Trauma eines Transports überhaupt überstehen? Für die Chinesen hingegen war klar, dass niemand in der Regierung das ökonomische Wachstum – und damit den zunehmenden Wohlstand des Landes – nur wegen einiger Flussdelfine beschränken wollte. Um 1990 gab es vielleicht noch einhundert Baijis.

1992 wurden fünf Schutzzonen am Jangtse eingerichtet, insgesamt etwa dreihundertfünfzig Flusskilometer lang. In ihnen war das Fischen völlig verboten; umweltverschmutzende Einleitungen sollten kontrolliert werden; große Schiffe durften die Strecken nur mit geringer Geschwindigkeit passieren, um Zusammenstöße mit den Delfinen möglichst zu verhindern. In jeder Zone gab es eine Schutzstation mit je zwei Beobachtern samt Motorboot, die täglich auf Patrouille fuhren, um illegales Fischen zu unterbinden. Der Plan sah auf dem Papier nicht schlecht aus. Von Beginn an war aber ungewiss, ob die Delfine diese Schutzzonen annehmen würden: Eine der wenigen Studien über Baijis zeigte, dass die Delfine oft über Hunderte von Kilometern wandern und keine festen Reviere hatten. Die Boote der Wachposten waren zudem zu alt und langsam, um illegalen Fischern überhaupt folgen zu können.

Zu Beginn der 1990er Jahre begann das Team vom Hydrobiologischen Institut in Wuhan, ein «Semireservat» vorzubereiten: Tian'ezhou – ein rund zwanzig Kilometer langer, zwei Kilometer breiter Altarm in der Provinz Hubei, der seit 1972 vom Hauptstrom abgetrennt war und noch dem vorindustriellen Jangtse glich. Es gab dort relativ wenig Fischerei und keine großen Boote. Testweise wurden ein paar Glattschweinswale ausgesetzt, die sich auch vermehrten.

Sechs Expeditionen zogen nun los, um Delfine für Tian'ezhou zu fangen, jeweils zwei, drei Monate lang – erfolglos. Am 19. Dezember 1995 wurden dann endlich zwei Delfine im Jangtse bei Shishou gesichtet. Neun Stunden lang umkreisten die Fänger die beiden Baijis. Einer entkam; der andere, ein erwachsenes Weibchen, wurde eingefangen und bald darauf im Semireservat freigelassen. Sieben Monate später war es tot. Es hatte sich in einem der Netze verheddert, das seinen Ausbruch aus dem Reservat verhindern sollte. Das Weibchen blieb der einzige Baiji, der je hier ausgesetzt wurde.

Im Jahr 1998 schätzte man die Zahl der überlebenden Delfine im

Megastrom auf nur noch dreizehn. Im November 2001 strandete noch einmal ein trächtiges Weibchen; ein weiterer Baiji wurde am 22. Mai 2002 fotografiert – dies ist die letzte sicher belegte Meldung eines wildlebenden Flussdelfins. Dann starb am 14. Juli 2002 Qi Qi, der einzige Baiji, der je über einen langen Zeitraum in Gefangenschaft gehalten wurde, im Alter von zweiundzwanzig Jahren am Institut für Hydrobiologie in Wuhan. Als junges Männchen war Qi Qi, vielleicht gerade ein Jahr alt, von Rollhaken verletzt aufgefunden und im Institut gesundgepflegt worden. Weil er sein ganzes Leben in menschlicher Obhut lebte, wo er seine Fische bekam, hatte man ihn nie im Semireservat freigelassen. Qi Qi war eine nationale Berühmtheit. Seine Trauerfeier wurde im Fernsehen übertragen, Schulmädchen sangen Klagelieder, Blumen kamen in seinen offenen Sarg. Dann wurde Qi Qi ausgestopft, er kann noch heute im Institutsmuseum bewundert werden. Seither gab es nur noch unbestätigte Sichtungen.

Aber der Jangtse ist so groß! Um nach letzten Baijis zu fahnden, die vielleicht noch irgendwo schwammen, fuhren Forscher aus China, Japan, den USA, England und der Schweiz vom 6. November bis zum 13. Dezember 2006 das gesamte historische Verbreitungsgebiet der Delfine gleich zweimal ab – von der Mündung bis zum heutigen Drei-Schluchten-Staudamm und wieder zurück. Der Schweizer August Pfluger, der den Anstoß zur Expedition gegeben hatte, hoffte, bei dieser enormen Kraftanstrengung doch noch dreißig bis fünfzig Baijis zu entdecken. Außerdem wollten sie herausfinden, wie viele Glattschweinswale mit der stumpfen Schnauze es noch gibt. Sollten einige der Delfine überlebt haben, wäre das nächste Ziel, sie zu fangen und im Semireservat anzusiedeln.

Mit hohem technischen Aufwand und voller Hoffnung zogen die Expeditionsteilnehmer los. Die beiden Boote starteten in Wuhan im Abstand von vierundzwanzig Stunden, um bei der Fahrt jeden Streckenabschnitt doppelt zu kontrollieren. Hightech-Hydrophone sollten das Baiji-typische Schnalzen und Pfeifen aufnehmen, akustische Filter

**Ob der chinesische Flussdelfin wenigstens
als Legende überdauert?**

den Lärm der Bootsmotoren unhörbar machen. Mit großen Ferngläsern hielten die Forscher auf jeder Seite des Schiffs Ausschau und wechselten sich alle neunzig Minuten ab. Unbeeindruckt von der Abfahrt der Wissenschaftler in Wuhan warfen Fischer direkt neben den Expeditionsbooten verbotene Rollhakenleinen aus.

Mit fünfzehn Kilometern pro Stunde fuhren die Boote den Strom entlang. Der Dunst der verschmutzten Luft beeinträchtigte die Sicht oft so sehr, dass die Forscher gerade ein paar hundert Meter weit sahen. Bei der Fahrt stellten sie fest, dass die Schutzzonen für die Delfine nicht extra ausgewiesen waren. «Sie unterschieden sich nicht vom Rest des Flusses», so der Londoner Zoologe Samuel Turvey. Immerhin tauchten manchmal einige der rückenflossenlosen Glattschweinswale auf, von den Baijis jedoch fand sich keine Spur – die Forscher hörten kein Schnalzen oder Pfeifen und sahen keine Rückenflossen über dem Wasser. Je weiter es Richtung Küste ging, desto stärker war der Fluss von der Industrie geprägt: «Am Ufer Ölraffinerien, Fabriken, die Schadstoffe ins Wasser leiten, überall Sandbagger, die das Flussbett aufreißen, um Beton für die boomende Wirtschaft zu liefern.»

Nach sechs Wochen Flussfahrt und knapp eintausendsiebenhundert zurückgelegten Kilometern hatten die Forscher mindestens neunzehntausend große Schiffe gesehen: Ozeanriesen, Kreuzfahrtschiffe, Fähren, Lastkähne, Frachtschiffe, durchschnittlich alle einhundert Meter eins. Dazu wenigstens eintausendeinhundert Fischerboote. Illegales Fischen beobachteten sie täglich. Sie sichteten etwa vierhundert Glattschweinswale. Aber keinen einzigen Baiji. «Ich war wohl dabei, um dem weißen Delfin meinen letzten Respekt zu bekunden», so beschrieb der amerikanische Meeresökologe Bob Pitman die Stimmung am Ende der Expedition.

Am 27. April 2007 wurde nochmals ein Flussdelfin gesichtet und gefilmt, was weltweit für großes Medieninteresse sorgte. Doch im Video, das der Augenzeuge aufgenommen hatte, lässt sich nur ein heller Fleck erkennen, der ein paar Mal aus dem Wasser springt. «Das kann einfach alles Mögliche sein», kommentierte der Zoologe Samuel Turvey ausgesprochen skeptisch und lakonisch die Aufregung.

Selbst wenn irgendwo noch ein paar Baijis in den trüben Fluten des Jangtse überlebt haben, so existiert keine überlebensfähige Population mehr. Die Delfine spielen längst keine Rolle mehr im Fluss – sie sind «ökologisch ausgerottet». Nicht durch die Jagd, sondern wegen des extrem veränderten Lebensraums, der Umgestaltung der Landschaft, der Fischerei. Damit ist *Lipotes vexillifer* die erste Walart, die dem Menschen zum Opfer gefallen ist. Ein Happy End, eine weitere Reinkarnation der ertrunkenen Prinzessin, wird es wohl nicht mehr geben.

Und damit ist der Baiji nicht allein: Wahrscheinlich ist es auch für den eindrucksvollen Schwertstör zu spät. Bis 1980 holten Fischer noch jährlich fünfundsiebzig Tonnen der Störe aus dem Jangtse. Nachdem bei Gezhou jedoch ein Damm gebaut worden war, konnten die großen Fische nicht mehr zu ihren Laichgewässern schwimmen. Innerhalb kürzester Zeit brachen die Bestände zusammen. Wissenschaftler fanden während einer dreijährigen Suche von 2006 bis 2008 kein einziges Exemplar mehr. Vielleicht sind ihnen ein paar jüngere, kleinere entwischt. Zwanzig der bislang noch dreihundertsiebzig im Jangtse vorkommenden Tierarten sind unmittelbar vom Aussterben bedroht. Vom China-Alligator gibt es nur noch etwa einhundert Tiere in versprengten Populationen an den Ufern. Vielleicht leben noch ein- bis zweitausend Glattschweinswale, aber wahrscheinlich wird sie bald das Schicksal des Baiji ereilen – alljährlich nimmt ihr Bestand um etwa sieben Prozent ab.

2008 brach der Londoner Zoologe Samuel Turvey erneut an den Jangtse auf. Dieses Mal wollte er aber nicht nach Tieren suchen, sondern mit den Flussanwohnern über den Baiji und auch den Schwertstör sprechen. Er wollte untersuchen, was Umweltforscher das «Shifting Baseline Syndrome» nennen: Demnach sieht jede Generation jene Umgebung als «natürlich» oder «ursprünglich» an, in der sie groß geworden ist. Die Wahrnehmung dessen, was langfristig geschieht, bleibt meist innerhalb des Horizonts stecken, den man selber erlebt hat. Selbst dramatische Änderungen werden so kaum wahrgenommen, wenn sie außerhalb der eigenen Erfahrungswelt oder Lebenszeit liegen.

Turvey sprach mit knapp sechshundert Anwohnern zwischen zweiundzwanzig und neunzig Jahren. «Alte Fischer erzählten uns, wie sie den Schwertstör mit Langleinen fingen. Oder sie verrieten Kochrezepte für Baijis. Die Dreißig-, Vierzigjährigen, die danebensaßen, wussten oft gar nicht, von welchen Tieren wir sprachen.» Siebzig Prozent derjenigen, die nach 1996 mit dem Fischen anfingen, hatten noch nie etwas vom Schwertstör gehört, dreiundzwanzig Prozent noch nie vom Baiji.

«Selbst die Existenz so großer, charismatischer Arten wird vor Ort schnell vergessen, wenn sie nicht mehr regelmäßig angetroffen werden.

Aus den Augen, aus dem Sinn.» Turvey war überrascht vom Tempo dieser Entwicklung. Schließlich waren beide auffällige Spezies gewesen: Der Schwertstör, einer der größten Süßwasserfische der Welt, wurde bis in die 1980er Jahre in wirtschaftlich wichtigen Mengen gefangen. Vom Baiji, der ertrunkenen Prinzessin, gab es entlang des Jangtse jahrhundertealte Mythen und Legenden. Und beide waren gerade eben erst, vor nur wenigen Jahren, verschwunden. Aber da hatte sich die «Baseline», der «Eichpunkt» der jüngeren Generation, bereits verschoben.

«Der Jangtse ist schon heute einer der am meisten heruntergekommenen Lebensräume der Erde», gibt Samuel Turvey zu bedenken. Wird das für die nächste Generation dort trotzdem der «normale», der «ursprüngliche» Zustand sein – ihre «Baseline», ihr Horizont?

# Wunder sterben immer wieder

**E**s war tot. Und doch – was für ein Wunder! Die Wälder Vietnams, während des Krieges aus der Luft bombardiert, mit Napalm verbrannt und mit Agent Orange entlaubt, steckten noch immer voller Landminen. Forscher waren sich daher sicher, dass *Rhinoceros sondaicus annamiticus* spätestens seit den 1970er Jahren ausgerottet war. Auf dem ganzen asiatischen Festland gab es keine Java-Nashörner mehr; nur noch eine winzige Population einer anderen Unterart von höchstens fünfzig Tieren lebte am Westzipfel Javas. Dann aber war 1988 ein Wilderer verhaftet worden, als er das abgeschlagene Horn eines der seltensten Säugetiere der Erde verkaufen wollte. Es hatte einem erwachsenen weiblichen Tier gehört, das der Mann am Dong-Nai-Fluss, nur einhundertdreißig Kilometer nordöstlich der Millionenstadt Saigon, geschossen hatte.

Es war tot. Und doch war dieses Tier ein Zeichen, dass *Rhinoceros sondaicus annamiticus*, die vietnamesische Unterart des Java-Nashorns, überlebt hatte. In einem Land so groß wie Deutschland und von ähnlicher Einwohnerzahl war das gewaltige Tier jahrzehntelang übersehen worden. Aber Vietnam ist geographisch anders strukturiert: Nur ein Viertel der Fläche, vor allem in den Deltas des Mekongs und des Roten Flusses, sind für Landwirtschaft geeignet; dort und in den Küstenregionen lebt etwa die Hälfte der Bevölkerung. Im Rest des Landes sind wegen unfruchtbarer Böden oder steiler Bergzüge Refugien für seltene Arten erhalten geblieben.

Es war tot. Aber wo es ein Nashorn gab, waren vielleicht noch mehr!

Die Fotos waren eine Sensation. Unter Lebensgefahr hatte sie der Bauer und Jäger Zhou Zhenlong am 4. Oktober 2007 in den Quinling-Bergen der chinesischen Provinz Shaanxi geschossen: Sie zeigen einen Tigerkopf im Dickicht; der Mund ist leicht geöffnet, die rosafarbene Zunge leuchtet aus der weißen Maulpartie heraus; leicht unscharf schaut die große Katze dem Fotografen direkt in die Linse – Zhou Zhenlong war ja kein Profi.

Noch in den 1950er Jahren lebten etwa viertausend Südchinesische Tiger im Reich der Mitte; sie waren etwas kleiner als die Bengal- oder die Indochina-Tiger, und die schwarzen Streifen lagen bei ihnen weiter auseinander. 1982 gab es bestenfalls noch zweihundert von ihnen. Anfang der 1990er Jahre fand man noch Kratzspuren und Fußabdrücke in den Bergen von Fujian, Hunan und Guangdong. In der Provinz Shaanxi aber war seit 1964 kein Tiger mehr gesichtet worden. Eigentlich ging man deshalb davon aus, dass die Unterart *Panthera tigris amoyensis* ausgerottet war. Die Einwohner von Shaanxi waren trotzdem überzeugt, dass tief im Wald noch Tiger lebten, auch Zhou Zhenlong. Im Jahr 2006 hatte er Suchtrupps der Forstbehörde durch die Region geführt. «Wenn du uns ein Foto von einem wilden Tiger bringst, glauben wir dir», sagten die Behördenvertreter.

Seither wollte er den Beweis erbringen.

Am 3. Oktober 2007 abends brach Zhou Zhenlong wieder einmal in den Wald auf. Am nächsten Tag traf er auf Tigerspuren, dann auf eine Stelle am Bach, wo ein Tiger getrunken hatte. Gegen drei Uhr nachmittags, nicht weit von einer Höhle, sah er etwas Gelborangefarbenes im Gebüsch – einen Tiger! Vorsichtig näherte sich Zhou Zhenlong, machte Fotos und kam bis auf zwanzig Meter an das Tier heran; er war so aufgeregt, dass er die Kameras kaum ruhig halten konnte. Als er ein Foto mit Blitzlicht machte, brüllte der Tiger laut los. Zhou Zhenlongs Herz raste. Doch der Tiger verschwand im Dickicht.

Zhou Zhenlong veröffentlichte die Fotos am 12. Oktober 2007, und die Diskussion begann: Gibt es den Südchinesischen Tiger noch?

Ihr Schicksal schien besiegelt: Sie war für den Kochtopf bestimmt. Doch die kaum zwanzig Zentimeter lange Scharnierschildkröte mit schwarzem Panzer und gelbem Kopf hatte Glück, wurde von Händlern auf einem chinesischen Markt entdeckt und für den europäischen Tierhandel gekauft. Inzwischen lebt sie seit Jahren im Internationalen Zentrum für Schildkrötenschutz (IZS) im Allwetterzoo Münster. «Sie wurde vor dem sicheren Tod gerettet – und wohl auch ihre Spezies. Denn wahrscheinlich gibt es diese Art in der Natur gar nicht mehr», sagt Elmar Meier, der einige Hundert der seltensten Schildkröten der Welt betreut und erfolgreich züchtet.

Mitte der 1980er Jahre war diese Schildkrötenart erstmals auf chinesischen Märkten aufgetaucht und erst dadurch ins Blickfeld der Wissenschaft geraten; vorher war sie unbekannt. 1990 erhielt sie den Namen *Cuora zhoui*, Zhous Scharnierschildkröte. Schon ab 1995 gelangten trotz starker Nachfrage und stetig steigender Preise nur noch einzelne Tiere in den Handel. Seit 2000 gilt *Cuora zhoui* als «kommerziell ausgerottet». Und niemand weiß, wo ihre Heimat liegt: Stammt sie aus der südchinesischen Provinz Yunnan? Oder aus Vietnam?

Die Hoffnung, diese Art zu retten, ruht auf den Schildkröten in Münster: Bislang schlüpften in der Obhut von Elmar Meier über vierzig Jungtiere. «Ohne uns gäbe es sie bald nicht mehr.»

Drei unterschiedliche Tiere, drei ähnliche Schicksale: Vor allem der Handel brachte diese Wildtiere in China und Vietnam an den Rand der Ausrottung. Beide Länder waren einst Heimat vieler Großtiere: Elefanten, Tiger, Kragenbären, Leoparden, diverse Affen, Gibbons und auch zwei Waldrhinozerosse lebten hier – das doppelhornige und haarige Sumatra- sowie das mit dem Indischen Panzernashorn verwandte, einhornige Java-Nashorn; beide sind zwar nach indonesischen Inseln benannt, waren aber auch in mehreren Unterarten in ganz Südostasien verbreitet.

Im Verlauf der vergangenen ein- bis zweitausend Jahre sind die Großtiere aus China weitgehend verschwunden. Nashörner wurden

**Java, Mai 1941: Das Ende einer Tigerjagd
bei Malingping.**

dort wegen ihrer Haut bejagt, die zu Rüstungen für Soldaten verarbeitet wurde, und wegen ihres Horns, das in der traditionellen chinesischen Medizin als «kalte Substanz» gilt, die geeignet ist, Krankheiten «innerer Hitze» zu kurieren. Weil Rhinozerosse im Reich der Mitte so begehrt und daher längst selten sind, floriert der Nasenhorn-Handel mit anderen südostasiatischen Ländern seit Jahrhunderten; in China selbst sind Nashörner seit Beginn des 20. Jahrhunderts ausgerottet. Mittlerweile existieren auch vom Java- und vom Sumatra-Nashorn nur noch winzige Restbestände.

Um 1900 lebten noch schätzungsweise einhunderttausend Tiger in ganz Asien; weniger als viertausend sind übriggeblieben, die noch sieben Prozent ihres ursprünglichen Lebensraums bewohnen. Drei von acht Unterarten sind gänzlich ausgerottet: Bali-, Java- und Kaspischer Tiger, der einst von der Türkei über den Iran und Zentralasien bis in den Westen Chinas verbreitet war. Großwildjäger und Maharadschas betrieben die Tigerjagd als exklusiven Sport, vielerorts wurde die Raubkatze aber auch als Schädling bekämpft – unter anderem in China. Pulverisierte Tigerknochen, aus der die traditionelle chinesische Medizin «Tigerwein» herstellt, gelten bis heute als Heilmittel bei Arthritis und Rheuma. Der Handel mit Nashorn- oder Tigerprodukten ist in China illegal, geht aber im Verborgenen weiter. Mit den Körperteilen eines einzigen Tigers – Fell und Fleisch, Knochen und Penis – lassen sich bis zu fünfunddreißigtausend Dollar verdienen.

Seit der Öffnung Chinas und dem Ende des Krieges in Vietnam sind beide Länder zum Hot Spot der Artenkrise geworden: Der Handel mit Wildtierprodukten ist dort wegen des zunehmenden Wohlstands seit den 1990er Jahren extrem gestiegen und umfasst auch Bären, Affen, Schlangen, Krokodile, Vögel, Schildkröten sowie die seltsamen Schuppentiere – Säuger, die an wandelnde Tannenzapfen erinnern. Mehr als zwei Drittel aller bekannten Rezepturen traditioneller chinesischer Medizin sollen Bestandteile geschützter oder bedrohter Tier- und Pflanzenarten enthalten. Nach einer Untersuchung von Elizabeth Bennett von der amerikanischen Wildlife Conservation Society bieten allein im vietnamesischen Ho-Chi-Minh-Stadt etwa eintausendfünfhundert Restaurants das Fleisch wilder Tiere an. Da die Kontrollen lax sind, muss man davon ausgehen, dass es meist aus unkontrollierter, illegaler Jagd stammt.

Wer in China oder Vietnam wilde Tiere sehen will, geht daher am besten auf die Märkte, in Restaurants oder in die Apotheke. Waschkörbeweise liegen Schildkröten in den Auslagen, Weichschildkröten, denen ein Haken durch den Panzer geschlagen wurde, baumeln an Marktständen herab, den Tieren wird der Bauchpanzer bei lebendigem Leib aufgeschnitten, damit Kunden das Fleisch begutachten können, auf den Tresen liegen abgeschnittene Schildkrötenköpfe, die noch stundenlang nach Luft schnappen.

Der Tierarzt William McCord, der auf chinesischen Märkten ein Dutzend zuvor unbekannter Schildkrötenarten entdeckte, fand im Juli 1997 auf dem Xing-Ping-Markt der Stadt Guangzhou in der chinesischen Provinz Kanton an nur zwei Tagen zehntausend Schildkröten in siebenunddreißig Arten. Nach einer Woche, so McCord, seien alle verkauft gewesen und der Nachschub habe in den Körben gelegen. Allein eine Stadt wie Guangzhou verbrauchte mehr als fünfhunderttausend Schildkröten im Jahr; auf ganz Südchina hochgerechnet wären das mehr als zehn Millionen jährlich. In den Jahren 2000 bis 2003 kamen in den Städten Hongkong, Guangzhou und Shenzhen insgesamt sogar über einhundertfünfzig Schildkrötenarten in den Handel. Weil Schildkröten zwar lange leben, sich aber nur langsam vermehren, sind in China und auch im recht kleinen Vietnam, das immerhin fünfundzwanzig der etwa dreihundert weltweit bekannten Schildkrötenspezies beherbergt, die Bestände vieler Arten zusammengebrochen. Man spricht längst von der «asiatischen Schildkrötenkrise». Besonders dramatisch ist die Lage für Schildkröten der Gattung *Cuora*, die nicht nur gerne gegessen werden, sondern als ausgesprochen teure Medizin gelten: die Dreistreifen-Scharnierschildkröte *Cuora trifasciata* soll Krebsleiden lindern.

«Hier haben wir einen chinesischen Brühwürfel für eine Fünf-Minuten-Terrine – Kostenpunkt fünftausend Euro.» Vor fünf Monaten ist die Babyschildkröte, kaum streichholzlang, im Münsteraner Schildkrötenzuchtzentrum aus dem Ei geschlüpft, und schon ist sie ein kleines Vermögen wert. «Ein typischer Fall: Weil die Dreistreifen-Scharnierschildkröte immer seltener wurde, hat man die angebliche Heilwirkung einfach auf verwandte Arten übertragen und die ebenfalls an den Rand der Ausrottung gebracht», so Elmar Meier.

Auch *Cuora mccordi*, zu der das niedliche Baby in Meiers Hand zählt, war zwischen 1985 und 1990 häufig auf chinesischen Märkten zu finden, sie wurde dort sogar erstmals entdeckt; dann brach der Handel zusammen. Erst 2007 fand man ihre Heimat in der chinesischen Provinz Guangxi. Bis 2011 waren immerhin schon sechzehn Jungtiere der bedrohten McCords Scharnierschildkröte in Münster geschlüpft.

Auf gut zweihundert Quadratmetern Fläche werden hier fast zwanzig der seltensten asiatischen Schildkrötenarten gehalten. Hunderte von Terrarien und Brutschränke, in denen gerade Babys schlüpfen, stehen in zwei Gewächshäusern – eines für die tropischen, ein anderes für die subtropischen Schildkröten, die es im Winter kühler brauchen. Die Zuchtstation ist weltweit einzigartig und ausgesprochen erfolgreich. Elmar Meier betreut mit seiner Frau Ingrid derzeit weit über zweihundert Schildkröten – ehrenamtlich und nach Feierabend. Tagsüber arbeitet der gelernte Grundschullehrer als Reittherapeut.

Das IZS verbindet Einsatz, Leidenschaft und Wissen einer Privatperson mit den Möglichkeiten einer großen zoologischen Einrichtung: So hatte Meier 2003 seinen wertvollen Bestand an Schildkröten dem Schutzzentrum zur Verfügung gestellt, denen sich im Laufe der Jahre weitere hinzugesellten, um hier mit viel Platz, Unterstützung des Zoos und der Zoologischen Gesellschaft für Arten- und Populationsschutz wertvolle Zuchtgruppen bedrohter Arten aufzubauen. Die Kooperation ist ein großer Erfolg: Inzwischen sind hier über dreihundert seltene Schildkröten geschlüpft, viele erstmals in menschlicher Obhut; einhundertachtzig der Jungtiere konnten an andere Einrichtungen abgegeben werden, die damit weiterzüchten sollen.

Mittlerweile sind auch die Chinesen an Meiers Know-how interessiert. Meier weiß von Zuchtfarmen für die Reptilien, die – streng bewacht – einen jährlichen Umsatz von dreißig Millionen Euro machen. Manchmal sitzen dort mehrere Tausend Cuoras in einem Zuchtteich.

Anders als die Meiers in Münster achten die Chinesen auch wenig darauf, die Unterarten oder Populationen möglichst rein zu halten; en masse sollen sich die Schildkröten für den Kochtopf oder die Medizin vermehren. Zumindest entlastet diese Zucht die natürlichen Bestände. Allerdings kämpfen die Asiaten in letzter Zeit mit Problemen: «Es sterben ihnen die Männchen weg», sagt Meier – und in der Natur finden sie für die Farmen keinen Nachschub mehr. «Als kürzlich in Vietnam noch eine wilde *Cuora cyclornata cyclornata* gefunden wurde, war das eine Sensation», so Meier. Um Nachschub für die Zucht zu bekommen, reisen mittlerweile chinesische Händler zu den Schildkrötenhaltern in Europa: «Für ein erwachsenes *Cuora*-Männchen blättern die auch mal dreißigtausend Euro hin, für ein Weibchen zehn- bis zwanzigtausend Euro. Lebende Schildkröten gelten dort als gute Wertanlage.»

Das tote Nashorn in Vietnam wies den Weg: 1989 fanden Wissenschaftler Spuren überlebender Java-Nashörner in Vietnam. Vielleicht zehn bis fünfzehn, vielleicht sogar zwanzig Tiere, so glaubte man. Ende der 1990er Jahre konnte man im Cat-Tien-Nationalpark anhand von Fußspuren immerhin sieben oder acht Rhinozerosse unterscheiden. Die Abdrücke waren nur zwei Drittel so groß wie die der Verwandten auf Java; die Festlandform war deutlich kleiner als die Unterart auf der Insel.

Gleich mehrere Naturschutzorganisationen kümmerten sich um die wiederentdeckte Sensation. Auch wenn man sie nie sah, so wusste man doch, wo sich die Nashörner am liebsten aufhielten. 1992 wurde der Cat-Tien-Nationalpark um das entsprechende Gebiet vergrößert; das kam auch Elefanten und dem größten Wildrind der Erde, dem Gaur, zugute. War es möglich, dass sich die Rhinozerosse hier wieder vermehrten und das Naturschutzwunder perfekt machten? Immerhin war es Jahrzehnte zuvor gelungen, die Panzernashörner Nepals zu retten, deren Bestand zunächst auf zwanzig Tiere zusammengeschmolzen und dann in neueingerichteten Schutzzonen auf über fünfhundert Rhino-

**Ein Phantom in der Fotofalle: Eines der letzten vietnamesischen Java-Nashörner beim Schlammbad.**

zerosse angewachsen war. Aber um den Cat-Tien-Nationalpark herum, der etwa so groß wie Hamburg ist, siedelten immer mehr Menschen. Für die Nashörner wurde es schwieriger, ungestört an Salzlecken zu kommen oder am Fluss zu trinken. Zehn infrarotgesteuerte Kameras, vom WWF an Wildwechseln oder Suhlen aufgestellt, schossen Porträts der heimlichen Rhinozerosse: beim Überqueren einer Lichtung, sogar beim Schlammbad.

«Hier kann man den Tiger brüllen hören». In Zhenping in der chinesischen Provinz Shaanxi begann bald nach der Veröffentlichung von Zhou Zhenlongs Fotos das Marketing für die Region. Weitere Untersuchungen der Provinzbehörde ergaben, dass Bewohner mehrfach das Brüllen der Großkatzen gehört hatten; siebzehnmal sei ein Tiger gesehen worden. Kurz nachdem Zhou Zhenlong die Fotos geschossen hatte, habe ein Tiger ein Rind angefallen, auch ein toter Bär wurde dem Tiger zugeschrieben. Rasch wurde das Waldgebiet unter Schutz gestellt, Kontrollposten überwachten die Zufahrt.

Im Internet rumorte es, nachdem die Fotos des angeblichen Südchinesischen Tigers veröffentlicht worden waren: Waren die Farben des Tigers nicht viel zu bunt? Warum waren alle Fotos so unscharf? Wieso schaute die Großkatze auf allen Bildern auf gleiche Weise in die Kamera? Und dann die Blätter – waren sie nicht viel zu groß im Vergleich zum Tigerkopf? Handfeste Beweise wurden gefordert: Kot, Gipsabdrücke der Fußspuren, Haare der Raubkatze. Bald bemerkte jemand, dass ein Tigerposter, das im Ort Panzihuha an einer Hauswand hing, den Bildern von Zhou Zhenlong auffällig glich – einschließlich der Streifen des Tigers. Nur war das Bild schon fünf Jahre zuvor veröffentlicht worden. Zhou Zhenlong verhedderte sich zunehmend in Widersprüche.

Dennoch hieß es in der Forstverwaltung der Provinz noch im November 2007, dass man «ganz fest» an die Existenz von Tigern glaube. Denn ein Überleben des Tigers, und sei es nur ein mögliches Überleben, brachte allen Beteiligten viele Vorteile: Zhou Zhenlong strich eine Belohnung von zwanzigtausend Yuan ein, knapp zweitausend Euro. Die Bauern freuten sich, dass Touristen wegen der Tiger auf ihre arme Region aufmerksam wurden. Und die staatlichen Stellen der Forstbehörde konnten sich brüsten, dass die Schutzmaßnahmen gefruchtet hatten, wenn ein so gefährdetes Tier hier überlebt hatte.

Die Sache mit den Fotos entwickelte sich jedoch zum «Tigergate». Es stellte sich heraus, dass der wilde, brüllende Tiger, der das Herz des wagemutigen Zhou Zhenlong zum Rasen gebracht hatte, nichts als ein

Pappkamerad war, ein Papiertiger, den der Bauer ins Gebüsch gestellt und abfotografiert hatte. Am 4. Februar 2008, nach langanhaltendem Druck, entschuldigten sich die Vertreter der Forstbehörde für ihr grobes und fehlerhaftes Benehmen sowie die Laxheit, mit der sie ohne ernsthafte Prüfung die Sichtung eines Südchinesischen Tigers gemeldet hatten. Dreizehn Beamte wurden bestraft. Zhou Zhenlong kam wegen Betrugs ins Gefängnis.

Für den wildlebenden Südchina-Tiger *Panthera tigris amoyensis* war es also längst zu spät; er gilt seither als in der freien Wildbahn ausgerottet. 2007 sollen noch zweiundsiebzig Tiger dieser Unterart vor allem in chinesischen Zoos gelebt haben. Doch die seien, so der chinesische Molekularbiologe Daniel Xu im Jahr 2010, keine «reinen» Südchinesischen Tiger. Irgendwann müsse in der Linie aller Südchina-Zootiger mal ein Indochina-Tiger *Panthera tigris corbetti* eingekreuzt worden sein, dessen Gene nun bei allen vorhanden seien. Die noch lebenden Südchina-Tiger wären demnach Hybride. Sollte sich das bestätigten, wäre der Südchinesische Tiger als «reine» Unterart ausgerottet, als vierte von acht.

Es war tot. Das Wunder hatte nur zweiundzwanzig Jahre gedauert.

Am 29. April 2010 fanden Forscher das Skelett eines Nashorns im Cat-Tien-Nationalpark, das Wilderern zum Opfer gefallen war; die Kugel eines Schnellfeuergewehrs hatte das linke Vorderbein zerschmettert, wahrscheinlich war es an einer Infektion gestorben. Das Horn war abgesägt, ebenso Teile des Oberkiefers. Wahrscheinlich lag das Tier schon seit zwei Monaten tot im Wald.

Die zahlreichen Schutzbemühungen internationaler Organisationen hatten die vietnamesischen Java-Nashörner nicht retten können; die äußeren Umstände waren einfach zu ungünstig. So war Cat Tien aufgrund des Bevölkerungswachstums in Vietnam inzwischen vollständig von Siedlungen umzingelt: Lebten 1975 noch achtundvierzig Millionen Menschen in Vietnam, waren es 2008 schon sechsundachtzig Millionen – und drei Viertel von ihnen betrieben Ackerbau. Der Wald von Cat Tien stand nicht unter Schutz und wurde deshalb von Bauern gerodet, vor allem um Cashewnuss-Plantagen anzulegen. Schon 2004 hatten molekulargenetische Untersuchungen von Rhinozeroskot gezeigt, dass wohl nur noch zwei Nashörner in dem Nationalpark lebten. 2009 und Anfang 2010 fanden Forscher noch zweiundzwanzig Dungproben im Park. Analysen zeigten, dass sie nur noch von einem Tier stammten – von jenem Java-Nashorn, das im April 2010 tot aufgefunden wurde. Es war das Letzte dieser Art in Vietnam. Und wohl auch das Letzte auf dem asiatischen Festland. Java-Nashörner gab es nun nur noch auf Java.

«Es gibt eine Menge solcher Wälder, in denen keine großen Tiere mehr übrig sind», sagt Chris Shepherd von der Organisation «Traffic», die den weltweiten Handel mit Wildtieren untersucht, «in einigen hört man noch nicht einmal mehr Vögel.» Wissenschaftler sprechen mittlerweile vom «Empty Forest Syndrome», dem Syndrom der leeren Wälder. Eine Studie aus dem Jahr 2004 ergab, dass in fünfzig Reservaten Südchinas «nur ausgesprochen wenige Zeichen von großen und mittelgroßen Säugern» gefunden wurden: Raubtiere, Hirsche, Schuppentiere und Baumbewohner wie Affen waren so gut wie verschwunden – Tiger würden hier gar keine Beute mehr finden.

Um den Bedarf an Wildtieren zu decken, weichen Jäger und Händler daher zunehmend in andere Länder aus. Elizabeth Bennett von der Wildlife Conservation Society berichtete 2009 von zwei Lieferungen von Schuppentieren nach China: Dreiundzwanzig Tonnen kamen aus Vietnam, vierzehn Tonnen aus Sumatra. Die Jäger hatten dafür insgesamt etwa siebentausend Schuppentiere erlegt – ein Raubbau, den keine Art lange überlebt.

Dabei steigt die Gier nach «Buschfleisch» in tropischen und subtropischen Ländern weiter an, längst ist sie ein globales Phänomen geworden. Schon immer haben die Bewohner der Regenwälder Tiere für den Eigenbedarf getötet. An die Stelle der reinen Subsistenzwirtschaft – von der Hand in den Mund – ist ein weltumspannender

Handel getreten, der die Wälder leert. Denn immer mehr Menschen wollen immer mehr Eiweiß – und mit der zunehmenden Erschließung der Wälder gelangen Jäger in zuvor entlegene Gebiete. Nur solche bislang unerreichbaren Regionen garantieren ihnen noch intakte Lebensgemeinschaften voller Arten, die über zwanzig Kilogramm wiegen. Allerdings schmelzen diese Territorien immer weiter zusammen: Nach einer Studie aus dem Jahr 2007 bestehen die amerikanischen Tropen, vor allem die großen Wälder Amazoniens, noch zu einem Drittel aus solchen Regionen, in Afrika nur noch zu einem Zehntel – und im indomalaiischen Raun beherbergt sogar nur noch ein Prozent der Wälder die ursprüngliche Großtierfauna. Für die Zukunft dieser Wälder, die viel artenreicher sind als jene in Mitteleuropa, hat das gewaltige Konsequenzen.

Die Fauna im Lambir-Hills-Nationalpark auf Borneo galt noch 1984 als nahezu intakt. Zu Beginn der 1990er Jahre nahm die Jagd auf Buschfleisch für die lokalen Märkte stark zu. Schon zwei Jahrzehnte später waren zwanzig Prozent der Vogelarten und zweiundzwanzig Prozent der Säugerspezies aus dem Park verschwunden. Außerdem hatten Jäger die Hälfte der Affenarten ausgerottet und sechs der sieben hier vorkommenden Nashornvogelspezies; andere, einst häufige Arten gab es nur noch in geringer Stückzahl, oft wurden nur noch Einzeltiere gesehen.

Gerade Affen und Nashornvögel sind jedoch ausgesprochen wichtige Samenverteiler im tropischen Wald. Seitdem der Park leer gejagt wurde, bleibt der größte Teil der Feigen auf dem Boden liegen. Zuvor hatten viele größere Tiere sie davongetragen, um ihr Fruchtfleisch zu fressen, sodass die Samen woanders keimen konnten. Indem der Lambir-Hills-Nationalpark in nur zwanzig Jahren alle charismatischen, großen Tierarten verloren hatte, veränderte sich die gesamte Ökologie des Waldes. Jene Baumarten mit großen, nahrhaften Früchten, die davon abhängig sind, dass Affen und andere Fruchtfresser ihre Früchte verteilen, werden verschwinden; andere Spezies, deren kleinere Früchte oder Samen von kleinen Vögeln, Insekten oder vielleicht vom Wind verbreitet werden und meist schneller wachsen, können sich dagegen stärker ausbreiten. Es werden andere, eintönigere Wälder sein.

«Der chinesische Markt ist wie ein Staubsauger», sagt Elmar Meier. «Schildkröten werden mittlerweile in Madagaskar gefangen, in Südamerika, sogar in den USA.» Denn die Wälder in asiatischen Ländern seien längst leergeräumt. Nach der wirtschaftlichen Öffnung Chinas schwärmten Händler aus und fragten überall in Asien auf den Dörfern nach Schildkröten. Also sammelten die Bauern, was sie im heimischen Bach fanden, und verkauften das beim nächsten Besuch des Händlers. In kürzester Zeit waren große Landstriche geplündert. «So war es auch bei der hier. Schauen Sie mal: Ein Pitbull ist nichts dagegen!» Meier hat ein knapp dreißig Zentimeter langes Schildkrötenmännchen mit auffällig hellgelblich leuchtendem Kopf in der Hand und will es zu einem anderen der gleichen Art setzen. Auch diese Spezies wurde auf chinesischen Märkten entdeckt und erst 1995 beschrieben: *Leucocephalon yuwonoi* lebt weit entfernt von China in Bergbächen im Norden der indonesischen Insel Sulawesi, zwischen Borneo und Neuguinea also. Mittlerweile sind die Bestände stark geschrumpft.

Noch in Meiers Hand erkennt die Sulawesi-Erdschildkröte den Artgenossen und startet eine Beißattacke. Keine Spur von Schildkröten-Langsamkeit, nach zwei Sekunden haben sich die beiden Männchen ineinander verbissen, eine hängt am Hals, die andere an einem Fuß des Gegenübers – eine kurze Demonstration ihrer Aggressivität. Meier trennt die Männchen sofort wieder. «Und solche Tiere leben nach dem Fang oft wochen- oder monatelang mit vielen anderen in Kisten, bevor sie auf die Märkte kommen. Am Anfang kämpfen sie noch, irgendwann sind sie von der dauernden Anspannung gezeichnet, werden krank und sterben.»

Prinzipiell seien alle Schildkröten so, sagt Meier – bis auf die Riesenschildkröten, denen Gesellschaft guttut. «Die anderen sind gerne alleine, Zusammenleben stresste sie nur. Die sicherste Methode, eine Schildkrötenzucht zu vermeiden, ist daher, sie zusammenzuhalten.» Am Anfang klappt es vielleicht noch; aber irgendwann stellen sie die Reproduktion ein. Zwar würden bei weniger aggressiven Arten die Weibchen auch mal Eier legen, aber aufgrund des Dauerstresses investieren sie nicht so viel in ihren Nachwuchs, und wegen mangelnder Nährstoffe sterben Embryonen im Ei frühzeitig ab. Meier sieht auch den Misserfolg der chinesischen Zuchtfarmen darin begründet, dass Schildkröten zu Tausenden zusammengepfercht leben. «Es hat lange gedauert, bis ich selbst dahinterkam, aber seit ich alle Arten einzeln halte, immer ein Tier pro Terrarium, klappt die Vermehrung auch bei vorher schwierigen Spezies.»

Zum Beweis setzt er ein Weibchen von *Leucocephalon yuwonoi*, das einen dunkelbraunen Kopf hat, zu einem Männchen ins Wasserbecken. Sie weiß die Signalfarbe des hellen Kopfes augenblicklich zu deuten, nickt, öffnet und schließt den Mund, als ob sie Wasser kaut, und nimmt dabei den Geruch des potenziellen Partners wahr. Dann hebt sie erst den Schwanz, dann die Hinterbeine hoch: «Sie bockt auf wie ein Wagenheber, damit er eindringen kann.» Es dauert keine zwei Minuten, da hängen die Schildkröten aufeinander – Bauchpanzer auf Rückenpanzer; er beißt ihr beim raschen Liebesspiel vorne in den Kopf. Und dann zeigt ihm das Weibchen schon, dass sie nun nichts mehr mit ihm zu tun haben möchte. Der Sex auf Knopfdruck ist vorbei. «Zweimal im Jahr können wir so von ihnen Nachwuchs bekommen, ein bis zwei große Eier legt das Weibchen.»

Das mittelfristige Ziel der Schildkrötenstation ist, unterartenreine Bestände der bedrohten asiatischen Schildkröten in menschlicher Obhut aufzubauen. Ob sie irgendwann wieder in ihre Wälder zurückkehren? «Voraussetzung dafür ist, dass wir ihnen diesen Schutz jetzt geben. Denn in zehn Jahren wäre es zu spät und sie wären ausgestorben.»

Derzeit sieht es für die Schildkröten hier gut aus. Aber allein von Elmar Meiers Engagement hängt es ab, ob die seltenen Spezies auf

Dauer überleben. Noch gibt es keine Regelung für die Zukunft der IZS, keinen Nachfolger. Und so ist es bei vielen ambitionierten Projekten, die eigentlich nachhaltig wirken möchten: Die Existenz ganzer Arten hängt an einer einzigen Person mit Wissen und Leidenschaft.

# AFRIKA: DIE WIEGE
# DES GROSSEN JÄGERS

## Der blaue Bock vom Burenland

**B**raun und etwas struppig stehen die vier ausgestopften Museums-präparate in den Naturkundemuseen von Paris, Wien, Stockholm und dem niederländischen Leiden; die Überbleibsel von *Hippotragus leucophaeus* zeigen nichts mehr von jener Pracht, für die sich Captain William Cornwallis Harris einen Finger seiner rechten Hand hätte ab-schneiden lassen. Wahrscheinlich wusste Harris aber nur zu gut, als er 1840 ein Buch über die Wild- und Jagdtiere Südafrikas schrieb, dass er gar nicht mehr in Verlegenheit kommen würde, seine Hand ver-stümmeln zu müssen. Denn schon 1799, nach anderen Berichten erst 1800, soll östlich von Kapstadt ein burischer Jäger den letzten Blaubock erlegt haben: Eine Antilope, die wegen ihres Felles mit dem besonderen Glanz, dem unvergleichlichen, blauen Schimmer, am Kap der Guten Hoffnung einen legendären Ruf hatte.

Hier, im «Hottentotten-Holland», hatte der Deutsche Peter Kolb, der von 1705 bis 1712 in Südafrika unterwegs war, jenes Tier gesehen, das «meinen Augen so wunderschön erscheint, weil sein blaues Haar so sehr der Farbe des Himmels gleicht». Kolb war der Erste, der 1719 über den Blaubock schrieb, und er hatte auch von dessen Fleisch gekostet. Es schmecke zwar ganz gut, notierte er, sei aber etwas trocken. Da man den blauen Bock aber wegen seines schönen Fells jage und es viel saf-tigeres Wild gebe, werfe man die Kadaver den Hunden zum Fraß vor.

Blau kommt bei Säugetieren als Fellfarbe eigentlich gar nicht vor. Wahrscheinlich hatten die Haare des Blaubocks einfach einen Stich ins Bläuliche, eine Tönung ähnlich dem Satinglanz. Frühe Berichte über

**Wie blau das Fell des Blaubocks schimmerte, verrät auch dieses Bild von 1778 nicht; es wurde nach einem ausgestopften Exemplar gezeichnet.**

die besondere Farbe äußern sich entsprechend widersprüchlich: Einige führen den Farbton auf die Haare zurück, andere auf die darunterliegende Haut. Manche berichten, dass die Farbe nach dem Tod des Tieres schnell vergehe, anderen zufolge blieb sie bestehen.

Besonders auffällig kann die Tönung nach dem Ableben der Tiere jedenfalls nicht gewesen sein, andernfalls hätte der junge deutsche Naturforscher Peter Simon Pallas, der 1766 an der Universität von Leiden einige Felle dieser Antilope untersuchte, die neuentdeckte Tierart bestimmt nach jenem blauen Schimmer benannt. Er gab ihr aber den Artnamen *leucophaeus*, nach einem hellen Fleck unter den Augen. Wahrscheinlich waren also die Felle, die ihm vorlagen, farblich bereits ebenso unspektakulär wie die vier heute noch erhaltenen Präparate dieser Art.

Viel ist es nicht, was über diese mittelgroße Antilope bekannt ist – kein Wunder: Schon als die Europäer Südafrika besiedelten, kam sie nur in dem kleinen südwestlichsten Zipfel der Kapprovinz vor, der etwa einhundertsechzig Kilometer östlich von Kapstadt liegt, und war bereits damals nicht mehr besonders häufig. Ihre nächsten Verwandten, die Pferde- und die Rappenantilope, deren Böcke ein wunderbar pechschwarzes Kleid tragen, sind dagegen noch heute in den trockenen Regionen des südlichen und östlichen Afrikas verbreitet. Seinen einzigartigen Platz in der Naturgeschichte Afrikas nimmt der Blaubock allerdings aus einem Grund ein, der kaum etwas mit seinen besonderen Merkmalen zu tun hat: Er war nach mehreren Jahrtausenden die erste Großtierspezies, die auf diesem Kontinent ausstarb.

Die Tierwelt Afrikas hatte lange Zeit Glück gehabt und war verschont geblieben von dem, was sich zu vorgeschichtlichen Zeiten auf anderen Erdteilen ereignete. Die beiden amerikanischen Kontinente hatten vor etwa dreizehntausend Jahren drei Viertel aller Großtierspezies verloren. In Australien sind vor über vierzigtausend Jahren sogar fünfundneunzig Prozent der Megafauna verschwunden. In Europa und Asien sind die großen Tiere noch recht glimpflich davongekommen: Dort ist bislang «nur» ein Drittel dieser Spezies ausgestorben. Doch lediglich Afrika ist bis heute der Kontinent der großen Tiere geblieben: Hier leben immer noch je zwei Arten von Elefanten, Nashörnern und Flusspferden, außerdem drei große Katzenarten – Löwe, Leopard und Gepard, ferner Giraffen und Okapis, Gorillas, Schimpansen und Bonobos, drei Zebraarten, Dutzende Arten von Antilopen, Kaffern- und Rotbüffel, Erdferkel, schließlich noch eine Seekuhart in den westafrikanischen Binnengewässern. Und das sind nur die Säugetiere. Irgendwas war in Afrika anders als im Rest der Welt.

Dieses «Andere» begann vor etwa sieben Millionen Jahren. Damals wurde es überall auf dem Planeten kühler, und in Afrika wandelten sich urzeitliche Regenwälder zu Baumsavannen. Fortan konnten die damaligen menschenaffenähnlichen Wesen nicht mehr kletternd durch die Bäume hangeln, vielmehr mussten sie nun längere Zeit im aufrechten Gang auf dem Boden laufen, um die nächste Waldinsel zu erreichen. Aus Primaten, die zuvor auf Bäumen gelebt hatten, wurden Fußgänger, die sich trotz ihrer geringen Körperkraft zu den besten Jägern des Planeten entwickelten. Dass sie schließlich sogar Tiere erbeuten konnten, die ein Vielfaches schwerer, größer und stärker waren als sie selbst, hatten sie nicht zuletzt einer Umstellung ihres Speiseplans zu verdanken.

Vermutlich entstand der aufrechte Gang mehrfach. Paläoanthropologen – Urmenschenforscher – haben schon mehrere Arten ausgegraben, die ihn beherrschten: Vor sieben Millionen Jahren lebte der anderthalb Meter große *Sahelanthropus tchadensis* am Schwemmland eines längst verschwundenen Sees im heutigen Tschad; der kenianische *Orrorin tugenensis* ist eine Million Jahre jünger; *Ardipithecus kadabba* aus Äthiopien lebte schließlich vor etwa fünfeinhalb Millionen Jahren. Sie alle ernährten sich wohl hauptsächlich vegetarisch von Kräutern, Blättern und Früchten, den Knollen überfluteter Gräser am Rande von Urzeit-Seen; kleine Tiere waren eher Zusatzkost. *Ardipithecus ramidus*, rund viereinhalb Millionen Jahre «jung», war ein echtes Mischwesen – affenartig die abspreizbaren großen Zehen, um sich im Baum festzuhalten, die Füße hingegen ans Laufen auf dem Boden angepasst. Wer von diesen «Homininen» – so nennt man alle Menschenarten und Menschenvorfahren seit der Abspaltung von den Menschenaffen – unser Urahn ist, können die Forscher nicht sagen.

Vor vier Millionen Jahren begann die große Zeit der Vormenschen aus der Gattung *Australopithecus*, die in mehreren Arten bis hinunter nach Südafrika lebten. Sie sammelten Früchte, Beeren, Nüsse, Samen, Knollen, ernährten sich aber wohl auch von kleinen Tieren wie Insekten, Reptilien, Vögeln und deren Eiern. Einige schabten vielleicht auch schon Fleischreste von Knochen – insofern ernährten sie sich wie Aasfresser von dem, was Raubtiere übrigließen. Um selber in der Savanne zu jagen, waren sie hingegen noch zu schwach, zu langsam und ihr Gebiss war nicht kräftig genug.

Dann wurde vor zweieinhalb Millionen Jahren das Klima in Afrika noch kühler und trockener. Die Pflanzen bildeten zähere Blätter aus, um Wasser zu sparen. Ihre Samen schützten sie mit härteren Hüllen vor Austrocknung. Die Vormenschen entwickelten sich nun in zwei Richtungen. Einige Australopithecinen wurden robuster und kräftiger: Die «Nebenmenschen» *Paranthropus* waren mit breiten Mahlzähnen und kräftigen Kaumuskeln, die an einem knöchernen Scheitelkamm auf dem Schädel ansetzten, bestens gerüstet für diese Diät. Vielleicht sogar zu gut, denn vor etwa einer Million Jahren starben diese extrem spezialisierten «Nussknackermenschen» aus.

Andere Vormenschen entwickelten sich zur gleichen Zeit dagegen zu Generalisten, die zunehmend fleischliche Kost zu sich nahmen. Diese Änderung im Speiseplan hatte große Folgen, denn nun wagten sich diese Homininen mehr und mehr in die Savanne. Als verletzliche Leichtgewichte, kaum einer wog mehr als fünfundvierzig Kilogramm, konnten sie weder Antilopen folgen noch gegen angreifende Raubtiere oder Elefanten bestehen. Und doch suchten sie neben Früchten und nahrhaften Knollen auch nach Speiseresten der großen Raubtiere. Vielleicht betätigten sie sich sogar als «Kleptoparasiten» und versuchten, den Räubern etwas vom Aas zu stibitzen. Oft wiesen wohl Geier den Weg zum Aas. Selbst wenn die großen Vögel die Knochen schon blank gefressen hatten, sodass kaum noch Fleischfetzen daran hingen, wussten sich diese Homininen zu helfen: Wie Hyänen konnten die schmächtigen Vormenschen Knochen knacken, um an das energiereiche Mark heranzukommen – allerdings nicht mit ihrem Gebiss. Sie nahmen Steine, um das harte Gebein zu zertrümmern. Mit den Knochensplittern kratzten sie anschließend Termitenbauten auf, um an die eiweißreichen Insekten zu gelangen.

Das Leben in der Savanne mit den vielen Raubtieren und wenig Deckung war für sie weitaus gefährlicher als für den robusten und eher vegetarisch lebenden *Paranthropus*. Um hier zu bestehen, brauchten sie daher mehr Grips. Das zunehmend proteinreiche «Kraftfutter» begünstigte über Jahrzehntausende hinweg ein Wachstum ihres Hirns, das somit immer leistungsfähiger wurde – als Folge allerdings noch mehr von dem energiereichen «Treibstoff» brauchte, noch mehr Aas, noch mehr Fleisch also.

So entstand vor etwa zweieinhalb Millionen Jahren der erste Vertreter der Gattung *Homo*: Der «Mensch vom Rudolfsee» war gut zwanzig Zentimeter größer, schlanker und graziler als die Australopithecinen, deren Gehirn kaum mehr Volumen besaß als das von Schimpansen. Hinter der steilen Stirn des *Homo rudolfensis* verbarg sich nun ein deutlich größeres Hirn, während seine Zähne kleiner waren. Denn geschickt und intelligent, wie er war, hatte der erste *Homo* einen großen Teil des Zerkleinerns der Nahrung nach «außerhalb» verlagert: Er benutzte Werkzeuge zum Zerlegen der Nahrung, und zum ersten Mal in der Geschichte der Menschheit fertigte er die auch eigenhändig an. Eine erste Werkzeugkultur entstand. Wenn der Rudolf-Mensch einen stumpfen Steinbrocken sah, erkannte er schon die scharfe Klinge darin und wusste sie herzustellen: Mit behauenen Steinen, scharf wie Rasiermesser, konnte er nun das Fell von Tieren aufschlitzen.

Dank des positiven Rückkopplungseffekts wuchs das Gehirn der ersten «Homos» immer weiter, und befähigte sie zu neuen Fertigkeiten. Bislang waren alle Menschenartigen eher Aasfresser als Jäger großer Tiere gewesen. Und sie waren wohl selber mehr Gejagte, auch wenn sie in der Gruppe mittlerweile Angreifer in die Flucht zu schlagen vermochten: mit Steinen werfend, mit Stöcken fuchtelnd.

Irgendwann aber entwickelten Urmenschen die wohl älteste Form menschlicher Jagd. Zwar waren sie vom Körperbau her nicht dazu gerüstet, eine Antilope oder Gazelle wie ein Gepard zu überfallen. Allerdings hat diese Jagdtechnik sowieso ihre Nachteile: Selbst die schnellste Raubkatze der Welt, die innerhalb weniger Sekunden auf eine Geschwindigkeit von fast einhundert Kilometern pro Stunde beschleunigen kann, hält dieses Tempo nur wenige hundert Meter durch. Dann muss sie die Jagd abbrechen, um nicht am Hitzschlag zu sterben. Auch Antilopen müssen nach der Flucht rasten, am besten im Schatten, um sich abzukühlen. Die Urmenschen setzten daher auf andere Fähigkeiten: Ihre langen, starken Beine und der aufrechte Gang befähigten sie, über weite Strecken zu laufen. Außerdem perfektionierten sie ihr Kühlsystem. Sie legten ihr Haarkleid ab und konnten nun überschüssige Wärme besser abstrahlen. In der nackten Haut besaßen sie besonders viele Drüsen, deren Schweiß den Körper beim Laufen kühlte. So waren sie ausdauernder als viele Beutetiere und konnten diese hetzen, bis sie vor Erschöpfung zusammenbrachen. Noch heute jagen die Jäger und Sammler vom Volk der San in der südafrikanischen Kalahari-Wüste Antilopen und Zebras manchmal über Stunden, bis die Tiere tot zusammenbrechen.

Es war wohl der *Homo ergaster*, der vor knapp zwei Millionen Jahren erstmals eine solche archaische Jagdweise ausübte, die ganz ohne Fernwaffen auskommt. Er lebte vermutlich schon in komplexeren sozialen Gruppen, in denen sich die Jäger gegenseitig bei der Jagd unterstützten. Dieser «Handwerkermensch» fertigte erstmals Faustkeile an, mit denen er den Boden lockern, Löcher graben, Holz und Knochen bearbeiten, sich gegen Raubtiere verteidigen und vielleicht sogar größere Beutetiere töten konnte. Außerdem scheint der *Ergaster* die erste Menschenart gewesen zu sein, die das Feuer nutzte. In der Swartkrans-Höhle Südafrikas fanden Forscher verkohlte Antilopenknochen, die nachweislich von einem menschlichen Lagerfeuer stammten. Ein normaler Steppenbrand hätte nicht so starke molekulare Veränderungen am Gebein des Huftiers hervorrufen können. Das Feuer hat einen großen Vorteil: Gebratenes Fleisch ist leichter verdaulich, und die Hitze tötet viele Krankheitserreger ab. Außerdem haben Raubtiere Respekt vor den Flammen.

Der bis zu 1,85 Meter große *Homo ergaster* war nicht nur aufgrund seiner Statur und Ausdauer ein großer Jäger und Wanderer, sondern zudem der erste Vertreter der Gattung *Homo*, der nachweislich den afrikanischen Kontinent verließ. Von nun an lebten Menschen nicht nur in Afrika, sondern auch in Asien und später in Europa. Auf dem Schwarzen Kontinent wurde aus dem *Homo ergaster* der *Homo heidelbergensis*, der sich ebenfalls bis Europa ausbreitete, weshalb er nach seinem ersten Fundort benannt wurde. Der Heidelberg-Mensch war der Erste, der vor vierhunderttausend Jahren Wurfspeere aus Holz fabrizierte, mit denen er Tiere aus einer Entfernung von fünfzehn bis zwanzig Metern erlegen konnte. In Europa wurde aus ihm der Neandertaler.

In Afrika hingegen entstanden aus dem *Heidelbergensis* schmaler gebaute Menschen mit höherer Stirn und kleinerer Nase. Die dicken Wülste über den Augenbrauen, wie sie die anderen Menschenarten auszeichneten, waren bei ihnen kaum noch ausgeprägt. Außerdem besaß dieser Mensch ein richtiges Kinn. Die ältesten fossilen Knochen von ihm sind knapp zweihunderttausend Jahre alt und stammen vom äthiopischen Omo-Fluss, wo es damals grüner war und nicht so dürr wie heute. Der anatomisch moderne *Homo sapiens* war entstanden, der «verständige Mensch» – wir.

Rasch verbreitete er sich in Afrika, doch bis zum nächsten «Technologieschub» dauerte es noch ziemlich lange: Etwa fünfundsiebzigtausend Jahre alt sind jene knöchernen Pfeilspitzen, die in der südafrikanischen Blombos-Höhle entdeckt wurden. Bald gab es immer mehr solcher «Distanzwaffen», die es den Jägern ermöglichten, das Wild aus immer größerer Entfernung zu erlegen. Zu Pfeil und Bogen kamen Speerschleudern dazu, mit deren Hilfe man einen Speer mehr als vierzig Meter weit werfen konnte. Die ältesten bekannten solcher Schleudern sind vor zwanzigtausend Jahren entstanden; vielleicht gab es sie aber auch schon früher.

Hunderttausende von Jahren hatten andere Menschenarten mit

dem Wurfspeer gejagt. Dabei kamen sie wilden Tieren gefährlich nahe – oft bis auf wenige Meter. Wie viele der früheren Urzeitjäger wurden wohl schwer verletzt, totgetrampelt oder von spitzen Antilopenhörnern aufgespießt? Dank der neuen Waffen konnten die *Sapiens*-Jäger dagegen viel sicherer und leichter jagen – und vor allem viel mehr Beute machen. Sie vermehrten sich rascher und breiteten sich aus: Vor etwa sechzigtausend Jahren machten sich ein paar Hundert von ihnen, mehr waren es nach Schätzungen von Wissenschaftlern nicht, auf den Weg «out of Africa» und verließen den Kontinent.

Während der gesamten Menschwerdungsgeschichte lebten meist mehrere Spezies von Homininen zur gleichen Zeit, manchmal sogar in der gleichen Region. Der Stammbaum des Menschen wuchs dabei nicht gerade nach oben, sondern verzweigte sich immer wieder; mit mittlerweile über zwanzig bekannten Spezies ist er sogar ausgesprochen buschig. So lebten vor zwei Millionen Jahren drei, vielleicht sogar sechs hominine Arten auf dem afrikanischen Kontinent. Auch in «unserer» Zeit, seit also der *Homo sapiens* existiert, war das nicht anders: Noch vor vierzigtausend Jahren gab es mindestens vier menschliche Spezies auf der Welt: Der *Homo erectus*, der einst in Asien aus dem *Ergaster* entstand, hatte auf Java ein Rückzugsgebiet; die letzten Neandertaler verschwanden erst vor siebenundzwanzigtausend Jahren in der Nähe von Gibraltar. Und noch vor elftausend Jahren lebte auf der indonesischen Insel Flores der Zwergmensch *Homo floresiensis*, der nicht größer als 1,20 Meter wurde und einen Kopf von der Größe einer Pampelmuse besaß.

Erst seit relativ kurzer Zeit ist der *Homo sapiens* also die einzige Menschenart: Innerhalb von wenigen zehntausend Jahren hatte er bei seinem Zug um die Welt alle anderen Homininen von der Erde verdrängt. Allerdings nicht nur die.

Das also war in Afrika anders als im Rest der Welt: Hier liegt mit der «Wiege der Menschheit» zugleich das «Ausbildungslager» eines extrem fähigen Jägers. Auf dem Schwarzen Kontinent hatten sich die meisten der bislang bekannten Menschenarten entwickelt: vom waldbewohnenden Menschenaffen, der eher Vegetarier war, über den Allesfresser, der sich zunehmend von Aas ernährte, bis zum *Homo sapiens*, der als erfolgreicher Jäger den Energiebedarf seines immer größer gewordenen Hirns, das zwar nur zwei Prozent der Körpermasse ausmacht, aber gut zwanzig Prozent aller Kalorien verbraucht, mit viel Fleisch deckt. Die Tiere Afrikas erlebten diese Entwicklung aus nächster Nähe mit.

Die großen Pflanzenfresser haben natürliche Strategien gegen Raubtiere: Sie tun sich zu Herden zusammen, sodass es Angreifern schwerer fällt, ein Tier zu isolieren und zu erbeuten. Manche Spezies arbeiten zusammen: Gnus, Zebras und Strauße ziehen oft gemeinsam durch die Savannen – der Eine hört, der Andere riecht, der Dritte sieht besser – und so warnen sie sich gegenseitig vor Angreifern. Doch nicht jeder Löwe, nicht jeder Gepard lässt sie sofort die Flucht ergreifen. Sie erkennen oft am Verhalten, wann sich der Aufwand lohnt.

Als Schutz vor den Menschen erwies sich die Zusammenballung zu großen Herden hingegen als kontraproduktiv. Wenn ein Angreifer Faustkeile, Pfeile oder Speere besitzt, fällt es ihm umso leichter, ein Opfer zu treffen und zu erbeuten, je mehr Tiere sich zusammenballen. Also lernten diese instinktiv, worauf es bei diesen Wesen auf zwei Beinen ankam: Sie mussten einen größeren Abstand halten. Die Fluchtdistanz wuchs. Während der Menschwerdung hatte die afrikanische Megafauna Jahrmillionen Zeit, sich an die Entwicklung der Homininen zu gewöhnen. Ganz anders sah es dort aus, wo der *Homo sapiens* bei seinem Zug um die Welt neu erschien. Dort hatten die unbedarften Pflanzenfresser keine Ahnung, wie gefährlich dieses Wesen ist: In Europa und Asien kannten die großen Tiere immerhin schon andere Menschenarten und deren weniger fortschrittliche Jagdweise. Das ist eine der Erklärungen dafür, weshalb dort nicht so viele Vertreter der Megafauna ausstarben. Landmassen, die erst später von Menschen besiedelt wurden – Australien vor fünfzigtausend Jahren, Amerika vor etwa dreizehntausend, Neuseeland sogar erst vor weniger als eintausend Jahren –, waren hingegen voller «naiver» Tiere, die in den relativ schmächtigen, plötzlich auftauchenden Zweibeinern zunächst keine Gefahr sahen und ihnen daher hilflos ausgeliefert waren.

Zwar sind auch in Afrika Großtiere ausgestorben: Der Riesenbüffel *Pelorovis antiquus* etwa, dessen Hörner eine Spannweite von bis zu drei Metern hatten und der in libyschen Höhlenmalereien verewigt ist, lebte noch vor zwölftausend Jahren in Ostafrika und vor viertausend Jahren wohl noch im Norden des Kontinents. Es ist wahrscheinlich, dass der Mensch zu seinem Verschwinden beigetragen hat. Da die Tiere auf dem Schwarzen Kontinent aber den *Sapiens*-Menschen und seine Jagdweise seit langem gewohnt waren, hat dort beinahe die gesamte Megafauna aus der Epoche vor der letzten Eiszeit überlebt. Afrika wurde die Heimat der abgehärteten, wachsamen Überlebenden.

Die geringelten Hörner des Blaubocks waren höchstens sechzig Zentimeter lang.

Während der letzten Eiszeit war auch der Blaubock im Süden Afrikas noch viel weiter verbreitet und viel häufiger. Das zeigen Fossilienfunde von *Hippotragus leucophaeus*. Vor etwa eintausendsechshundert Jahren wanderten jedoch Völker aus der Sprachfamilie der Bantus vom Norden her ein und brachten Schafe mit, die den Lebensraum des Blaubocks überweideten. Wahrscheinlich wurden die Antilopen so schrittweise in ein kleines Gebiet der Kapprovinz abgedrängt.

1652 ließen sich dann die ersten Europäer am Kap der Guten Hoffnung nieder. Handelsleute der Niederländisch-Ostindien-Kompanie gründeten Kapstadt. Siedler aus Holland sowie aus Frankreich und Deutschland kamen, die Vorfahren der «Buren», später dann die Engländer. Sie begannen, das Landesinnere zu besiedeln und die mit «wilden Tieren» angefüllten Regionen urbar zu machen. Und sie jagten mit anderen Waffen, die aus viel größerer Distanz töten konnten – mit Gewehren. Als Spezies mit kleinem Verbreitungsgebiet war *Hippotragus leucophaeus* besonders gefährdet. Als Peter Kolb begeistert vom «himmelblauen Bock» schwärmte, hatte der Niedergang der schönen Antilope deshalb längst begonnen. 1774 beklagte der schwedische Naturforscher Carl Peter Thunberg, wie selten der Blaubock schon geworden sei. Dann schoss 1799 östlich von Kapstadt ein Burenjäger den Letzten dieser Art.

In Afrika hatte mit der Einführung der modernen Schusswaffen eine andere Epoche begonnen. Jetzt nützte es auch den afrikanischen Tieren nichts mehr, die Evolution des *Homo sapiens* begleitet zu haben.

## Das Rätsel der Quaggas

Es geschah am frühen Morgen des 23. September 1829, einem Mittwoch. Die Luft war noch ganz kalt. Carl Friedrich Drege war mit Hendrik Kruger in Rietfontein auf dessen Farm in der südafrikanischen Kapprovinz unterwegs, als dieser eine trächtige Quaggastute schoss. Ihr ungeborenes Fohlen sollte noch eine ungewöhnliche Karriere vor sich haben. Drege, geboren 1791 in der damals noch eigenständigen Stadt Altona, hatte sich als junger Mann bei Kapstadt niedergelassen und dort zunächst als Apotheker gearbeitet, dieses Unternehmen aber bald zugunsten einer lukrativeren Beschäftigung aufgegeben: Als Naturalienhändler sammelte er nun im südlichen Afrika zoologische, botanische und mineralogische Exponate, verschiffte sie nach Deutschland und verkaufte sie dort an Museen oder Sammler. Auf diese Weise gelangte nun auch der Fötus jener Quaggastute aus Rietfontein nach Mainz am Rhein, wo er heute Mitglied der größten Quaggaherde der Welt ist, die Bomben am Ende des Zweiten Weltkrieges halbverbrannt überstand und schließlich – gewissermaßen als Höhepunkt seiner Laufbahn – einen Kurzauftritt im Bestseller «Jurassic Park» des amerikanischen Autors Michael Crichton hatte, der Steven Spielberg zu seinen Dinosaurierfilmen inspirierte.

Dafür allerdings mussten die Quaggas erst einmal aussterben.

Wie das Bellen einer Dogge soll ihr Ruf geklungen haben, oder auch wie «Kwa-ha-ha» oder «Quach-cha», die letzte Silbe kurz betont. Farmer sahen sie gern auf ihrem Besitz, denn Quaggas waren wehrhaft und hielten Hyänen und Wildhunde vom Vieh fern. Zu Tausenden, zuweilen gar zu Zehntausenden durchstreiften sie in gemischten Herden mit Straußen und Weißschwanzgnus das südwestliche Afrika. Ein britischer Jäger schrieb, Quaggaherden hätten aus der Ferne gefunkelt wie Glimmer.

Das Quagga war ein verwirrendes Geschöpf. Manchen erschien es als Mischwesen – vorne Zebra, hinten Pferd. Kopf und Hals zeigten ein ausgeprägtes Streifenmuster, manchmal bis zur Mitte des Körpers hin; aber nicht plakativ schwarz-weiß, sondern abwechselnd hell cremefarben und dunkel wie Zimt. Das Hinterteil war dagegen ungemustert walnussbraun, Schwanz und Beine wiederum waren weiß. Aber selbst wenn die Quaggas nur bis zur Hälfte gestreift waren – Mischlinge waren sie nicht, sondern gehörten zoologisch gesehen wirklich zu den «Tigerpferden», die alle mit den Wildpferden, den Eseln und Halbeseln in der Gattung *Equus* vereint sind.

Drei Arten von Zebras leben heute in Afrika: Das ganz eng gestreifte, ein wenig eselartige Grevy-Zebra mit den großen Ohren im Norden Kenias bis nach Äthiopien, das Steppenzebra, das in den Savannen ganz Ostafrikas bis hinunter nach Südafrika lebt, und das Bergzebra in Namibia und Südafrika. Und dann gab es eben das halbgestreifte Quagga, das so besonders anders war und am Kap lebte. Gehörte es einer eigenen, vierten Art an? Lange nach seinem Tod sollte das Mainzer Quaggafohlen zur Klärung dieses Problems beitragen.

Zunächst drängt sich aber eine grundlegende Frage in den Vordergrund: Weshalb haben Zebras überhaupt Streifen und andere Pferdearten nicht? Häufig wird das auffällige Muster als Tarnung interpretiert – in der Savanne löse es die Konturen der Tigerpferde auf, sodass Löwen und Hyänen die Zebras schlecht erkennen. So richtig überzeugt das allerdings nicht. Wenn Streifen wirklich so eine perfekte Tarnung vor den großen Raubkatzen wären, weshalb haben sich bei den vielen Antilopen Afrikas nicht ähnliche Muster entwickelt? Auch in Arabien und Kleinasien, selbst in Europa lebten früher Löwen und Hyänen – die dortigen Wildpferde und Wildesel kamen aber ebenfalls ohne Streifen aus. Im Übrigen haben Löwen recht gute Augen und jagen meist nachts. Aber vielleicht verwirren die Streifen die Löwen bei ihrer Attacke, weil im Gewimmel der fliehenden Zebras die Umrisse der einzelnen Tiere verwischen? So könnte der Angreifer nicht mehr erkennen, wo Anfang und wo Ende seines Opfers wäre. Doch neben den bereits erwähnten Gegenargumenten versuchen Löwen immer, beim Angriff ein einzelnes Tier zu isolieren – und wirken überhaupt nicht verwirrt. Oder sind die Streifen vielleicht ein Erkennungszeichen? Denn wie Fingerabdrücke fallen auch die Muster der Zebras ganz individuell aus. Es gibt keine zwei Tiere gleicher Streifung. Nachweislich können sich Zebras auch gegenseitig an ihrem Muster erkennen. Andere Pferde schaffen das allerdings auch ohne Streifen.

Vielleicht steckt hinter der Streifung ein ausgeklügeltes Kühlsystem? Diese überraschende Theorie beruht auf dem Gedanken, dass Weiß Strahlen reflektiert, Schwarz jedoch absorbiert. Durch die scharf voneinander abgegrenzten Zonen sollen sich nun über dem Fell Temperaturunterschiede und als Folge winzige Winde bilden – und damit eine kühlende Mikrozirkulation über der Haut. Warum haben dann aber Afrikanische Wildesel, die in den deutlich heißeren Wüstenregionen des Kontinents leben, keine solchen Muster? Die durch und durch gestreiften Bergzebras hingegen kommen im kühleren Südafrika vor. Außerdem liegt unter den schwarzen Zebrastreifen eine besondere Fettschicht, die Wärme aufnimmt, damit schwarze Hautpartien nicht überhitzen. Das bedeutet: Die Streifen werden gerade *nicht* zur Wärmeregulation eingesetzt, vielmehr mussten sich die Zebras vor Überhitzung durch die «Tigerung» schützen.

Vielleicht dienen die Streifen ja doch der Tarnung, allerdings auf eine ganz unerwartete Weise. Und die halbgestreiften Quaggas wären ein guter Beleg dafür.

Dieser Schlag mit der Fliegenklatsche saß. Blut spritzt aus dem zerplatzten Insektenkörper. Stammt es aus einem Kaffernbullen? Einem

Warzenkeiler? Man muss dafür aber schon kräftig zuschlagen, denn nicht jeder Treffer befördert die Quälgeister sofort ins Jenseits. Die aufdringlichen Biester sind ebenso hart im Nehmen wie sexbesessen: Paare brummen kopulierend durch die Luft, eine schnelle Handbewegung mit der Klatsche – gleich zwei auf einen Streich! Der Hieb hätte jede Stubenfliege ausgeschaltet, doch das niedergestreckte Liebespaar liegt nur kurz benommen am Boden, rappelt sich ineinanderhängend wieder auf und setzt – dem Tod durch die Klatsche knapp entronnen – den Flug munter weiter kopulierend fort.

«Zäh zäh». Es gibt Afrikareisende, die meinen, das sei der richtige Name für jene kaum anderthalb Zentimeter großen Insekten der Gattung *Glossina*, die überaus schmerzhafte Stiche verpassen. Berüchtigt ist jene Fliege aber vor allem, weil sie mit ihrem Stechrüssel Säugetieren Blut abzapft und dabei einzellige Parasiten aus ihrem Speichel überträgt: die Trypanosomen, die beim Menschen die Schlafkrankheit, bei Haustieren die Viehseuche Nagana auslösen können. «TseTse» – «die Fliege, die das Vieh tötet», so heißt das Insekt daher in der Sprache der Tswana. Wegen der gefährlichen Krankheiten wurden manche Teile des tropischen Afrikas nie von Bauern besiedelt – zum Wohle der afrikanischen Tierwelt, die in solchen Regionen keine Konkurrenz fürchten musste. Naturschützer nennen das nervige Insekt daher auch den «besten Wildhüter Afrikas». Viele heutige Nationalparks und Naturschutzgebiete liegen in Tsetse-Gebieten.

Vor Jahrzehnten wollte der britische Tiermediziner Jeffrey Waage herausfinden, ob Wildtiere wirklich Reservoir für den Erreger der Nagana sind. Während das Vieh in Tsetse-Regionen geschwächt wird und oft an der Seuche stirbt, scheinen Wildrinder und andere Arten unter der Krankheit nicht zu leiden. Waage stellte fest, dass nicht nur Büffel und Antilopen, sondern eigentlich alle Säuger den Erreger in sich tragen, auch Elefanten, Löwen und Mäuse. Sie waren immun gegen den parasitären Einzeller, mit dem sie seit Ewigkeiten lebten, während Rinder und andere Haustiere erst nach Afrika kamen, als der Mensch sie domestiziert hatte. Nur bei Zebras fand Waage auffällig wenige Trypanosomen. Das war umso verwunderlicher, da gerade Hauspferde sehr unter der Krankheit und den aufdringlichen Tsetses leiden. Wieso wurden Zebras weniger befallen? Meiden die Fliegen die Tigerpferde? Blutgierig sitzen die Tsetses in Büschen auf der Lauer. Sie reagieren auf Bewegung, und sobald ein potenzielles Opfer in mehreren Metern Entfernung vorbeikommt, steuern sie es zielgenau an. Beide – Zebra und Tsetse – sind tagaktiv. Die Tigerpferde müssten also eigentlich ein beliebtes Opfer der Fliegen sein. Oder hatte ihr Streifenmuster etwas mit dem Schutz vor dem Trypanosomenbefall zu tun?

Waage begann mit Experimenten: Er zog schwarze, weiße und schwarzweiß gestreifte Fässer als Attrappen durch den Busch und zählte die heranfliegenden Tsetses. Die meisten Fliegen setzten sich auf die dunklen Tonnen, die langsam bewegt wurden; die wenigsten auf die mit Streifen. Demnach scheinen Zebras dank ihres Musters besser vor den Stichen geschützt zu sein. Nur warum?

Es liegt an den Augen: Tsetse-Fliegen besitzen nicht nur zwei Augen mit je einer Linse wie wir, sondern wie alle Insekten «Komplexaugen», die aus Tausenden von Einzelaugen aufgebaut sind, den Ommatidien. Die erkennen zwar Bewegungen gut, liefern aber kein besonders scharfes Bild. Ein gestreiftes Zebra mit seinem Schwarzweißmuster löst sich daher in den Augen der Tsetse wirklich auf, als hätte es eine Tarnkappe übergezogen. Die Fliege sieht es einfach nicht, ein sich bewegendes Gnu dagegen schon. Wieso hat das Gnu dann aber keine solche Streifung?

Antilopen und Rinder, die Boviden, sind Wiederkäuer. Sie entgehen den lästigen Fliegen, weil sie einen großen Teil des Tages ruhig daliegen, um die gefressene Nahrung nochmals zu kauen. Sie sind viel bessere Nahrungsverwerter als die Pferdeartigen oder Equiden. Zebras müssen daher dauernd fressen, weil sie nicht mit einem so effizienten und «modernen» Verdauungssystem ausgerüstet sind wie die Rinderartigen. So sind sie ständig in Bewegung und wären dem Ansturm der Tsetses ausgesetzt, wenn sie nicht das tarnende Schwarzweißmuster trügen.

Zebras leben – evolutionsgeschichtlich betrachtet – erst seit relativ

**Wenn Zebrastreifen schwinden: Wieso war das Quagga
nur zur Hälfte getigert?**

kurzer Zeit in Afrika. Die Entstehung der heutigen Pferdeartigen vollzog sich zu großen Teilen in Nordamerika. Über Landbrücken während der Eiszeiten kamen sie nach Nordasien und wurden in der «Alten Welt» zu Wildpferden, Halbeseln, Eseln – und in Afrika schließlich zu Zebras. In mehreren Schüben, im Abstand von Hunderttausenden von Jahren, wanderten deren Vorfahren dort ein; als Letzte kamen die Ahnen der Grevy-Zebras, die daher noch heute am weitesten im Norden des Kontinents leben. Berg- und Steppenzebra stammen aus früheren Einwanderungswellen und haben den Tsetse-Gürtel im tropischen Afrika ganz durchwandert. Sie alle entwickelten, wahrscheinlich unabhängig voneinander, unter dem Druck der Tsetses das Streifenmuster als Camouflage.

Die halbgestreiften Quaggas stützen diese These. Sie waren so weit südlich angekommen und lebten in recht trockenen Gebieten, in denen es keine Tsetsefliegen gab. Also konnten sie sich den Luxus erlauben, die Streifen wieder zu verlieren. Was noch fehlt, ist die rechte Erklärung, weshalb Bergzebras Streifen besitzen, obwohl sie in Regionen ohne Tsetses leben. Vielleicht nutzen ihnen die Muster aber gegen andere stechende Insekten. Bislang ist das jedenfalls die einleuchtendste Erklärung dafür, weshalb Zebras Streifen besitzen.

Nicht zuletzt weil es solche Plagegeister wie Tsetse-Fliegen an der Südspitze Afrikas nicht gab, wurde das Landesinnere früh von europäischen Siedlern erschlossen. Der Schwarze Kontinent war lange bekannt, Handel wurde entlang der gesamten Küsten geführt, das tropische, schwüle Klima aber sowie die gefährlichen Krankheiten waren für Europäer abschreckend; auch ihre Haustiere und Nutzpflanzen gediehen schlecht. Im mediterranen Klima am Kap waren die Temperaturen hingegen angenehm. Die Kapprovinz wurde rasch besiedelt und erschlossen.

Mit der Tierwelt ging es deshalb genauso rasch bergab. Der Blaubock war nur die erste Tierart, die hier ausgerottet wurde. Der Schriftsteller Thomas Pringle notierte 1820, Quaggas und Gnus seien im Distrikt Albany, der heutigen Provinz Ostkap, schon fast völlig verschwunden. Um 1836 gab es das Quagga nur noch im Landesinnern in großer Zahl. Doch auch dort wurden die Herden von den Buren gejagt, wenn auch weniger wegen des Fleisches. Aus den Quagga-Häuten wurden Säcke für Getreide und Mehl hergestellt. Die Jäger erlegten die wilden Pferde in solchen Mengen, dass die Munition knapp wurde; so wurden sie angehalten, die verschossenen Kugeln aus den toten Quaggas wieder einzusammeln. Infolge der Jagd wurden die wilden Pferde nun auch in abgelegenen Regionen immer seltener. Die letzten beiden Tiere, die in der Großen Karroo-Wüste lebten, erlegte man 1865 am Tygerberg Mountain. Um 1873 gab es im Distrikt Colesberg zwischen Kapstadt und Johannesburg wohl noch fünfzig Tiere. In Kapstadt konnte man 1875 noch ein paar schäbige Häute erwerben, aber sie waren bereits zu verschlissen, um sie auszustopfen. Die letzten wilden Quaggas wurden gegen 1878 im Orange Free State gesichtet. Die Provinzen der damaligen Südafrikanischen Republik verloren im Laufe des 19. und in der ersten Hälfte des 20. Jahrhunderts fast alle Großtiere: Die Huftierherden im weiten Land waren schnell zusammengeschossen, Weißschwanzgnu, Blessbock, Oryx-Antilope und Südafrikanischer Elefant wurden fast ausgerottet. Vom Buntbock gab es bereits 1837 nur noch siebenundzwanzig Tiere, vom Kapbergzebra 1937 nur noch fünfundvierzig, das Südliche Breitmaulnashorn war Ende des 19. Jahrhunderts ebenfalls schon auf etwa zwanzig Stück reduziert.

Einige dieser Arten konnten gerettet werden, manchmal dank des Einsatzes einzelner Familien wie der van der Byls, die dem Buntbock auf ihrem Gelände Asyl gaben. Der letzte Kaplöwe aber wurde 1865 in Natal geschossen; seither ist diese Unterart mit besonders starker, schwarzer Mähne ausgerottet. Für ihn kam, ebenso wie für den Blaubock und das Quagga, jede Schutzbemühung zu spät.

Schon früh gelangten lebende Quaggas nach Europa: Die königliche Tiersammlung zu Versailles beherbergte eines der Halbstreifenzebras, das nach der Französischen Revolution – zusammen mit einem Nashorn, einem Gnu und einem Löwen – in den Jardin des Plantes in der Pariser Innenstadt umzog. Um 1821 wollte George Douglas, der sechzehnte Earl of Morton, in England Quaggas züchten, um sie zu domestizieren. Einen Hengst konnte er auch auftreiben, weil er aber kein weibliches Quagga bekam, verpaarte er ihn mit einer Araberstute. Das Kreuzungsfohlen war kastanienfarben mit leichten Streifen am Nacken sowie an den Schultern und hatte eine kurze, steife Mähne. Sheriff Parkins spannte 1826 zwei Quaggahengste vor eine leichte Kutsche – und fuhr so durch London. In der Cannstatter Menagerie des württembergischen Königshauses lebte ein Quaggapaar, und auch die Zoos in London, Wien, Antwerpen und Berlin stellten die seltsamen Pferde aus. In Amsterdam soll ein Quaggahengst ein Fohlen mit einer Asiatischen Wildeselstute gezeugt haben; reine Quaggas aber kamen in menschlicher Obhut nie zur Welt, weil bis auf die beiden Tiere in Württemberg wohl nie Paare gehalten wurden.

Vom allerletzten Quagga, einer Stute, weiß man, dass sie am 9. Mai 1868 zusammen mit einem Blauen Gnu, einem kanadischen Kranich und einem Rosapelikan aus Antwerpen in Amsterdam eintraf. Es war ein Tauschgeschäft; im Gegenzug schickte man aus der «Natura Artis Magistra», dem Amsterdamer Zoologischen Garten, ein junges Steppenzebra und acht javanische Reisfinken nach Belgien. Wann und unter welchen Umständen die Quaggastute aus Südafrika nach Europa gelangte, ist nicht bekannt. Freundlich soll sie gewesen sein und ruhig. Wenn der Pfleger mit einem Stück Brot neben ihr stand, ließ sie sich von Besuchern streicheln. Ob sie einen Namen hatte? Jedenfalls starb sie am 12. August 1883.

Drei Jahre später erließ die Provinzverwaltung der Kapprovinz ein Dekret, das die Jagd auf Quaggas verbot. Die einzigen dieser Pferde, auf die man überhaupt noch hätte schießen können, standen damals allerdings bereits ausgestopft in Naturkundemuseen.

Von den riesigen Herden der Quaggas sind weltweit nur noch dreiundzwanzig Präparate übriggeblieben. In seiner Heimat gibt es nur ein ausgestopftes Fohlen im South African Museum in Kapstadt; neun Quaggas aber stehen alleine in deutschen Museen, darunter drei im Mainzer Naturhistorischen Museum – ein Hengst, eine Stute und ein Fohlen. Sie sind damit die größte und einzige verbliebene «Quaggaherde» der Welt. Wenige Wochen vor dem Ende des Zweiten Weltkrieges, am 27. Februar 1945, zerstörten Bomben das Museum fast völlig. Die Quaggas überstanden den Angriff, vom Fohlen verbrannten allerdings Hals und Körper völlig; nur Kopf, Beine und ein paar lose Teile blieben übrig. In den 1980er Jahren restaurierte der südafrikanische Tierpräparator Reinhold Rau die drei Mainzer Quaggas und fand dabei nicht nur einiges über die Herkunft der Tiere heraus, sondern setzte damit auch die Wiedererschaffung der Quaggas als lebende Wesen in Gang.

Die Mainzer «Rheinische Naturforschende Gesellschaft» hatte die drei Quaggas 1842 oder 1843 vom Naturalienhändler Brandt in Hamburg gekauft. Zumindest das Fohlen stammte von jenem Carl Friedrich Drege, für den am 23. September 1829 eine trächtige Quaggastute geschossen worden war. Das konnte Rau rekonstruieren, weil er in der südafrikanischen Nationalbibliothek in Kapstadt das Tagebuch des Sammlers entdeckt hatte, der von Mai 1829 bis Februar 1830 auf Expedition gewesen war. Darin notierte Drege nicht nur seine zahlreichen Erwerbungen aus der Welt der Tiere. Er berichtete in dem Heft auch, wie er neben dem Quagga unter anderem den Leichnam einer alten «Buschman Maid» mit nach Deutschland brachte, die kurz zuvor auf einer Farm an Hunger und Kälte gestorben war. Drege hatte die Tote eigenhändig ausgegraben, die Knochen «ausgeschlachtet» und ihr «das Fell» abgezogen, als wäre sie ein Tier. Die «Buschleute» – heute Khoisan genannt – waren für die Buren damals Freiwild. Die alte Frau war das teuerste «Stück» auf Dreges Liste.

Als Rau das Mainzer Fohlen untersuchte, fand er Hinweise darauf, dass es das Licht der Welt noch nicht erblickt hatte, als seine Mutter erschossen wurde: Seine Hufe waren nämlich noch mit einer feinen Haut überzogen, die Jungtiere nach der Geburt sonst rasch «ablaufen». Der Präparator schätzte, dass die Quaggamutter wohl fünfzig Tage vor Ende der Schwangerschaft geschossen wurde. Außerdem entdeckte er an den drei etwas heruntergekommenen Mainzer Quaggas Gewebereste – ein paar Fleischfetzen und Blutgefäße hingen noch an den Fellen. Zum Glück waren die Quaggahäute nicht mit moderneren Methoden gegerbt worden, so war die Molekularstruktur des Gewebes erhalten geblieben. Amerikanische Wissenschaftler konnten 1984 aus dem damals einhundertvierzig Jahre alten Material nun Teile des Erbgutes isolieren, es vermehren und schließlich untersuchen.

Es war das erste Mal, dass genetisches Material eines ausgestorbenen Tieres wieder zum Leben erweckt wurde. Diese wiederbelebten Genabschnitte inspirierten Michael Crichton zu seinem 1990 erschienenen Roman «Jurassic Park»: «DNS hatte man bereits aus ägyptischen Mumien extrahiert und aus dem Fell eines Quaggas, eines zebraähnlichen afrikanischen Tiers, das in den achtziger Jahren des 19. Jahrhunderts ausgestorben war. Ab 1985 schien es möglich, die Quagga-DNS zu rekonstruieren und auf diese Weise ein neues Tier entstehen zu lassen. Das wäre dann das erste ausgerottete Tier, das man nur über Rekonstruktion der DNS wieder zum Leben erweckte. Und wenn das möglich wäre, was war sonst noch möglich? Das Mastodon? Der Säbelzahntiger? Der Dodo? Oder sogar ein Dinosaurier?»

Mit diesen Phantasien war Crichton jedoch schon weit in die Science-Fiction abgedriftet, denn mit dem vorliegenden Material war es gar nicht möglich, ein Quagga zu klonen: Die Forscher hatten nicht deren gesamtes Erbgut isolieren können, sondern nur einige Bruchstücke aus den Energiezentralen der Zellen, den Mitochondrien. Immerhin konnte man diese Gensequenz aber mit anderen vergleichen, die von den heute noch lebenden Zebras stammten, um die Verwandtschaftsverhältnisse zu ermitteln.

Diese und spätere Untersuchungen legten nahe, dass es sich beim Quagga nicht um eine eigene Art handelte, sondern nur um eine Unterart des Steppenzebras. Dem genetischen Vergleich zufolge haben sich die Vorfahren des Quaggas vor einhundertzwanzig- bis dreihunderttausend Jahren von den anderen Steppenzebras getrennt. Es ist erdgeschichtlich gesehen also noch gar nicht so lange her, dass sich das Quagga von den anderen Zebras abgespalten hat. Seine Streifen verlor es vermutlich, weil es die Muster so weit im Süden des Kontinents, wo es keine Tsetses gab, nicht mehr brauchte; vielleicht war die bräunliche Färbung in seinem trockenen Lebensraum auch von Vorteil.

Die Erkenntnisse über die Verwandtschaftsverhältnisse führen jedenfalls dazu, dass das Quagga nun doch weiterbesteht – wenn auch nur als Namensgeber. Weil das halbgestreifte Zebra vor den anderen Steppenzebras wissenschaftlich beschrieben wurde, hat sein Name bei der Benennung der anderen Unterarten Priorität und bleibt erhalten. So heißt die Art «Steppenzebra» heute *Equus quagga* und die durchgehend gestreifte Unterart aus Ostafrika *Equus quagga boehmi*. Das eigentliche Quagga wird *Equus quagga quagga* genannt – und bleibt ausgerottet. Inspiriert durch die genetischen Ergebnisse, kam man auf

die Idee, das Quagga – oder sein Erscheinungsbild – wieder herbei-
zuzüchten.

Die Forscher versuchten hierfür, den Streifungsgradienten der Steppenzebras zu nutzen, der von Nord nach Süd verläuft: Die klassisch
durchgehend gestreiften aus Ostafrika sind die nördlichsten. Je weiter
südlich man kommt, desto breiter wird der Abstand zwischen den
schwarzen Zebrastreifen, oft sind auch hellere, bräunliche Zwischen-
streifen zu erkennen. Im Krüger-Nationalpark und in Zululand gibt es
Steppenzebras mit besonders stark reduzierten Streifen am Hinterleib
und besonders viel Braun dazwischen.

Könnte man also das Quagga wieder auferstehen lassen – nicht
durch Klonen wie im Jurassic Park, sondern durch gezielte Zucht?
Schließlich teilte das Quagga einen großen Teil seines Erbguts mit den
anderen Steppenzebras, es war ja keine eigene Spezies. Und so läuft
seit 1987 in Südafrika ein Experiment der besonderen Art: Neun ausgewählte Zebras aus dem Etosha Game Reserve und vier aus Zululand,
alle mit besonders wenig Streifen und viel bräunlichem Zwischenraum,
wurden in einem Gehege nordöstlich von Kapstadt, dem Vrolijkheid
Breeding Centre, zusammengebracht. Durch strenge Auslese wollte
man versuchen, Zebras zu züchten, die immer quaggaähnlicher werden. Das erste Fohlen der Gruppe wurde 1988 geboren. Bereits im März
1989 kam ein Füllen mit deutlich reduzierter Streifung zur Welt. Manche später Geborene hatten mehr Streifen und wurden aus der Herde
herausgenommen, andere hatten weniger – und mit denen züchtete
man weiter. Nach drei Generationen kam am 20. Januar 2005 Henry
zur Welt, ein kleiner Hengst aus der dritten Generation: Sein Körper ist
am Hinterteil nicht mehr gestreift; die verbliebenen Streifen sind auch
viel schmaler und heller, der Schweif weiß – so wie bei einigen Quaggas
in den Museen.

Der Berliner Lothar Schlawe, der sich lange mit dem Quagga und
allen noch vorhandenen Bildern und Berichten auseinandergesetzt hat,
sieht solche «Wiedergutmachungsversuche an der Natur» skeptisch:
«Natürlich sind auch unter den Populationshybriden reduziert gestreif-

te Tiere ‹gelungen›, die aber keinem Quagga entscheidend gleichen und doch als ‹neue Quaggas› ausgerufen werden.» Anders als bei der Rückzüchtung des Auerochsen aus Haustierrassen, die alle auch genetisch von dem urigen Wildrind abstammen, gehören die «Vrolijkheid-Quaggas» weiterhin zu einer anderen Unterart: Die Erbsubstanz der echten Quaggas hingegen wird wohl nie wieder lebendig werden. «Ähnelte ein Pole oder ein Norditaliener Gustav II. Adolph», so fragt Lothar Schlawe, «wäre er dann ein ‹Alter Schwede›?»

# Feuerland
## am Kap der Guten Hoffnung

Oft belächelt, weil sie sich «nur» mit Blümchen, Kräutern und Moosen abgeben, wissen Botaniker doch, wozu die Objekte ihrer Forschungsbegierde imstande sind: Ohne Pflanzen kein Sauerstoff. Ohne Pflanzen keine organischen Stoffe, die Grundlage unserer Nahrung. Ohne Pflanzen also auch kein tierisches und menschliches Leben auf der Erde. Denn sie fangen Kohlendioxid aus der Luft ein und bauen zunächst Kohlenhydrate, schließlich Fette und Eiweiße auf. Da wundert es kaum, dass Botaniker ihre Welt der wichtigsten Organismen des Planeten in sechs «Königreiche» aufteilen.

Das kleinste davon krallt sich geradezu an die windzerzauste Südküste Afrikas. Es hat den Gärtnern der Welt unzählige Geranien, Freesien, Gladiolen, Amaryllen, Callae, Iris, Astern, Eriken, Hyazinthen, Strelitzien und die Zuckerbüsche der Gattung *Protea* beschert, den Teeliebhabern dazu den Rooibos. Aber nicht nur wegen der bunten Blütenpracht halten Botaniker die «Blümelein» vom Kap für die «kreativste Vegetation der Welt»: Mit raffinierten Tricks und Kniffen kämpfen die Pflanzen hier ums Überleben, manche sogar als Flammenwerfer. Denn wenn hier mal wieder ein ganzer Hang voller botanischer Kostbarkeiten einem Buschfeuer zum Opfer fällt, freuen sich die Pflanzenforscher: Das Florenreich braucht solch ein flammendes Inferno, um sich zu erneuern.

Im Botanischen Garten Kirstenbosch in Kapstadt, am Fuße des Tafelberges, erinnert eine Art Grabstein an *Erica pyramidalis* – ein Heidekraut, das zuletzt 1907 gesehen wurde. Es ist ein Mahnmal auch für alle anderen Gewächse, die in ihrer Existenz bedroht sind; gerade das kleine Königreich der Pflanzen am Kap ist in großer Not. Dabei war die dortige Flora für den Fortbestand des Menschen einst von großer Bedeutung: Wahrscheinlich hat sie maßgeblich dazu beigetragen, dass der *Homo sapiens*, als er einmal in einem Flaschenhals der Evolution steckte, aus diesem auch wieder herauskam – und nicht genauso von der Erde verschwand wie das Heidekraut vom Kap.

*Erica pyramidalis* war eine von über sechshundertsiebzig Arten aus der Familie der Heidekrautgewächse, die am Kap vorkommen. Auf einer Fläche von neunzigtausend Quadratkilometern, doppelt so groß wie Niedersachsen, finden sich etwa neuntausend Spezies von Blütenpflanzen; das sind beinahe dreimal so viele wie in ganz Deutschland. Allein der Tafelberg bei Kapstadt beherbergt knapp eintausendfünfhundert Pflanzenarten und damit mehr als die Britischen Inseln. Fast eintausend Arten von Astern wachsen im südafrikanischen Königreich der Pflanzen, sechshundertsechzig Mittagsblumengewächse und «Lebende Steine», beinahe sechshundertfünfzig Hülsenfrüchtler und mehr als sechshundert Irisgewächse. Fünftausendachthundert Spezies – also vierundsechzig Prozent der hier existierenden Arten – finden sich nur in dieser pflanzengeographischen Einheit am Kap, in der *Capensis*, wie sie von Botanikern genannt wird.

Der kleine Fleck an der Südspitze Afrikas bildet somit ein botanisches Königreich der Superlative: Nirgends auf der Erde gibt es auf so kleinem Raum so viele verschiedene Pflanzenarten wie hier. Das ist schon deshalb erstaunlich, weil die anderen Pflanzenreiche alle wesentlich größer sind. So umfasst das Königreich der *Holarktis* die gesamte außertropische Nordhalbkugel, die *Holantarktis* das antarktische Festland, die Südspitze Südamerikas, die subantarktischen Inseln und Teile Neuseelands, die *Paläotropis* umfasst die Tropen der Alten und die *Neotropis* die Tropen der Neuen Welt. Zum Reich der *Australis* gehören schließlich das australische Festland sowie Tasmanien.

Die kleine Welt der *Capensis* konnte sich – durch die Wüsten Namib und Karroo vom übrigen Afrika getrennt – über lange Zeiträume hinweg ganz eigenständig entwickeln. Karstig und auf den ersten Blick karg – mal voller strauchiger Gebüschformationen ähnlich der Macchie am Mittelmeer, mal mehr an die Lüneburger Heide erinnernd. Die Zusammensetzung der botanischen Sippen unterscheidet sich jedoch deutlich von der in anderen Pflanzenreichen. Palmen gibt es hier nicht und nur wenige Bäume. Der bis zu zehn Meter hohe Köcherbaum steht meist solitär in den Halbwüsten der Region. Sein dicker Stamm speichert Wasser, die wachsartige Borke – so glatt, dass Schlangen nicht hochklettern können – schützt die Pflanze vor Austrocknung. Letzteres ist besonders wichtig, denn die *Capensis* ist durch ein trockenes, mediterranes Klima geprägt. Lediglich im Winter fällt Regen, im Sommer bleibt es dagegen extrem trocken, und nur selten gibt es Frost. So entwickelte sich eine immergrüne Vegetation. Außergewöhnliche klimatische Bedingungen und Winde, die mal vom Atlantik und mal vom Indischen Ozean her wehen, schufen an der zerklüfteten Küste kleinste Räume mit jeweils eigenem Mikroklima, sodass sich an vielen Standorten eigene Arten bildeten.

Gut ein Drittel aller Pflanzen am Kap lassen ihre Samen von Ameisen verteilen, anstatt vom Wind oder von Vögeln. Zwar sind die Insekten sehr emsig, sie verschleppen die Samen aber selten weiter als zehn Meter, was der Ausbreitung der entsprechenden Pflanzenspezies enge Grenzen setzt. Umgekehrt führt das dazu, dass am Kap viele kleine Populationen unterschiedlicher Spezies wachsen: Je langsamer sich die einzelnen Arten verbreiten, desto weniger kommen sie anderen Spezies ins Gehege und desto länger können sich diese in ihrem kleinen Habitat ungestört entwickeln. Manche Arten kommen tatsächlich auch nur in einem einzigen Tal, an einem einzigen Hang vor, manchmal ist ihre «Heimat» kaum größer als ein Fußballfeld. Schon benachbarte Täler unterscheiden sich oft zu fünfzig Prozent in ihrer Artengarnitur.

Auch die ständig wechselnden Eis- und Warmzeiten machten das Kap zu einem Hot Spot der Biodiversität, anders als in Mitteleuropa, das gerade wegen der Eiszeiten relativ artenarm ist. Während einer Eiszeit rückten dort die Gletscher bis zu zweihundert Meter pro Jahr nach Süden und trieben die Vegetation gewissermaßen vor sich her, bis die Alpen den Pflanzen als fast unüberwindbare Barriere im Weg standen. Viele Arten starben dann aus. In der nächsten Warmzeit mussten die Pflanzen entweder östlich oder westlich um den großen Riegel der Alpen herumwandern, nur um von der dann folgenden Eiszeit erneut gegen die Alpen gedrückt zu werden. In Afrika gab es solche Gletscher nicht. Weltweit fiel während einer Eiszeit der Meeresspiegel, oft um bis zu einhundertzwanzig Meter, sodass sich die Küstenlinie in Südafrika ständig veränderte. Und damit wanderte auch jener Streifen von einhundert bis zweihundert Kilometern Breite, der von den Pflanzen der *Capensis* besiedelt war. Dieses Hin und Her ließ aus zurückgebliebenen Populationen im Laufe der Zeit immer wieder neue Arten entstehen und steigerte so die Vielfalt der Vegetation am Kap.

Den frühen *Homo sapiens* dagegen hat eine der Eiszeiten möglicherweise fast an den Rand seiner Existenz gebracht.

Sieben Milliarden Menschen leben heute auf der Erde. Ihre genetische Vielfalt ist weitaus geringer als die der Schimpansen, von denen es heute noch kaum mehr als dreihunderttausend Individuen in einem wesentlich kleineren Verbreitungsgebiet gibt. Die erstaunlich geringe Diversität unserer Spezies erklären viele Anthropologen mittlerweile damit, dass der *Homo sapiens* mindestens zwei Mal durch einen «genetischen Flaschenhals» gegangen ist, in der seine Population auf wenige Individuen schrumpfte und der heutige Mensch als Spezies kurz vor dem Aussterben stand. Der jüngere der beiden «Flaschenhälse» lag wohl in der Zeit vor siebzig- bis fünfzigtausend Jahren, als sich der *Homo sapiens* auf den Weg «out of Africa» machte.

Allerdings hat es wohl schon vorher, in der Frühzeit der Spezies, einen weiteren «Engpass» gegeben. Nachdem der moderne *Homo sapiens* vor etwa zweihunderttausend Jahren in Afrika entstanden war, breitete er sich zunächst rasch aus: Etwa zehntausend Individuen im fortpflanzungsfähigen Alter zogen damals durch die Savannen. Doch bald kam es zu einem dramatischen Bevölkerungsrückgang. Berechnungen zufolge schrumpfte die gesamte Menschheit auf vielleicht sechshundert erwachsene, fortpflanzungsfähige *Sapientes*, vielleicht waren es ein paar Hundert mehr, vielleicht aber noch weniger. Man nimmt an, dass nur eine Population in einer einzigen Region diese Phase überlebt hat und sich anschließend wieder vermehrte. Wären es über Afrika verteilte Gruppen des *Homo sapiens* gewesen, gäbe es unter uns heute wahrscheinlich eine weitaus größere genetische Vielfalt. Es spricht also viel dafür, dass alle Menschen, die heute auf der Erde leben, von jener kleinen Gruppe abstammen.

Wann aber hat die Menschheit diesen Flaschenhals passiert? Vermutlich geschah dies mitten in jener langen Eiszeit, die vor einhundertfünfundneunzigtausend Jahren begann – also kurz nachdem der moderne *Homo sapiens* entstanden war – und die rund siebzigtausend Jahre andauerte. Afrika wandelte sich während der Eiszeiten immer zu einem von Dürren beherrschten Kontinent; die Wälder schrumpften, die Wüsten und Trockengebiete dehnten sich aus. Die vergrößerten Namib, Kalahari und Sahara schnitten den Menschen ihre Wanderwege ab, denn noch waren sie nicht in der Lage, solche trockenen Regionen zu durchqueren – dazu fehlte ihnen die Fähigkeit, Wasservorräte mitzuführen. Leere Straußeneier, mit denen die südafrikanischen Khoisan noch heute Wasser transportieren, haben Menschen wohl erstmals vor fünfundsechzigtausend Jahren für diesen Zweck benutzt. Da Ägypten und die israelische Negevwüste ebenfalls extrem trocken waren und so den Weg aus dem Flaschenhals wie mit einem Korken verschlossen, saßen die Menschen bis zum Ende der Eiszeit also gewissermaßen in Afrika fest.

Wo aber konnte der *Homo sapiens* in einer solchen Lage Zuflucht finden? Und wo sollten Paläoanthropologen nach Hinweisen auf diese Zufluchtsstätte suchen? Eine so kleine Population ist archäologisch gesehen geradezu unsichtbar; die Wahrscheinlichkeit, dass menschliche Knochen zu Fossilien werden, beträgt eins zu eine Million. Der gesamte Stammbaum des Menschen, wie man ihn heute kennt, geht beispielsweise auf gerade einmal dreitausend Fossilienfunde zurück. Häufig handelt es sich dabei nur um Zähne oder Kieferstücke, aus denen dann die sieben Millionen Jahre der Menschwerdungsgeschichte herausgelesen wurden. Glücklicherweise gibt es aber noch andere Spuren, die dem Bild weitere Details hinzufügen: Werkzeuge, Nahrungsreste, Malereien, Fußabdrücke sowie Feuerplätze. Solche Spuren halfen auch in diesem Fall bei der Suche.

Zunächst aber galt es, die mögliche Zufluchtsregion genauer einzugrenzen. An welchen Stellen des Kontinents könnte die Menschheit die harsche Trockenheit überstanden haben – vielleicht in Äthiopien, im Maghreb, in Zentralafrika? Der amerikanische Paläoanthropologe Curtis W. Marean von der Arizona State University glaubt, dass die südafrikanische Küste dem *Homo sapiens* in seiner Frühzeit als Jäger und Sammler jene Ressourcen bereitstellte, mit denen er die klimatisch schwere Zeit überleben konnte.

Die rauen Küstenlandschaften am Kap, voller karger Böden, haben Pflanzen mit besonderen Überlebensstrategien hervorgebracht. Wo Überfluss an Nährstoffen herrscht, setzen sich meist nur wenige Arten durch, die in großer Individuenzahl vorkommen. Am Kap aber bestand seit jeher Mangel – und der heizte den Wettbewerb an, sodass viele Spezies auf ausgebuffte Tricks und Kniffe setzen, um gegen die schwierigen Umweltbedingungen zu bestehen.

Die Proteen, die Zuckerbüsche, haben besonders viele gewiefte Manöver anzubieten. Pflanzenfresser schrecken sie mit Düften und ungenießbaren Inhaltsstoffen ab. Vor Trockenheit und Hitze schützen sie ihre Blätter mit einer wasserundurchlässigen Wachsschicht. Die Bestäuber ihrer Blüten dagegen werden mit Zuckerwasser aus Nektartöpfen belohnt. Die süße Flüssigkeit aus Kohlenhydraten herzustellen, ist gar nicht so aufwendig: Das Kohlendioxid entnehmen die Zuckerbüsche der Luft, Energie liefert die Sonne. Der zwischen zwei und drei Meter hohe Schwarzbärtige Zuckerbusch *Protea lepidocarpodendron* beschäftigt gerne Vögel wie den Kaphonigfresser als Pollenüberträger.

Im kleinen Königreich der Kapflora leben Pflanzen mit geradezu
tückischen Überlebensstrategien.

Der hat sich darauf spezialisiert, die Nektartöpfe von Proteen leer-
zusaugen, indem er mit seinem langen Schnabel in die Blüte vordringt
und mit dem Kopf die Blütenblätter beiseiteschiebt, um an die Süßig-
keiten am Blütengrund zu gelangen. Dabei «klebt» die Pflanze dem
Honigfresser die Pollen zwischen die Augen; hat er sein Nektarmahl
beendet, schwirrt er zur nächsten Pflanze – und befruchtet die mit den
eingesammelten Pollenkörnern.

Die Nektartöpfe für Bestäuber zu füllen, ist für eine *Protea* einfach;
die Samen aber, die nach der Befruchtung entstehen und Eiweiße als
Nährstoffe für den Keimling enthalten, sind viel wertvoller und sol-

len nicht gefressen werden. Weil Proteine hier so rar sind, verwirrt der Schwarzbärtige Zuckerbusch Samenfresser wie Vögel und Nagetiere mit leeren Attrappen. Seine große, artischockenähnliche Blüte besteht aus vielen Dutzend Einzelblüten, von denen aber nur ganz wenige Samen entwickeln. Der Botaniker George Bailey fand in einer solchen Gemeinschaft aus einhundertvierzig Einzelblüten gerade einen einzigen Samen. Hungrige Samensucher geben bei einer solchen Blüte voller «Nieten» bald auf: Ausgetrickst!

Die reifen Samen der Schwarzbärtigen Zuckerbüsche bleiben dann oft über Jahre in den verdorrten Blütenständen, mehrere Meter über dem Boden. Für die Pflanze ist es sinnvoller, sie gewissermaßen in der Luft zu lagern, als sie zu verstreuen. Denn wie viele andere Samen der Kapflora warten auch die von *Protea lepidocarpodendron* auf einen besonderen Weckruf, der sie keimen lässt: Feuer.

Es sind die Buschfeuer, die den Kreislauf des Lebens vieler Pflanzen der *Capensis* immer wieder von neuem in Gang setzen. In unregelmäßigen Abständen von fünf bis vierzig Jahren entzündet sich in den trockenen Sommermonaten die struppige Vegetation, und die Flammen ermöglichen den Pflanzenembryonen, aus der Samenhülle auszubrechen und als Keimling in die Welt zu treten. Ohne die Buschfeuer stünden die Nachkommen im Schatten der erwachsenen Pflanzen, die ihnen die Sonne und Nährstoffe wegnehmen. Sobald die ältere Generation allerdings verbrannt ist, düngt ihre frische Asche den kargen Boden, auf dem nun eine neue Generation sprießen kann. Außerdem dauert es einige Jahre, bis das nächste Buschfeuer genug Brennmaterial findet. So können die jungen Pflanzen in Ruhe wachsen, bis sie ihrerseits für Nachwuchs sorgen.

Ein Samen dient einer Pflanze nicht nur zur Verbreitung, sondern auch um schwierige Perioden sowie kalte oder trockene Jahreszeiten zu überstehen. Sie ruhen daher, bis der Keimling möglichst optimale Wachstumschancen vorfindet. Viele benötigen Wasser, um aus der «Keimruhe» zu erwachen – dann quellen die trockenen Samenkörner, und der Stoffwechsel im Korn kommt in Gang. Andere brauchen noch einen zusätzlichen Impuls: Apfelkerne etwa müssen Frost überstanden haben. Die Kapflora hingegen kann ohne den Flammentod der älteren Generation nicht keimen, wobei nicht die Hitze, sondern der Rauch des Feuers das auslösende Signal ist.

Weil es aber bis zum nächsten Buschfeuer Jahre dauern kann, mussten sich die Pflanzen der *Capensis* etwas einfallen lassen, um die Samen, die sie zwischenzeitlich produzieren, zu schützen und sicher zu lagern. Die *Protea lepidocarpodendron* entwickelte dafür die Blütenstände voller Attrappen.

Zusätzlich haben sich manche Exemplare dieser Art noch einen fiesen Trick einfallen lassen, um benachbarte Gewächse mit in den Feuertod zu reißen. Der Schwarzbärtige Zuckerbusch mit seiner dünnen Rinde verbrennt bei einem Buschfeuer fast vollständig. Seine Blätter entzünden sich leicht, außerdem enthalten seine Zweige Öle und Wachse, die einem Feuer Zunder geben – und die lässt der Zuckerbusch gerne zum Nachbarn hinüberwachsen, beispielsweise zum vier bis fünf Meter hohen Nadelkissenstrauch *Leucospermum conocarpodendron*. Der hat zwar eine extradicke Rinde, um Buschbrände besser zu überstehen, in der Nachbarschaft eines Flammenwerfers wie dem Zuckerbusch erweist sich dieser Schutz allerdings häufig als ungenügend: Nadelkissensträucher, deren Krone von einem leicht entflammbaren Zuckerbusch berührt werden, sterben bei einem Buschfeuer fast doppelt so häufig wie isoliert stehende. Die jungen Zuckerbüsche, die nach dem Brand keimen, erhalten dadurch mehr Platz zum Wachsen. «Töte deinen Nachbarn», so hat der südafrikanische Botaniker William J. Bond diese durchtriebene Strategie genannt, die für ihn ein Zeichen der «vegetativen Intelligenz» der Kapflora ist.

Die Pflanzen der Kapflora, die ihre Samen nicht auf solche Weise weit über dem Erdboden speichern, mussten andere Strategien entwickeln, um zu verhindern, dass die kostbaren Nährstoffe von Tieren gefressen werden oder beim nächsten Brand in der Hitze verkohlen. Einige bieten den Ameisen eine kleine Belohnung dafür an, dass die den Samen an einen sicheren Ort transportieren. Die Insekten können die harte Schale zwar nicht knacken, wegen eines leckeren Anhängsels aber, des «Elaiosoms», schleppen sie den Samen in ihren Bau, wo er vor richtigen Samenfressern geschützt ist – und dort keimen kann, wenn der Rauch des nächsten Feuers vorbeizieht. Über der Landschaft liegt ein «Samenschatten», der nach einer Feuersbrunst alles rasch ergrünen und erblühen lässt.

Andere Pflanzen verstecken nicht nur ihre Samen unter der Erde, sondern halten sich gleich fast das ganze Jahr über dort auf: Gut eintausendvierhundert Spezies der Kapflora haben Zwiebeln oder Knollen, Rüben oder unterirdisch verdickte Teile der Sprossachse, sogenannte Rhizome entwickelt, um die regenarme Zeit im Sommer und die Feuer der trockenen Jahreszeit zu überstehen. Im Frühjahr blühen diese Geophyten meist nur kurz; nach der Samenbildung füllen sie ihre verbrauchten Reserven dann durch Photosynthese wieder auf und sammeln die so gewonnene Kraft in Form von energiereichen Kohlehydraten, die sie in ihren unterirdischen Speicherorganen lagern – dreißig bis vierzig Zentimeter tief in der Erde, wo sie alle Feuer überleben und für die meisten Tiere unerreichbar bleiben.

Als sich Curtis W. Marean fragte, wo der im Flaschenhals steckende *Homo sapiens* in Afrika überlebt haben könnte, erinnerte er sich daran, dass siebzehn Prozent aller Pflanzen am Kap Geophyten sind und somit für Menschen eine ganzjährig verfügbare, beinahe exklusive Nahrungsquelle darstellen. Wer mit einem Grabstock umzugehen weiß, der braucht hier selbst in trockenen Zeiten nicht zu verhungern. Tatsächlich bieten die «kleinen Zwiebeln», wie die Buren die Geophyten nannten, den Khoisan, von denen viele als Jäger und Sammler leben wie der frühe *Homo sapiens*, bis heute eine wertvolle Ergänzung ihres Speiseplans. Dazu liefert das Meer Eiweiß in Hülle und Fülle: Die See vor der zerklüfteten Felsenküste war schon damals voller leicht zu sammelnder Muscheln und Schnecken.

Aber wo konnte Marean Belege für seine These finden, dass der Savannenbewohner an dieser Küste ein Auskommen fand? Wo musste er suchen? Da der Meeresspiegel während der Eiszeiten weit tiefer als heute lag, sind die meisten in Frage kommenden Regionen vom Ozean überschwemmt. Marean analysierte Klimadaten, Meeresströmungen und geologische Formationen entlang der südafrikanischen Küste, suchte nach Orten, die auch zu jener Zeit nicht allzu weit vom Meer entfernt gelegen hatten und den Menschen damals Unterschlupf geboten haben konnten. Auf der Landzunge Pinnacle Point nahe der Kleinstadt Mossel Bay fand er 1999 schließlich eine Höhle, wie er sie sich vorgestellt hatte: Diese Grotte befand sich auch während der Eiszeiten, als das Meer sich von der heutigen Küstenlinie zurückgezogen hatte, immer noch nahe genug am Wasser, dass die Menschen Meeresfrüchte sammeln konnten. Zugleich lag die Höhle hoch genug, um während wärmerer Klimaphasen nicht überflutet zu werden, sodass Hinterlassenschaften der Bewohner jener Gegend nicht herausgeschwemmt wurden.

Seither trugen die Forscher um Marean den Höhlenboden Schicht um Schicht ab und stießen dort und an anderen Orten in der Nähe wirklich auf Überreste menschlicher Aktivitäten: komplexe Werkzeuge aus Steinklingen und sogar Pigmente, die von jenen Menschen genutzt wurden und für eine schon überraschend weit entwickelte Kultur sprechen. 2008 fanden die Archäologen außerdem Hinweise darauf, dass jene Menschen die Steine, aus denen sie Werkzeuge herstellten, zuvor mit Hitze behandelt hatten, um sie leichter bearbeiten zu können. Die Menschen von Pinnacle Point hatten in den Zeiten vor einhundertsechzig- bis fünfunddreißigtausend Jahren in der Höhle ihre Spuren hinterlassen – in der Zeit des «Flaschenhalses» also und danach, als sich ihre Population wieder erholte.

An dieser Küste mit ihrem speziellen Nahrungsangebot kann die Lösung des Überlebensproblems gelegen haben. Und tatsächlich fanden Marean und seine Kollegen eindeutige Spuren dafür, dass die Menschen hier schon früh Miesmuscheln und kleine Meeresschnecken verspeist hatten; an einigen jüngeren Fundstellen konnten sie sogar die organische Substanz von Geophyten nachweisen, was nach so vielen

Zehntausenden von Jahren nicht selbstverständlich ist, da Pflanzen rasch verrotten. Am Pinnacle Point an der Südküste Afrikas haben also zur Zeit des Flaschenhalses Menschen gelebt, die sich mit dem, was die Natur hier bot, hochwertig ernähren konnten. «Es ist durchaus möglich, dass in dieser Population die Vorfahren aller heutigen Menschen lebten», so Curtis W. Marean.

Als die Buren kamen, konnten sie in der einzigartigen, aber struppig aussehenden Vegetation jedoch nichts Nützliches erkennen: Große Gebiete der Kapflora nannten sie «Fynbos» – «Feinbusch». Das war abfällig gemeint, denn das Holz dieser Sträucher war zu dünn, um daraus Häuser oder Schiffe zu bauen. Die Gebiete mit fruchtbarerem Boden nannten sie «Renosterbusch» – «Nashornbusch», denn sie waren voller großer Tiere: Bergzebras und Quaggas, Blauböcke und Buntböcke, Gnus und Elenantilopen, Elefanten, Nashörner und Büffel sowie Löwen, Geparden, Leoparden und Hyänen. Als die großen Herden niedergeschossen waren, wirkte sich deren Verschwinden auf die Vegetation aus – das Grasland verbuschte zusehends. Im 20. Jahrhundert wurden große Teile des Renosterbusches in Weizenfelder umgewandelt.

Historisch gesehen war die Landwirtschaft – der Weizen im Renosterveld, der Anbau von Wein und Obst an den Fynboshängen – die erste Bedrohung der einzigartigen Kapflora. Schon früh verschwanden Arten: 1775 sammelte Carl Peter Thunberg, der «Vater der südafrikanischen Botanik», in der Nähe von Kapstadt eine Aster, die zu den Kapkörbchen gehörende Art *Osteospermum hirsutum*. Seither ist die hübsche Blume verschollen. Der Großblütige Kegelstrauch *Leucadendron grandiflorum* wuchs um 1800 noch dort, wo später die Weinberge von Wynberg angelegt wurden, einem südlichen Vorort von Kapstadt. Nur ein Exemplar ist bekannt, das damals nach England kam und dort kultiviert wurde. Die *Willdenowia affinis*, ein süßgrasartiges Gewächs aus der Familie der Restionaceae, wurde 1918 zum letzten Mal gesammelt. Die Spezies war nur von den Nordhängen des Tafelbergs bekannt. Seit mindestens fünfundachtzig Jahren wachsen an diesem Standort nur noch Pinienplantagen. *Erica pyramidalis* und der kleine Hülsenfrüchtler *Aspalathus variegata*, ein Verwandter des Rooibos, der 1898 zum letzten Mal gesammelt wurde, starben aus, weil sich Kapstadt immer weiter ausdehnte. Aufgrund der winzigen Verbreitungsgebiete vieler Spezies kann heute selbst die Erweiterung einer einzigen Siedlung ganze Arten auslöschen. Außerdem mag es der moderne Mensch nicht, wenn seine Häuser oder Felder durch Feuer bedroht werden, und tut daher alles, um Brände zu verhüten. Das beeinträchtigt die einheimische Flora: Sie braucht die seit Hunderttausenden von Jahren immer wiederkehrenden Buschfeuer, um überhaupt zu keimen. Und schließlich wachsen am Kap vermehrt Bäume, wo vorher Fynbos war. Schnellwachsende australische Akazien etwa, angepflanzt, um Holz für Papier, Holzkohle oder den Bau von Hütten zu gewinnen, haben sich rasch ausgebreitet: Regelmäßig produzieren sie auch auf trockenen Böden Zehntausende von Samen, die Vögel weit ins Land tragen. Die Kronen der Akazien beschatten alles, was darunter wächst, sodass die Pflanzen der *Capensis* – bislang an volle Sonne gewöhnt – verkümmern und weniger Samen bilden. Die fremden Spezies sind längst die größte Bedrohung für das kleine Königreich am Kap geworden.

Mittlerweile gilt selbst der Schwarzbärtige Zuckerbusch *Protea lepidocarpodendron* mit seinen vielfältigen Tricks als gefährdet. Schon über dreißig Prozent seines ursprünglichen Lebensraumes sind verloren: zugebaut oder von invasiven auswärtigen Pflanzen überwuchert. Pflanzenliebhaber holen die hübschen Zuckerbüsche in ihre Gärten, die oft weit entfernt von deren ursprünglichen Verbreitungsgebiet liegen, und gefährden die Artenvielfalt ungewollt zusätzlich: Da sich der *Lepidocarpodendron* mit mindestens drei anderen *Protea*-Spezies kreuzt, die nicht in seinem Gebiet vorkommen, könnten sich all diese Arten durch Kreuzung immer mehr einander angleichen. Wenn Gartenfreunde Proteas anpflanzen wollen, legt man ihnen daher nahe, mindestens einen Kilometer Abstand zu den wilden Beständen der *Protea lepidocarpodendron* zu halten.

All diese Eingriffe in die Natur führen dazu, dass heute über eintausendsiebenhundert Arten der Flora am Kap vom Aussterben bedroht sind. Mindestens sechsundzwanzig Spezies der *Capensis* sind bereits ausgerottet, seit die Europäer 1652 hierherkamen und dieses kleine, botanische Königreich besiedelt haben: Jenen schmalen Streifen an der Küste Südafrikas, dessen einzigartiger Flora und Fauna der *Homo sapiens* vermutlich seine Weiterexistenz verdankt und der es somit ermöglichte, dass heute über jener Höhle am Pinnacle Point, in der einst die Letzten unserer Art überlebten, deren wahrscheinliche Nachfahren nun Golf spielen.

# Eine Farm in Afrika

ch hatte eine Farm in Afrika, am Fuße der Ngong-Berge.» Ein Satz, der Literaturgeschichte schrieb und uns direkt in eine «dunkel lockende Welt» entführt: in die koloniale Exotik des Schwarzen Kontinents zu Beginn des 20. Jahrhunderts, dessen Inneres sich Europäern erst spät erschloss; in die Welt der Großwildjäger, die Karen Blixen in Kenia an der Seite ihres Mannes Bror und ihres Geliebten Denys Finch Hatton erlebte und die sie später in ihrem berühmten Roman zum Leben erweckte. Ein Satz, mit dem auch Sydney Pollacks «Jenseits von Afrika» beginnt, jenes mit sieben Oscars ausgezeichnete Hollywood-Hochglanzprodukt, das Karen Blixens Sehnsuchtsafrika nachzeichnet und wehmütig auf jene vergangene Epoche zurückblickt, in der die letzte große Wildnis der Erde noch voller Tiere war.

Es war die Ära der «White Hunters», die aus Europa und Amerika nach Ostafrika zur Großwildjagd kamen. Der Boom begann mit Theodore «Teddy» Roosevelt; der amerikanische Präsident hatte 1909 auf eine dritte Amtszeit verzichtet und war stattdessen zu einer zehnmonatigen Reise aufgebrochen, die wohl größte Jagdsafari der Geschichte: Zweihundertfünfundsechzig Träger transportierten seine Ausrüstung, darunter Hunderte von Fallen und vier Tonnen Salz, um Tierhäute haltbar zu machen. Hintereinander aufgestellt war die Karawane fast zwei Kilometer lang. Allein Vater Roosevelt und Sohn Kermit erlegten über fünfhundert Tiere aus über siebzig Arten. Am Ende verschifften die Teilnehmer der Expedition über fünftausend getötete Säugetiere, viertausend Vögel, fünfhundert Fische und zweitausend Reptilien in

Der ehemalige amerikanische Präsident Theodore Roosevelt
erlegte eines der ersten Nördlichen Breitmaulnashörner überhaupt.
Mit ihm begann der Boom der Trophäenjagd in Afrika.

die USA und übergaben sie dem Naturkundemuseum der Smithsonian
Institution in Washington. Die Nachrichtenagentur Associated Press,
die das Großunternehmen des Expräsidenten gesponsert hatte, berichtete exklusiv über die Expedition – und machte Großwildjagden damit
populär.

Baron Blixen und Denys Finch Hatton gehörten zu den ersten Jagdführern im Safari-Business. Die Serengeti und der Ngorongorokrater entwickelten sich zu dem bevorzugten Revier motorisierter Großwildjäger. Bald schon prangerte Finch Hatton in Protestbriefen an die «Times» allerdings selbst die Auswüchse solcher Safaris an und berichtete beispielsweise von einem Amerikaner, der wie ein «lizenzierter Metzger» aus dem Wagen schießend einundzwanzig Löwen erlegt habe. Derartige «Orgien des Schlachtens» waren Finch Hatton zuwider; er bevorzugte die würdigere, maßvolle Jagd zu Fuß.

Der britische Großwildjäger John Alexander Hunter hingegen war stolz auf seine gewaltigen Abschusszahlen. Er rühmte sich, allein über eintausend Elefanten und mehr als eintausendsechshundert Nashörner erlegt zu haben – aus purem Spaß, aber auch im Auftrag der Regierung: Fast eintausend der Rhinozerosse tötete Hunter in den 1940er Jahren, um das Wakambaland in Kenia zur Besiedlung durch Menschen von wilden Tieren zu befreien. Später stellte sich heraus, dass dieses Gebiet für die Besiedlung kaum geeignet war.

Zu jener Zeit war Afrika noch Nashornland: Zu Beginn des 20. Jahrhunderts streiften gut eine Million Rhinozerosse südlich der Sahara durch den Kontinent, und auch als ihre Zahl durch die beginnenden Jagdsafaris deutlich reduziert worden war, konnte man diese Tiere in den weiten Savannen kaum verfehlen. In jenem Film aus dem Jahre 1985, der die Epoche der Großwildjäger in Afrika wiederbelebte, war allerdings keine Spur von ihnen zu sehen: Kein Nashorn, nirgends!

Die Farm Ol Pejeta liegt gut zwanzig Kilometer jenseits der Ngong-Berge. Streng geschützt haben hier siebenundachtzig Spitzmaulnashörner ein Refugium gefunden, dazu kommen noch elf Südliche Breitmaulnashörner. Und seit dem 20. Dezember 2010 ist Ol Pejeta zudem die Heimat der vier letzten noch zuchtfähigen Nördlichen Breitmaulnashörner, die aus dem Zoo im tschechischen Dvur Kralove hierher ausgeflogen worden sind: um sich entweder wieder zu vermehren – oder zumindest nicht «Jenseits von Afrika» auszusterben. In freier

Wildbahn gibt es diese Tiere nämlich nicht mehr. Die Geschichte ihrer fast vollständigen Ausrottung ist eng mit den dunklen Seiten der Vergangenheit des Kontinents verknüpft – insbesondere mit den afrikanischen Bürgerkriegen nach dem Ende der Kolonialzeit, in Ländern, die trotz Rohstoffreichtums zu den ärmsten der Erde zählen.

Es war 1812, als der britische Naturforscher William John Burchell in Südafrika von einer zweiten Nashornart hörte, die deutlich größer sein sollte als das Spitzmaulnashorn, das schon die alten Römer kannten und als «äthiopischen Ochsen» titulierten. Bis dahin hatte sich das Breitmaulnashorn vor der Wissenschaft verborgen halten können, was verwunderlich ist: Mit knapp vier Metern Länge und fast zwei Metern Schulterhöhe ist es nach dem Elefanten das größte Landsäugetier der Erde. Manche Bullen wiegen bis zu dreieinhalb Tonnen. Das vordere ihrer beiden eindrucksvollen Hörner wird bis zu einem Meter lang, das hintere bis zu einem halben. Das längste je gemessene Horn eines solchen *Ceratotherium simum*, wie die neuentdeckte Nashornart genannt wurde, maß sogar 1,58 Meter. Schon 1892 – fünfundsiebzig Jahre nach ihrer Entdeckung – galten die Breitmäuler in Südafrika als ausgerottet. Zum Glück hatten knapp zwanzig von ihnen das Gemetzel der Siedler in der Provinz Natal am Umfolozi-Fluss überlebt – und die britische Kolonialregierung stellte das Gebiet 1897 unter Schutz.

Daher war es eine Sensation, als Captain A. Gibbons im Jahr 1900 berichtete, dass es gut dreitausend Kilometer entfernt, im Süden des Sudans, noch viele solcher Nashörner gäbe. Noch im gleichen Jahr schoss der britische Major P. H. G. Powell-Cotton eines dieser Tiere und brachte den Schädel nach England. Bei weiteren Exemplaren, die er später schoss und nach Europa sandte, erkannte der Zoologe R. Lydekker an Knochen und Zähnen genug Unterschiede, um die Entdeckung einer anderen Unterart zuzuordnen: Nun gab es *Ceratotherium simum simum* im Süden und *Ceratotherium simum cottoni*, das Nördliche Breitmaulnashorn mit stärker behaarten Ohrbüscheln. Die beiden Populationen wurden irgendwann wohl als Folge von Eiszeiten getrennt und entwickelten sich jede für sich weiter.

Die Buren in Südafrika hatten das Tier «Wijd Rhino» genannt – wegen seines breiten Maules, mit dem es das kurze Gras der Steppe wie ein Rasenmäher abweidet. Die Lippen des etwas kleineren Spitzmaulnashorns sind dagegen vorzüglich zum Zupfen von Blättern aus Sträuchern und dornigen Ästen geeignet. Wegen ihres unterschiedlichen Speiseplans können beide Rhino-Arten nebeneinander in einer Region leben; das Spitzmaulnashorn ist aber flexibler und kommt auch in Waldregionen, kühleren, trockeneren und nährstoffärmeren Gebieten vor.

Ein Übersetzungsfehler gab den beiden Nashornspezies noch einen weiteren Namen: Aus dem burischen «wijd» für «breit» wurde das englische «white» – «weiß». So bürgerte sich schon im 19. Jahrhundert der Begriff «Weißes Nashorn» für das Breitmaulnashorn ein; die andere afrikanische Art – das Spitzmaulnashorn *Diceros bicornis* – wurde daher zum «black rhino», zum «Schwarzen Nashorn» erkoren, auch wenn die Färbung das überhaupt nicht hergibt. Dennoch ist es bis heute bei dieser Namensgebung geblieben.

Der deutsche Zoologe Herbert Lang schätzte 1909 die Zahl der Nördlichen Breitmaulnashörner auf zwei- bis dreitausend Tiere. Das Weiße Nashorn war hier bei weitem nicht so häufig wie das Spitzmaulnashorn, von dem es zu jener Zeit noch einige Hunderttausend gab; zudem beobachtete Lang 1924, dass die Afrikaner die Nördlichen Breitmaulnashörner auch wegen ihres Fleisches jagten. Er hielt es jedoch für «praktisch unmöglich», das schon damals in seinem Bestand bedrohte Tier effektiv zu schützen. Die ausgedehnten Regionen in der Mitte Afrikas ließen sich nicht überwachen, außerdem hatte sich Sudans Hauptstadt Karthum zum zentralen Umschlagsplatz für Rhinohörner entwickelt, die für Südostasien bestimmt waren, wo sie bis heute als Wunderheilmittel verwendet werden.

Zur gleichen Zeit ereignete sich in Südafrika ein Naturschutzwunder. Die knapp zwanzig am Umfolozi-Fluss wiederentdeckten Rhinozerosse vermehrten sich dank strengen Schutzes stetig; 1966 lebten dort bereits wieder neunhundertfünfzig Tiere. Überschüssige Rhinos wurden in andere Schutzgebiete umgesiedelt, sodass es heute wieder über zwanzigtausend der Südlichen Breitmaulnashörner gibt. Ein erstaunliches Comeback für so gewaltige Tiere mit geringer Geburtenrate und einer Trächtigkeitsdauer von mindestens sechzehn Monaten. Auch andere Arten profitieren davon: Gerade die Weißen Rhinos sind einflussreiche «Ökosystem-Ingenieure», die mit ihrem Rasenmähermaul weitflächig kurze Grasnarben entstehen lassen. Das verhindert häufige Buschbrände und schafft Weidegrund für Antilopen wie Impalas und Gnus. Diese Erfolgsgeschichte des Artenschutzes war allerdings nur möglich, weil die politischen Verhältnisse am Kap auch nach dem Ende des Apartheidregimes in Südafrika einigermaßen stabil blieben.

Ganz anders war die Lage im Norden. Die meisten Breitmaulnashörner lebten hier im Kongo und im Sudan, ein paar wenige auch im Tschad, in Uganda und im Osten der Zentralafrikanischen Republik. In den politischen Wirren der Befreiung von den Kolonialmächten und während der darauffolgenden Bürgerkriege brachen dort die Nashornpopulationen regelmäßig zusammen. Zwar erholten sie sich zuweilen wieder, stürzten dann aber häufig nur umso drastischer ab. Die ersten Schutzbemühungen setzten in den 1930er Jahren ein, als die Zahl der Nashörner im Kongo auf etwa zweihundert geschrumpft war. 1938 wurde deshalb der Garamba-Nationalpark gegründet, 1939 folgte im Sudan der Southern National Park. Im Kongo vermehrten sich die Rhinozerosse daraufhin bis 1963 wieder auf etwa eintausenddreihundert Tiere, im Sudan gab es etwa eintausend Weiße Nashörner.

Die bescheidenen Erfolge im sudanesischen Southern National Park machte ein jahrzehntelang wütender Bürgerkrieg zunichte: In den südlichen Provinzen des Sudans wollte die christliche Mehrheit ihre Unabhängigkeit vom arabisch-muslimischen Norden erkämpfen. Die teuren Waffen für diesen Krieg finanzierten die Rebellen oft mit dem Verkauf der Nasenhörner der Rhinozerosse. In den 1980er Jahren waren die Weißen Nashörner im Sudan ausgerottet; und auch im Tschad und in Uganda, wo es nur kleinere Bestände gegeben hatte. Im Kongo wäre es den Breitmaulnashörnern beinahe genauso ergangen. Das drittgrößte Land Afrikas – voller Naturreichtümer und Bodenschätze – hatte 1960 die Unabhängigkeit von Belgien erhalten und kam seitdem nicht mehr zur Ruhe. Nach Regimewechseln wurde das Land jeweils umbenannt – so hieß es von 1960 an Demokratische Republik Kongo, dann Zaire, und wurde schließlich wieder rückbenannt. Der Garamba-Nationalpark war das letzte Rückzugsgebiet der Nördlichen Breitmaulnashörner. Kongolesische Wilderer sowie Rebellen und Staatstruppen aus dem Sudan, die regelmäßig über die Grenze kamen, jagten sie jedoch auch hier erbarmungslos – und die Wildhüter mit ihren alten Karabinern hatten den modernen Schnellfeuerwaffen der Grenzgänger nicht viel entgegenzusetzen. Außerdem erhielten sie von der zerfallenden Parkverwaltung oft genug keinen Lohn. 1984 lebten im Nationalpark nur noch vierzehn Nashörner.

Der WWF und die Zoologische Gesellschaft Frankfurt engagierten sich nun in Garamba. Die Wildhüter bekamen wieder regelmäßig Geld, dazu neue Ausrüstung und Autos, sodass Patrouillen im verbesserten Wegenetz möglich wurden und die Grenze zum Sudan überwacht werden konnte. Die Zahl der Nashörner stieg bis 1997 wieder auf siebenunddreißig Tiere an. Doch dann brach wieder ein Bürgerkrieg aus, und im Jahr 2000 waren nur vierundzwanzig Rhinozerosse übrig. 2004 drangen arabische Reitermilizen aus dem Nordsudan in den Kongo ein und richteten unter den Elefanten und Nashörnern des Nationalparks ein Massaker an. Bei einer Schießerei mit den Eindringlingen starben mehrere Milizionäre und Parkwächter. Eselskarawanen trugen danach Berge von Stoßzähnen und Hörnern in Richtung Sudan davon. Nun lebten nur noch fünf bis zehn Rhinozerosse in freier Wildbahn.

Mehrfach schlugen die Naturschützer vor, die letzten Breitmaulnashörner aus Garamba zu evakuieren. «Natürlich haben wir alles versucht», berichtet der Tierarzt Pete Morkel, der sich für die Rettung der Nashörner engagiert. «Wir wollten die Tiere aus dem Kongo ausfliegen und mit den wenigen Tieren, die noch in Zoos leben, zusammenbringen. Optimal wäre damals gewesen, alle existierenden Tiere – zehn aus dem Kongo und neun aus den Zoos – irgendwo in Afrika in einer naturnahen Situation zusammenzuführen.» Die kongolesische Regierung jedoch stellte sich lange quer.

Erst nach neuen «naturschutzdiplomatischen» Versuchen stimmte die kongolesische Regierung im Januar 2005 endlich zu: Fünf der Rhinozerosse sollten auf die sichere Farm Ol Pejeta in Kenia gebracht werden – zusammen mit den wenigen verbliebenen Tieren, die noch in Zoos lebten. Alles war vorbereitet, doch dann gab es in letzter Minute erneut politisch bedingte Verzögerungen. Im August 2005 sichtete man einen weiteren erwachsenen Bullen in Garamba und eine Gruppe von zwei Weibchen mit einem Männchen. 2007 soll noch einmal ein Tier gesehen worden sein. Danach nicht wieder.

Seit der Unabhängigkeit starben im Kongo über fünf Millionen Menschen in Bürgerkriegen. Seit 1984 verdoppelte sich die Bevölkerung und zählt nun etwa siebzig Millionen Menschen. Das drittgrößte Land Afrikas besitzt einen unglaublichen Reichtum an Rohstoffen wie Kupfer, Gold sowie Diamanten, hier gibt es bedeutende Vorkommen des seltenen Erzes Coltan, das zur Herstellung von Kondensatoren für Mobiltelefone benötigt wird – und doch ist der Kongo eines der ärmsten Länder der Welt.

Der Südsudan ist 2011 vom Norden unabhängig geworden und nun ein weltweit anerkannter eigener Staat. Zwei Millionen Menschen starben während der blutigen Kämpfe zwischen dem arabisch-muslimisch dominierten Nordsudan und dem christlich-animistischen Südsudan. Etwa vier Millionen Menschen flüchteten oder wurden vertrieben. Obwohl der Südsudan reich an Öl und Edelmetallen ist, ist die Bevölkerung dort extrem arm und leidet Hunger.

Große Teile der Weltreserven strategisch wichtiger Rohstoffe befinden sich in den Lagerstätten des afrikanischen Kontinents, und doch haben die Menschen nichts davon; Ökonomen sprechen sogar vom Ressourcenfluch. Die Förderung der Rohstoffe schafft kaum Arbeitsplätze für die stetig wachsende Bevölkerung, zudem schwanken die Preise für die Ressourcen auf dem Weltmarkt stark. Korruption ist weit verbreitet, die Bildung hingegen meist äußerst mangelhaft. So sichern sich viele Menschen für ihr Alter weiterhin dadurch ab, dass sie immer mehr Kinder in die Welt setzen. Bis 2050 werden etwa zwei Milliarden Menschen auf dem Erdteil leben, der jetzt schon die meisten Hungergebiete hat. Und sie alle wollen ernährt werden.

Nicht zuletzt dank profilierter Nationalparks wie dem in der Serengeti blieb Afrika bislang noch vom Massenaussterben der großen Spezies verschont. Doch die Felder der Bauern reichen oft bis an die Parkgrenzen heran, wie etwa im Bwindi-Impenetrable-Nationalpark in Uganda, einem der letzten Zufluchtsorte für Berggorillas. Dessen Grenze sieht aus wie mit einem Lineal gezogen: hier Urwaldbäume, einen Meter weiter beginnt das Maisfeld. Die meisten großen Tierarten existieren deshalb zwar noch, ihre Populationen sind aber deutlich zusammengeschmolzen. So sank die Zahl der Löwen auf dem Kontinent von zweihunderttausend im Jahr 1980 auf ein Zehntel im Jahre 2004. Von den Afrikanischen Wildhunden leben nur noch zweitausend fortpflanzungsfähige Tiere in kleinen, über den Kontinent verstreuten Populationen; Äthiopische Wölfe gibt es weniger als fünfhundert. Vom Spitzmaulnashorn lebten um 1900 bis zu einer Million Tiere, 1970 waren es fünfundsechzigtausend, 1980 fünfzehntausend, 1985 knapp fünftausend und 2004 noch zweitausendsiebenhundert. Seine westafrikanische Unterart – *Diceros bicornis longipes* aus Kamerun – gilt seit 2011 als ausgerottet. Der amerikanische Naturschützer und Populationsbiologe Michael Soulé befürchtet, dass die einzigen Großtiere, die überleben, jene sein werden, die vom Menschen bewusst dafür ausgewählt wurden, in Reservaten zu überdauern.

«Nashorn-Raub im Hafenbasar». Die «Museumswilderer» hatten wieder zugeschlagen – dieses Mal auf dem Kiez des Hamburger Stadtteils St. Pauli, in «Harrys Hafenbasar», einem skurrilen Museum und Raritätengeschäft. Seit Jahrzehnten brachten Matrosen Mitbringsel aus aller Welt in dieses Kuriositätenkabinett: Schrumpfköpfe aus Südamerika, indische Tempelwächter und ostafrikanische Masken, eine präparierte, drei Meter hohe Giraffe oder einen ausgestopften Leoparden. Und nun hatten Diebe das teuerste Exponat gestohlen, das Nasenhorn eines Rhinozerosses, eine alte Jagdtrophäe mit einem Schwarzmarktwert von dreihundertzwanzigtausend Euro. Das meldete die «Hamburger Morgenpost» am 10. November 2011.

Der Raub auf dem Kiez war kein Einzelfall. Europol warnt schon länger vor einer internationalen Bande, die es in europäischen Museen, Auktionshäusern und Sammlungen auf das Rhinozeroshorn abgesehen hat. Diebstähle wurden aus Portugal, Frankreich, Großbritannien, Tschechien, Belgien und Schweden gemeldet sowie aus dem Bamberger Naturkundemuseum und dem niedersächsischen Jagdmuseum. Das Zoologische Museum der Universität Hamburg verlor sogar gleich fünf Exemplare. Selbst in den Zoos fürchtet man mittlerweile um das Leben ihrer Rhinozerosse, seit der Preis für deren Hörner so extrem gestiegen ist.

Dabei schien der Markt endlich eingedämmt, nachdem China den Handel 1993 verboten hatte. Auch im Jemen war man davon abgekommen, aus Prestigegründen Dolchgriffe aus Rhinohorn schnitzen zu lassen. Doch mit der Verschnaufpause für die Nashörner ist es vorbei, seit Anfang 2007 in Vietnam ein Prominenter vom Leberkrebs geheilt worden sein soll, der eine Arznei aus Rhinozeroshorn eingenommen hatte. Bislang galt das Horn in der traditionellen Medizin Südostasiens nur als Mittel gegen Fieber oder hohen Blutdruck. Seine heilende Wirkung konnte medizinisch nie belegt werden – es besteht, ebenso wie Haare, Hufe und Fingernägel, lediglich aus Keratin. Nun aber sollte Nasenhorn sogar Krebs bekämpfen können. Fingernägelkauen gegen Tumore? Die Wunderheilung konnte nie bestätigt werden, der gesundete Patient wurde nie gefunden. Das Gerücht aber reichte aus, um das lukrative Nasenhorngeschäft wieder in Gang zu bringen.

2011 starben allein in Südafrika, wo die Rhinozerosse streng geschützt werden, mindestens vierhundertachtundvierzig Rhinozerosse wegen ihres Horns; im Jahr bevor das Gerücht der Wunderheilung in Vietnam in Umlauf kam, waren es nur dreizehn gewesen. Die Wilderer fallen inzwischen in generalstabsmäßig geplanten Kommandoaktionen mit Hubschraubern in die Schutzgebiete ein. Oft töten sie die Tiere mit einer Überdosis Betäubungsmittel, sägen dann die Hörner ab, und schon nach vierundzwanzig Stunden ist das kostbare Gut auf dem Schmuggelweg nach Südostasien.

Tom Milliken von der Organisation «Traffic», die dem illegalen Handel mit Wildtierprodukten nachspürt, hat solche Wege nachvollzogen: Allein in Vietnam hat er elf Websites entdeckt, die Rhinohorn feilbieten – ohne Adresse, nur mit einer Mobiltelefonnummer als Kontaktmöglichkeit. Wer dort anruft, erhält eine weitere Nummer, und so geht das über mehrere telefonische Zwischenstationen fort, bis schließlich ein Treffen zum Kauf vereinbart wird. Von der Jagd bis zum Verkauf des Horns ist alles mittlerweile per Hightech durchchoreographiert, um die Spuren des illegalen Millionengeschäfts zu vertuschen, vergleichbar nur mit dem Drogenhandel. Naturschützer befürchten, dass es die Nashorn-Mafia mittlerweile darauf anlegen könnte, alle Nashörner gezielt auszurotten, um die Preise für das inzwischen erbeutete und gelagerte Horn ins Unermessliche steigen zu lassen.

Auf einer Farm in Afrika, gut zwanzig Kilometer jenseits der Ngong-Berge, leben heute siebenundachtzig der etwa sechshundertzwanzig verbliebenen Spitzmaulnashörner Kenias. In Ol Pejeta werden sie rund um die Uhr von schwerbewaffneten Rangern bewacht; auch elf Südliche Breitmaulnashörner hat man dort angesiedelt. Die meisten Rhinozerosse Afrikas leben mittlerweile in ähnlich streng geschützten Reservaten oder Farmen, in der freien Natur sind sie Wilderern dagegen vollkommen ausgeliefert.

Am 20. Dezember 2009 wurden die letzten vier zuchtfähigen Nördlichen Breitmaulnashörner nach Ol Pejeta umgesiedelt: An diesem Tag kamen Najin und Fatu, Suni und Sudan auf der Farm an, eingeflogen

Mancherorts werden den Rhinozerossen inzwischen die Nasenhörner abgesägt, damit sie nicht brutalen Wilderern zum Opfer fallen.

aus dem Zoo von Dvur Kralove in Tschechien, dem es als einzigem Tierpark der Welt jemals gelungen war, diese Tiere in Gefangenschaft zu züchten. Zwei Exemplare blieben im Zoo zurück, weil sie zu alt waren, um Nachwuchs zu bekommen, zwei weitere betagte Tiere lebten damals noch im San Diego Wild Animal Park.

Der Bulle Sudan – benannt nach seinem Heimatland – war der einzige aus dem Quartett, der aus Afrika stammte. Der Bulle Suni, Jahrgang 1980, war das erste in Menschenobhut geborene Nashorn dieser Unterart. Die Kuh Najin hatte 1989 in Dvur Kralove das Licht der Welt erblickt. Im gleichen Jahr baute man dort den längsten Nashornstall der Welt – einhundertdreißig Meter lang, mit genug Platz für zwanzig dieser Kolosse. Das letzte Kalb, Fatu, wurde dort im Jahr 2000 geboren. Danach jedoch verweigerten sich die Rhinozerosse der Arterhaltung. Zwar hatte man alles versucht, um den seltenen Tieren beste Bedingungen für die Fortpflanzung zu geben, doch selbst Hormonspritzen und künstliche Befruchtungen blieben erfolglos. Der Transport nach Ol Pejeta wurde daher als die letzte Chance gesehen, die Zucht doch noch zum Erfolg zu führen. Vielleicht, so die Hoffnung, kämen die Nashörner im Rhythmus der Sonne Afrikas eher in Fortpflanzungsstimmung als in Tschechien, wo sie im Winter viel im Stall standen.

Seit 2005 standen die vier bereit, um in Ol Pejeta mit den überlebenden Nashörnern Garambas zusammengeführt zu werden. Unter Naturschützern ist die Rückholaktion allerdings inzwischen umstritten: Während die britische Naturschutzorganisation «Fauna and Flora International» die Pflege der Nashörner in Ol Pejeta weiterhin unterstützt, hat sich die «International Rhino Foundation» aus dem Projekt zurückgezogen: Geld und Kraft wären besser im Kampf gegen Wilderer investiert, argumentieren ihre Vertreter, es sei zu spät, die Nördlichen Breitmäuler noch zu retten.

2010 trat der australische Zoologe Colin Groves, ein weltweit angesehener Systematiker, dafür ein, das Nördliche Breitmaulnashorn als eigene Art anzusehen, als *Ceratotherium cottoni* also. Nach gründlicher Untersuchung befand er die morphologischen Unterschiede an Zähnen und Schädel für deutlich genug; genetische Untersuchungen zeigten zudem, dass sich die beiden Populationen im Norden und Süden schon seit etwa einer Million Jahre getrennt voneinander entwickelt hätten. Bislang teilen allerdings nur wenige Wissenschaftler Groves' Ansicht.

In ihrer neuen Heimat wurden Suni, Sudan, Fatu und Najin sicherheitshalber als Erstes die Hörner abgesägt und in die verbliebenen Hornstümpfe kleine Sender eingepflanzt, um ihren Aufenthaltsort überwachen zu können. Schritt für Schritt kamen sie in immer größere Gehege. Vielleicht lebten sie jahrelang zu eng – wie Brüder und Schwestern – und daher sexlos miteinander? Probehalber wurden sie zwischenzeitlich voneinander getrennt und dann wieder zusammengelassen, in der Hoffnung, so ihre Triebe anzuregen. Sudan führte man Kühe der südlichen Unterart zu, die er bereits bestiegen haben soll. Auch Suni und Fatu haben sich schon gepaart.

Ob es gelingen wird, die Nördlichen Breitmaulnashörner zu retten, ist dennoch zweifelhaft, ein spektakuläres Comeback wie bei ihren südlichen Vettern ist kaum zu erwarten. Derzeit sieht es eher danach aus, dass man einem der größten Landsäugetiere der Welt beim Aussterben zuschauen kann: auf einer Farm in Afrika, jenseits der Ngong-Berge.

# Der Artenfresser

**M**an nehme eine Mulde, etwa so groß wie Bayern, platziere sie in Afrika auf Höhe des Äquators, fülle sie mit einlaufendem Fluss-wasser, gebe ein paar Buntbarsche dazu, lasse das Ganze bei einer Temperatur um die fünfundzwanzig Grad stehen und schicke nach etwa zwölf- bis fünfzehntausend Jahren holländische Fischkundler los, um nachzuschauen, wie sich das Ganze in der trüben Brühe entwickelt hat.

Es klingt wie eine gewaltige Versuchsanordnung, ein Planspiel zur Evolution der Arten. Und wirklich fanden die Ichthyologen der Universität Leiden seit den 1970er Jahren im Victoriasee, dem zweitgrößten Süßwassersee des Planeten und dem größten in den Tropen, eine schier unglaubliche Vielfalt von Spezies vor, die hier in wenigen Jahrtausenden entstanden waren. Sie wurden Zeuge einer Schöpfung im Schnelldurchlauf, die noch längst nicht beendet war – dann aber abrupt zum Stillstand kam. «Wenn ich sagen würde, ab morgen gibt es keine Spatzen mehr, das würde mir doch niemand glauben, oder?», vergleicht Frans Witte, der zu den ersten Forschern am Victoriasee gehörte, was er erlebte. Denn bald wurden die Wissenschaftler Zeugen eines Schauspiels des Werdens und Vergehens, das – ausgelöst vom Menschen – immer wieder ganz anders verlief als erwartet: ein Massenaussterben von Wirbeltieren, wie es kaum vorstellbar schien.

Im Fernsehen hatten Leidener Fischkundler damals gesehen, wie der holländische Prinz Claus auf einem Fischerboot über den Victoriasee tuckerte, aus dessen Netzen Fischmassen an Bord strömten: fast alles *Haplochromis*-Buntbarsche! Diese Gattung ist weit über Ostafrika verbreitet, aber hier waren sie nicht nur besonders häufig, sondern extrem vielfältig. Davon fasziniert, fuhren ein paar Leidener Ichthyologen an den Victoriasee und stellten fest, dass über achtzig Prozent der puren Biomasse des Sees aus diesen Fischen bestand. Es gab auch andere Fischarten – urtümliche Lungenfische, Welse, einen sardinenartigen Fisch, auch ein paar andere Buntbarsche der Gattung *Tilapia* – ansonsten: *Haplochromis, Haplochromis, Haplochromis.*

Bei jedem Fang, den die Fischkundler aus dem See holten, gingen ihnen die Augen über: Abertausende dieser Buntbarsche zappelten im Netz, die Dutzenden von Spezies angehörten. Alle waren zwischen fünf und fünfundzwanzig Zentimeter groß, alle durchaus ähnlich, aber überaus verschieden: manche gedrungen, andere langgezogen, einige mit dünnen, weitere mit dicken Wulstlippen, mal einfarbig grell, mal bunt.

Die einheimischen Fischer unterschieden diese Vielfalt nicht, die kleinen, grätigen Fische waren für sie einfach «Furu». Sie bevorzugten die größeren und leckeren Tilapien als Beute. Nun aber war hier eine Fischmehlfabrik geplant, die aus den wenig geliebten Furu, die eher in den Abfall wanderten, Fischmehl für Schweine und Hühner machen sollte. Über sechzig Tonnen Fisch täglich wollte man hier im tansanischen Süden des Victoriasees, im sechzig Kilometer langen, fünf Kilometer breiten Mwanza-Golf, aus dem Wasser holen.

Die Fischkundler befürchteten damals einen Raubbau an den Ressourcen des Sees, wollten die Auswirkungen der Fischerei erforschen – und dabei die unglaubliche Vielfalt studieren.

In den 1950er Jahren hatte der Brite Humphrey Greenwood einen Bestimmungsschlüssel für die Vielfalt der *Haplochromis*-Arten des Sees entwickelt, aber er war vor allem auf der ugandischen Seite unterwegs gewesen. Als die Holländer nun auf der Südseite, in Tansania, Fische aus dem Wasser zogen, stellten sie überrascht fest, dass diese bei Greenwood nicht beschrieben waren: Die Leidener zogen fast nur «neue», der Wissenschaft unbekannte Arten aus dem Wasser. «Wie kann es sein, dass man in eine Region kommt, in der so viele Menschen leben – und dann findet man innerhalb eines Jahres über einhundertfünfzig neue Spezies?», wunderte sich Frans Witte. Zum Vergleich: In ganz Europa leben nur etwa zweihundert Arten von Süßwasserfischen.

Neue, unbekannte Spezies zu entdecken, die noch keiner vorher richtig angesehen hat, ist der Wunschtraum vieler Biologen. Am Anfang war es auch für die Holländer aufregend, unglaublich geradezu. Sie konnten ihr Glück kaum fassen. Dabei wollten die Forscher hier ökologisch arbeiten und verstehen, wie das Zusammenspiel der Spezies im See funktioniert. Natürlich mussten sie dazu die überwältigende Vielfalt an Buntbarschen genau kennen. Irgendwann aber wurde dieser Traum auch lästig, denn er hielt sie vom eigentlichen Ziel ihrer Arbeit ab. Neue Arten wissenschaftlich zu beschreiben und ins offizielle System aufzunehmen, kostet viel Arbeit, Mühe und Zeit: Viele Individuen müssen vermessen, beschrieben und verglichen werden, das Publizieren der Ergebnisse ist ein anstrengender Prozess. In seinem Buch «Darwins Traumsee» gesteht der Biologe Tijs Goldschmidt von der Universität Leiden: «Einmal habe ich ein namenloses, aber auffallend jähzorniges und lebensfrohes Männchen mit purpurfarbenen Flanken und rabenschwarzer Maske ins Wasser zurückgeworfen, weil mir in dem Moment nicht nach der Entdeckung einer neuen Art war. Ich glaube nicht, dass nochmals ein Exemplar dieser Art gefangen worden ist.»

Der Victoriasee entstand vermutlich vor fünfhunderttausend bis einer Million Jahren. Mit einem Wasserstand von durchschnittlich vierzig Metern, an wenigen Stellen misst er über achtzig Meter, ist er bei weitem nicht so tief wie andere ostafrikanische Seen, der Malawi- oder Tanganjikasee etwa. Vor etwa fünfzehntausend Jahren trocknete er während der letzten Eiszeit vermutlich völlig aus, um sich nach deren Ende wieder mit Wasser zu füllen. Wie eine Vulkaninsel, die aus dem Meer entsteigt, bildete sich der Victoriasee als Insel aus Wasser inmitten einer Landmasse – und konnte neu besiedelt werden.

Wie kamen nun die Furu und die anderen Fische wieder in den See?

Waren alle *Haplochromis*-Arten, die im Ur-See vorkamen, ausgestorben? Oder hatten einige von ihnen vielleicht in übriggebliebenen Seepfützen überlebt? Die ersten Bewohner stammten möglicherweise aus dem benachbarten Kivusee und den Flüssen, die mit den Gewässern verbunden waren. Der riesige neue See war jedenfalls zunächst völlig leer. Er bot viel Platz für viele Fische – und so startete ein gigantisches Experiment der Evolution.

Es kam zu jener Schöpfung im Schnelldurchlauf, die durch ein Phänomen gekennzeichnet war, das Biologen «adaptive Radiation» nennen: die Auffächerung wenig spezialisierter Spezies durch Anpassung an die Umweltverhältnisse in viele verschiedene Arten mit unterschiedlichen Lebensstilen und Ernährungsweisen. Eine Aufspaltung in so viele Spezies in derart kurzer Zeit, wie sie bei den *Haplochromis* des Victoriasees entdeckt wurde, hatte man zuvor nirgends sonst unter Wirbeltieren beobachtet.

Viele der *Haplochromis*-Spezies verspeisten andere Fische, einige bevorzugten dagegen Insekten, Algen oder Zooplankton, also Kleinstkrebse. Es gab vegetarische Blätterhacker unter den Furu, Schlammschnapper, die den Abfall am Boden des Sees verwerteten, und Putzerfische, die davon lebten, anderen die Parasiten vom Leib zu picken. Schneckensprenger hatten Kiefer wie Nussknacker mit Zähnen wie Mühlsteine, um die Gehäuse der Weichtiere zu öffnen, Schneckenschäler dagegen schlugen ihre langen gekrümmten Zähne in deren Gewebe und schleuderten dann Schnecke samt Gehäuse so wild umher, bis sie das Fleisch herausgeschüttelt hatten. Wieder andere lebten als Schuppenfresser und ernährten sich nur von den eiweißreichen «Deckplatten», die sie anderen Fischen vom Leib raspelten.

*Haplochromis*-Arten sind Maulbrüter: Die Weibchen nehmen bei der Paarung die Eier in den Mund auf, wo sie besonders geschützt zwei bis drei Wochen bleiben, bis die Larven geschlüpft und schwimmfähig sind. Die Dichte an Fischen im Victoriasee war so groß, dass sich auch speziellste Lebensweisen «rentierten» – und einige Furu-Arten zu reinen «Pädophagen» wurden, zu «Kinderfressern»: Manche stülpten ihren Mund über den von brütenden Weibchen und saugten deren Eier und Larven heraus. Sie lebten also davon, anderen die Brut aus der Kehle zu lutschen. Andere «Kinderfresser» rammten den Maulbrütern so lange gegen die Kehle, bis die ihre Brut ausspuckten.

Hunderte verschiedenster *Haplochromis*-Arten lebten im Victoriasee, vermutlich weit über fünfhundert Spezies. Alle waren in den wenigen tausend Jahren seit Füllung der Mulde entstanden. Die Biologen bezeichnen das als «Artenschwarm» – eine Gruppe eng verwandter Spezies, die erst jüngst aus gemeinsamen Vorfahren entstanden sind und bei der die Entwicklung noch in vollem Gange war. Wahrscheinlich entstanden im Victoriasee noch immer in großem Tempo weitere neue Arten.

Wieso hatten sich aber gerade die *Haplochromis*-Arten so vielfältig entwickelt und nicht auch die anderen Fischformen, die im See lebten? Was die Furu auszeichnete, war eine unglaubliche Fülle an Kopfformen. Wenn Kees Barel, Fischkundler und leidenschaftlicher Morphologe, am Mikroskop in die nur wenige Kubikzentimeter großen *Haplochromis*-Köpfe blickte, geriet er ins Schwärmen: «Beim Betrachten der Anatomie empfinde ich ein ähnliches ästhetisches Vergnügen wie bei einem guten Gemälde. Es ist ein schieres Wunder, wie gedrängt hier Muskeln, Nerven und Blutgefäße zusammengepackt sind.» Schädel, Zähne und das Maul, vor allem aber die Befestigung der Kiefer an den Muskeln waren von Art zu Art unterschiedlich. Die Furu hatten also nicht ihren ganzen Körperbau geändert; mit wenigen Variationen am Grundmuster des Kopfes konnten sie immer neue Rollen im Gefüge des großen Sees einnehmen, neue «Berufsfelder» erobern – Putzer, Schuppenfresser, Pädophagen. «Es gibt keine andere Gruppe von Wirbeltieren mit so vielen Arten, bei denen eine solche ökologische Vielfalt mit so wenig anatomischen Modifikationen erreicht wurde», so Barel.

Weil die Furu recht ortstreu waren und sich somit nicht dauernd durch Wanderungen vermischten, konnten in den verschiedenen Buchten und Bereichen des Sees überall eigene Spezies entstehen. Allein von den Fischfressern unterschieden die Holländer über einhundertdreißig Spezies – außerdem jeweils mindestens dreizehn Arten bei den Schlammschnappern, über vierzig bei den Algenfressern, dreizehn bei den Schneckenfressern, sogar vierundzwanzig bei den Pädophagen. Wie konnten sie alle entstehen und vor allem: nebeneinander leben?

Der Victoriasee war ein Dorado für die Fischkundler, ein Paradies für Evolutionsbiologen, Ökologen, Morphologen, Verhaltensforscher, die hier bei der Entstehung von Spezies zuschauen konnten.

Heute kann Barel viele dieser Arten nur noch anhand eingelegter Museumsexemplare in Leiden studieren: «Es kam der traurige Moment, als ich feststellen musste, dass die meisten dieser Arten ausgerottet sind. Wenn ich jetzt diese Fische seziere, komme ich mir vor, als würde ich einen Rembrandt aufschneiden, um zu lernen, welche Farben er benutzt hat.»

Ein Ungeheuer war in den Mwanza-Golf eingezogen! Das befürchteten die Fischer, als ihre Netze zunehmend riesige Löcher aufwiesen – und keine Furu mehr darin waren. Das «Ungeheuer», zuweilen länger als zwei Meter und bis zu zweihundert Kilogramm schwer, lebte nun allerdings schon seit den 1950er Jahren im Victoriasee.

Damals hatten britische Kolonialbeamte überlegt, wie man die wertlosen Furu, die zu klein und voller Gräten waren, am besten in Protein umwandeln könne. Vielleicht, indem man einen großen Raubfisch aussetzt, *Lates niloticus* beispielsweise, den Nilbarsch? Es war J. Ofula Amaras, ein Beamter der Fischereibehörde, der 1954 die ersten Exemplare dieser Tierart in den Victoriasee entließ. Später versuchte er diesen Schritt mit dem Hinweis zu rechtfertigen, die Fische im Albertsee und Turkanasee seien vom Nilbarsch ja auch niemals gefährdet worden. Allerdings lebten die Fische in diesen Seen seit jeher mit dem gewaltigen Räuber. Im Victoriasee hatte es ihn nie gegeben.

1962 und 1963 wurden nochmals Nilbarsche im Victoriasee ausgesetzt, bei Entebbe in Uganda sowie bei Kisumu in Kenia. Dabei hatten Ökologen schon zu jener Zeit vor katastrophalen Folgen für den See gewarnt. Aber man wiegelte ab, schließlich gebe es ja schon längst Nilbarsche im See! Man wollte die enormen Fischereierfolge vom Kiogasee wiederholen. Nachdem man dort 1955 Nilbarsche ausgesetzt hatte, verzehnfachte sich die kommerzielle Fischproduktion binnen weniger Jahre von viereinhalb auf beinahe fünfzig Tonnen. Im armen Uganda wurde dies begeistert aufgenommen.

Im riesigen Victoriasee dauerte es einige Jahre, bis sich der Nilbarsch überallhin ausgebreitet hatte. 1972 wurde erstmals ein Exemplar in der Nähe des Mwanza-Golfs gefangen, wo später die niederländischen Forscher arbeiten sollten. Bis 1983 geriet dann nur selten einer dieser riesigen Fische ins Netz; für die Menschen am See war ein solcher Fang damals noch eine willkommene Abwechslung auf dem Speiseplan. Plötzlich aber ging es Schlag auf Schlag: Innerhalb von drei Jahren wurden kaum noch Furu gefangen, stattdessen fast nur Nilbarsche, deren Mägen zunächst mit den Forschungsobjekten der Holländer angefüllt waren.

Die Leidener Wissenschaftler waren gekommen, um zu erkunden, wie sich das Artensystem der Furu entwickelt hatte; nun konnten sie nur noch das Aussterben der meisten Spezies dokumentieren. Zunächst verschwanden jene Furu, die im offenen Wasser lebten – viele Fischfresser also; dann folgten die Schneckensprenger, Insektenfresser und Schlammschnapper; als Letzte blieben die Zooplanktonfresser übrig. Zwischen 1978 und 1982 hatten im Mwanza-Golf mehr als einhundertzehn verschiedene *Haplochromis*-Arten gelebt. 1987 waren fast hundert von ihnen verschwunden. Hatten diese Buntbarsche zu Beginn der 1980er Jahre noch über neunzig Prozent der Biomasse im Golf gestellt, so sank dieser Anteil nun auf unter ein Prozent.

Und so war es überall im See. Wie viele *Haplochromis*-Arten insgesamt verschwunden sind – aufgefressen vom Nilbarsch –, kann nur geschätzt werden. Wahrscheinlich sind mindestens zweihundert bis dreihundert Spezies auf diese Weise ausgelöscht worden, von denen man viele noch gar nicht kannte. «Noch nie hatte es in diesem Umfang und in einer so kurzen Zeitspanne in der Geschichte ein so massenhaf-

**Das «Monster vom Victoriasee», der bis zu zwei Meter lange Nilbarsch, hat Hunderte von Fischarten aufgefressen.**

tes Aussterben von Wirbeltierarten gegeben», stellte Tijs Goldschmidt fest.

Eine differenzierte Fischgesellschaft, die innerhalb von zwölf- bis fünfzehntausend Jahren entstanden war, wurde «quasi über Nacht» ausgetauscht durch eine, die von nur wenigen Arten geprägt ist. Die Furu waren praktisch ausgerottet. Vor 1980 lebten nur etwa zehn Prozent der Fische im See als Fischfresser; nachdem sich der Nilbarsch explosionsartig vermehrt hatte, waren es über neunzig Prozent. Als *Lates niloticus* die Furu sowie die anderen im See lebenden Fischspezies fast alle vertilgt hatte, machte er sich über seine eigene Artgenossen her. Der Nilbarsch wurde zum Kannibalen. In den Mägen großer Exemplare fand man zunehmend kleine; und die Kleinen unter ihnen ernährten sich von den noch Kleineren. Würde sich das Problem mit dem Nilbarsch nun rasch von alleine lösen?

«Sobald wir etwas postuliert haben, hat uns das Ökosystem mit einer unerwarteten Wende überrascht», schrieb Tijs Goldschmidt. Denn die Zahl der Nilbarsche wurde nicht weniger – stattdessen nahm die Garnelenart *Caridina nilotica* explosionsartig zu. Früher hatten die Forscher bestenfalls einzelne Exemplare gefunden, meist in den Mägen jener Furu, die spezialisierte Garnelenfresser waren. Nun lagen aber plötzlich Millionen dieser Krebschen auf dem Deck. Und die Mägen der Nilbarsche waren ebenfalls voll davon.

Ständig veränderte sich nun die Zusammensetzung ihres Fanges: Mal waren die Netze mit jenem sardinenartigen Fisch *Rastrineobola argentea* gefüllt, den die Fischer «Dagaa» nannten, dann schöpften die Forscher fast nur Garnelen, beim nächsten Mal viele Schnecken. Der See, in dem Hunderte von Furu-Arten in großer Individuenzahl gelebt hatten, wurde nun von wenigen Spezies dominiert: Der Nilbarsch hatte die Stelle von weit über einhundert fischfressenden Furu-Spezies eingenommen, die Garnele war anstelle der über dreizehn abfallfressenden Furu getreten. Statt mehr als zwanzig zooplanktonfressender Furu vertilgten nun Dagaas die Kleinstkrebse. Nur die Schneckenfresser fehlten jetzt, und so explodierten die Bestände der Weichtiere.

Vor allem nach Neumond zogen nun Hunderte von Metern hohe Säulen über den Victoriasee, vom Wind mal hierhin, mal dorthin getrieben wie Rauch, der aus dem Wasser aufsteigt. Doch war es kein Rauch, die Säulen lebten. Sie bestanden aus Milliarden von Einzeltieren: Zuckmücken der Gattung *Chaoborus*, die immer bei Neumond schlüpften. Vor dem Verschwinden jener Furu, die Insektenlarven vertilgten, wären viele von ihnen gefressen worden. Aufgrund der Modernisierung der Landwirtschaft floss nun viel Dünger in den See, es gab mehr Plankton, mehr Mückenlarven, aber niemanden mehr, der sie fraß. So wurden die Zuckmückenwolken, die es auch zuvor schon gab, immer größer. Gefährlich sind die kleinen Insekten nicht, aber äußerst lästig: Manchmal waren die Wolken so dicht, dass mit jedem Atemzug Mücken in Mund und Nase gelangten und die Forscher ihre Arbeit abbrechen mussten.

Die Anwohner des Sees immerhin nutzen die Insekten: Sie schwingen Töpfe und Pfannen, deren Boden befeuchtet ist, mitten durch die Mückenschwärme. Zu Millionen bleiben die zarten Insekten daran kleben und werden zu Fladen geknetet, aus denen eine Art «Frikadelle» geformt wird. Ein solcher Klops aus Hunderttausenden von Mücken wird über dem Feuer als eine Art «Fliegenburger» gebraten. Einmal im Monat gibt es nun also ein eiweißreiches Zubrot für die Anwohner des Sees, deren Leben nach dem Aussetzen des Nilbarsches ebenfalls durcheinandergewirbelt wurde.

Nicht nur das komplexe ursprüngliche Netzwerk der Arten im Victoriasee war zusammengebrochen, nachdem J. Ofula Amaras in einem wenig durchdachten Schritt den Nilbarsch ausgesetzt hatte, auch das traditionelle Leben der Uferbewohner änderte sich tiefgreifend. Bis ins 20. Jahrhundert hinein galten strenge Regeln, damit der See nicht überfischt wurde; die Fischer arbeiteten mit Körben, Reusen und Speeren. Die Uferbewohner waren hauptsächlich Ackerbauern, die Vieh hielten und nur ab und zu fischten. Da aber die Bevölkerung rasch wuchs und der Bedarf an Eiweiß stieg, wurden die alten Regeln über Bord geworfen. Es begann eine Phase jahrzehntelanger unkontrollierter Überfischung mit großen, engmaschigen Netzen, in deren Folge die Fischereierträge im Victoriasee stark absanken. Zudem begannen schon damals Algen zu wuchern.

Als sich dann der Nilbarsch ausbreitete, stiegen die Erträge der Fischer zunächst wieder an: Von 1980 bis 1990 verfünffachten sie sich auf über fünfhunderttausend Tonnen Fisch jährlich. Nun also gab es mehr und «besseren» Fisch, allerdings müssen die großen Nilbarsche geräuchert werden, um sie haltbar zu machen. Die Furu ließen sich noch in der Sonne trocknen, *Lates niloticus* hingegen ist dafür viel zu fett. Also wurden die Uferwälder gerodet, um Holzkohle für die Räuchereien zu gewinnen. Seitdem nimmt die Erosion zu; inzwischen sind gewaltige Mengen Erde, Düngemittel und Nährstoffe in den See gelangt und haben die Algen wuchern lassen. Einmal fragte Fischkundler Frans Witte Einheimische, als sie gerade Bäume fällten: «Wenn ihr die jetzt abhackt, werden eure Kinder doch keine mehr haben und das Gebiet wird zur Wüste werden?» Sie antworteten: «Das wissen wir, aber wenn wir das nicht machen, können wir nichts zu essen kochen und dann sterben wir an Hunger – jetzt.»

Die eher verschlafenen Dörfer am Ufer haben sich rasant gewandelt. Weil das Fleisch der Nilbarsche vor allem exportiert wird, entstand entlang des Sees innerhalb weniger Jahre eine komplette Fischverarbeitungsindustrie, unter anderem über dreißig große Fischfabriken. Aus zuvor selbständigen Bauern und Fischern wurden Angestellte. Auch die Frauen müssen in den Fabriken arbeiten. Für etwa drei Millionen Menschen sind Fang und Verarbeitung von Fisch die Grundlage ihrer Existenz geworden. Zahlreiche Straßen und mehrere Flughäfen, die man braucht, um den Fisch nach Europa und Israel auszufliegen, haben die Landschaft verändert.

Für etwa dreißig Millionen Menschen im Umkreis des Sees ist Fisch ein wichtiges Lebensmittel, viele können sich das teure Nilbarschfleisch allerdings kaum leisten und leben von den Abfällen der Industrie, vom «trash fish», der auf dem Müll gelandet ist: Sie ernähren sich von dem wenigen Fleisch, das an den weggeworfenen Skeletten der Nilbarsche hängt. Viele hunderttausend Tonnen gehen indes per Flugzeug ins Ausland. Als Folge der Industrialisierung der Fischerei ziehen immer mehr Menschen an die Ufer, traditionelle Familien- und Arbeitsstrukturen zerbrechen, und die Prostitution nimmt zu. Inzwischen gehört die HIV-Rate in dieser Region zu den höchsten Afrikas. Nicht zuletzt wegen dieser verheerenden sozialen Zustände rät Greenpeace davon ab, den «Victoriabarsch» zu kaufen.

Unterdessen hatte eine weitere Plage den See erreicht: Eine südamerikanische Schwimmpflanze, die Wasserhyazinthe *Eichhornia crassipes*, überzog seit Anfang der 1990er Jahre große Teile des Sees mit dicken Matten und bot Malaria-Moskitos und Bilharziose-Schnecken ein ideales Brutgebiet. Darüber hinaus fiel in Ugandas Hauptstadt Kampala regelmäßig der Strom aus, weil das schwimmende Kraut Kraftwerksturbinen verstopfte, und in den Häfen blieben die Boote im Dickicht der Wasserhyazinthe stecken. Großangelegte Giftaktionen verboten sich, da der Victoriasee auch einer der größten Trinkwasserspeicher Afrikas ist. Erntemaschinen, die Hyazinthen sammeln und zu Biogas verarbeiten sollten, förderten deren Ausbreitung nur, weil aus jedem Bruchstück eine neue Pflanze entstehen kann.

Schließlich wurden von 1996 an in Massen gezüchtete Rüsselkäfer ausgesetzt, die sich im Amazonas nur von Wasserhyazinthen ernähren. Schon zwei, drei Jahre später färbten sich die schwimmenden Teppiche auf dem See braun – angeknabbert von Myriaden von Käfern –, verwelkten und sanken ab. Die Wasserwege waren wieder frei. Allerdings währte der Erfolg nur kurz; seither erobert die Wasserhyazinthe weite Flächen des Sees zurück. Die absterbenden Pflanzenteile der Hyazinthen lassen den Sauerstoffgehalt des Wassers sinken und haben damit ein Fischsterben ausgelöst, insbesondere Eier und Larven ersticken. Zwar leidet vor allem der Nilbarsch darunter, dessen Kinderstuben betroffen sind, bedauerlicherweise aber auch die wenigen verbliebenen Furu-Arten. In Uganda wurde 1954 am Abfluss des Sees zum Niltal ein Staudamm mit Kraftwerk gebaut, um Strom zu erzeugen, was damals den natürlichen Wasserstand um mehrere Meter erhöhte und den See künstlich vergrößerte. Um ein zweites Kraftwerk, das Ende der 1990er Jahre errichtet wurde, auszulasten, ließen die Ugander dann jedoch vermehrt Wasser abfließen, sodass der Wasserspiegel des Sees in den vergangenen Jahren wieder um mehrere Meter gesunken ist. Auch das hat Auswirkungen auf die Laichgründe der Fische. Einige der Uferbiotope, in denen viele der überlebenden Furu-Arten vorkommen, die der Nilbarsch dort nicht erreichen konnte, sind mittlerweile trockengefallen.

Die besten Zeiten hat der Nilbarsch hinter sich: Nicht nur die zunehmende Überdüngung des Sees durch ständigen Nährstoffeintrag macht
ihm zu schaffen, inzwischen wird selbst der vermehrungsfreudige *Lates
niloticus* überfischt: Am Mwanza-Golf bestanden die Fänge der Fischer
bis 1987 zu etwa siebzig Prozent aus Nilbarschen, 2006 waren ihre Netze
nur noch zu etwa einem Viertel mit diesen Fischen gefüllt.

Die Furu haben sich im Gegenzug erholt: Am Mwanza-Golf betrug
2008 ihre Dichte wieder etwa fünfzig bis achtzig Prozent der ursprünglichen Population, jener aus der Zeit vor dem Nilbarsch also. Aber nur
knapp ein Drittel aller *Haplochromis*-Arten ist zurückgekehrt, vor allem jene aus den Gruppen der Zooplanktonfresser und der Schlammschnapper; die meisten anderen bleiben verschwunden. Dafür sind nun
Furu aufgetaucht, die von den Forschern vorher noch nie gesehen worden waren. Wie war das möglich? Hatten sich aus alten Arten so rasch
neue entwickelt? Kamen diese Spezies aus anderen Regionen hierher?
Waren sie vielleicht vorher so selten gewesen, dass man sie in den Fischmassen nicht bemerkt hatte, und konnten sich erst jetzt ausbreiten, da
sie keine Konkurrenz mehr hatten?

In Wirklichkeit waren diese unbekannten Furu Hybride, also Kreuzungen verschiedener Arten, die überlebt hatten. Ihre Eltern hatten
Partner einer anderen Spezies gewählt, weil es kaum noch arteigene
gab. Es zeigte sich, dass sie die Angehörigen der eigenen Art im trübe
gewordenen Wasser nicht mehr erkennen konnten. Die ganze Farben-
pracht, mit der sich die Spezies unterschieden, war offensichtlich nutz-
los geworden. In Laborversuchen konnten die Leidener Fischkundler
diese These bestätigen. Weil die verschiedenen Furu-Spezies im Artenschwarm evolutionsgeschichtlich noch so «jung» sind, unterscheiden
sie sich in ihrem Erbgut noch kaum voneinander und können fruchtbare Nachkommen zeugen. Es bedeutet aber auch, dass vielleicht noch
mehr der ursprünglichen Furu-Arten verschwinden werden – weil sie
sich untereinander fortpflanzen.

Selbst jene Spezies, die nun nach Jahren wieder aufgetaucht sind,
haben sich in der Zwischenzeit deutlich geändert – sei es in ihrer öko-

logischen Rolle im See, sei es in ihrer Gestalt: *Haplochromis pyrrhoce-phalus* ist beispielsweise wieder so häufig wie vor Nilbarschzeiten, aber seine Augen, die er im trüben Wasser kaum noch brauchen kann, und der gesamte Kopf sind kleiner geworden. Dafür haben sich seine Kiemen um zwei Drittel vergrößert – eine Anpassung an die verschlechterten Sauerstoffverhältnisse im Wasser. Nach nur zwanzig Jahren, in denen etwa ebenso viele Generationen aufeinandergefolgt sind, hatte sich dieser Furu durch Variationen seines Kopfes verwandelt und fortentwickelt. Die Evolution geht weiter.

Bestimmt wird noch die ein oder andere verloren geglaubte Art wieder auftauchen. Eher unwahrscheinlich ist hingegen, dass auch so außergewöhnliche Spezies wie die Schuppenfresser oder die maulsaugenden Pädophagen dabei sein werden, die sich nur entwickeln konnten, weil sie bei den ungeheuren Mengen an Furu, die es früher gab, immer genug zu fressen fanden. Wahrscheinlich sind sie ausgestorben, als es zwischenzeitlich kaum noch Furu gab. Wie viele hundert Spezies sind wohl mit ihnen verschwunden?

«Es gibt nicht mehr so viele Menschen, die wissen, wie aufregend es sein konnte, ein Netz voller Fänge aus dem ursprünglichen Artenschwarm zu sortieren», beschreibt der Fischmorphologe Kees Barel eine ganz besondere Form der Einsamkeit eines Forschers. Zwar sei wieder eine gewisse Vielfalt in den Mwanza-Golf zurückgekehrt, aber sie sei nur ein «kümmerliches Überbleibsel von dem, was ich mit eigenen Augen damals noch gesehen habe». Heute zeugen nur noch die ausgeblichenen, in gelblichem Alkohol schwimmenden Furu in den Gläsern des Leidener Museums von der einstigen Artenfülle im Victoriasee: «Sie sind alles, was von vielen Arten noch übrig ist – und von einem großen Ökosystem Afrikas. Es ist, als wäre die Serengeti mit all ihren Tieren verschwunden.»

Und offensichtlich genügte dafür ein einziger Mann mit einem Eimer voller Fische.

# SÜDAMERIKA: CHRONIKEN ANGEKÜNDIGTEN AUSSTERBENS

## Darwin und der Wolf

Woher kam der Warrah nur? Und wie hat er es übers Meer hierher geschafft? Nirgendwo auf der Welt gab es auf einer so kleinen Landmasse fernab eines Kontinents einen so großen, ganz einzigartigen Vierfüßer, der nur dort existierte. Vierundzwanzig Jahre alt war der naturinteressierte Priesteramtskandidat, der während einer fünfjährigen Weltreise dem Kapitän der «Beagle» unterhaltsame Gesellschaft leisten und überall auf der Erde Pflanzen und Tiere sammeln sollte, als er 1833 erstmals jene «elenden Inseln» besuchte, auf denen er mit solchen Rätseln konfrontiert wurde.

«Das gewellte Land mit seinem trostlosen und erbärmlichen Aussehen ist überall von Torfboden und hartem Gras bedeckt, alles in einem monotonen Braun», so beschrieb Charles Darwin die Falklandinseln wenige Jahre später in seinem Reisebericht über «Die Fahrt der Beagle». Kalt, windig und regenreich – bevor die Europäer den Archipel besiedelten, hatten dort noch nie Menschen dauerhaft gesiedelt. Jene indianischen Ureinwohner Südamerikas, die als Seenomaden lebten, waren aber bereits regelmäßig zu den rund zweihundert großen und kleinen Eilanden gekommen; Archäologen haben Pfeilspitzen und Überreste ihrer Kanus gefunden. Ansonsten gehörten die fast baumlosen Inseln den Tieren, die auch heute noch hier anzutreffen sind. Albatrosse brüten hier und Hunderttausende von Pinguinen, von denen fünf Arten auf den Falklands leben, darunter die großen Königspinguine. An den Küsten ziehen Robben ihre Jungen groß: Seebären, Mähnenrobben und gewaltige Seeelefanten. Allesamt Arten also, die durch die Luft oder schwimmend auf die abgelegene Inselgruppe gelangen konnten. Die Falklandinseln waren nämlich nie über festes Land mit Argentinien verbunden, das fünfhundert Kilometer westlich liegt. Daher gab es hier auch keine Landsäugetiere, mit einer ungewöhnlichen Ausnahme – einem Vertreter der Familie der Hundeartigen, dem Warrah. Dieser «große wolfsartige Fuchs», wie ihn Darwin beschrieb, hatte es doch irgendwie hierher geschafft und kam auf den beiden Hauptinseln des Archipels vor, auf West- und auf Ost-Falkland. Aus dem Wildhund mit dem flauschigen Pelz hätte ein perfektes Haustier werden können, denn er war extrem neugierig und ohne Scheu. Aber letztlich wurde ihm genau diese Neigung, sich dem Menschen unbedarft zu nähern, zum Verhängnis. «Die Gauchos haben sie auch oft am Abend getötet, indem sie ihnen mit der einen Hand Fleisch hinhielten und in der anderen ein Messer bereit hatten, um gleich zuzustechen», notierte Darwin in seinem Reisebericht und sah den baldigen Niedergang des zahmen Wildhundes voraus: «Es kann kaum bezweifelt werden, dass er jetzt, da die Inseln kolonisiert werden, noch bevor das Papier verfallen ist, auf dem er hier beschrieben ist, unter den Arten aufgelistet werden wird, die von der Erde verschwunden sind.»

Für einen jungen Mann, der sich anschickte, Priester zu werden, beschäftigte sich Darwin mit ungewöhnlichen Fragen, die ihn längst am Weltbild seiner anglikanischen Kirche zweifeln ließen. Wenn Gott beispielsweise alle Tierarten binnen weniger Tage im Herbst des Jahres 4004 vor Christi Geburt geschaffen und dieses Ergebnis für perfekt befunden hatte – wie konnte es den Menschen dann trotzdem gelingen, diese festgefügte Schöpfung zu stören, indem sie einfach einige dieser Arten auslöschten?

Nur wenige Jahrzehnte vor Darwins Weltumsegelung, die so wesentlich zur Geburt der modernen Biologie beitrug, war der Glaube an die biblische Schöpfungsgeschichte noch ungebrochen – und das Aussterben von Spezies für viele daher ein schier undenkbares Konzept. Das galt auch für jenen Mann, der «Mister Mammut» genannt wurde: «So haushälterisch ist die Natur, dass sich kein Fall finden lässt, in dem sie einer einzigen Rasse gestattet hätte auszusterben.» Der Urheber dieses Satzes ist besser bekannt als einer der Gründerväter der USA, Hauptautor der amerikanischen Unabhängigkeitserklärung und der dritte Präsident der Vereinigten Staaten: Thomas Jefferson. Zugleich war er aber auch eine Art Universalgelehrter. Er gilt als Begründer der amerikanischen Archäologie und widmete sich leidenschaftlich biologischen Fragen. Mit dem französischen Naturforscher Georges Louis LeClerc de Buffon lieferte er sich eine Fehde, in der es auch um Nationalstolz ging. Der Franzose hatte 1766 in seiner «Histoire naturelle» zu behaupten gewagt, die amerikanische Natur sei generell schwächer, beschränkter – gar «degeneriert». «Kein amerikanisches Tier kann mit dem Elefanten verglichen werden, dem Rhinozeros, dem Flusspferd, dem Dromedar, der Giraffe …» Buffon zählte noch weitere Spezies auf. Er war nicht der Einzige, der im «alten Europa» auf die amerikanischen Emporkömmlinge herabschaute. Jefferson, vom Patriotismus einer jungen Nation gepackt, konnte das nicht auf sich sitzenlassen. Während seiner Zeit als Botschafter im vorrevolutionären Paris überreichte er Buffon deshalb ungewöhnliche Geschenke, unter anderem einen stattlichen amerikanischen Elch, der deutlich größer war als die europäischen Verwandten. Dieser Punkt ging an Jefferson; es gelang ihm, Amerika zu «rehabilitieren», und Buffon soll versprochen haben, seine Theorie in der nächsten Ausgabe seines Werkes zu revidieren. Doch dazu kam es nicht mehr. Er starb kurz darauf.

Ein viel größerer Triumph wäre es für Jefferson jedoch gewesen, hätte er Buffon schon das «amerikanische Mammut», das Mastodon, präsentieren können, dessen riesige Knochen einige Jahre später in einer Salzlecke Kentuckys gefunden wurden. Aus Afrika stammende Sklaven versicherten, die großen Backenzähne glichen denen von Elefanten, was ja durchaus irgendwie stimmte. 1796 erhielt Jefferson eine große Klaue, von der er glaubte, sie gehöre einem Löwen, der gewaltiger sei als die aus der Alten Welt. Heute weiß man, dass sie von einem bis zu drei Meter großen, am Boden lebenden Riesenfaultier stammte, das später den Namen *Megalonyx jeffersoni* erhielt. Jefferson war überzeugt, dass diese Wesen, sowohl das Mammut als auch sein «Krallentier», noch irgendwo lebten: «Wenn diese Exemplare mal gelebt hatten, dann ist es nach dem generellen Lauf der Dinge in der Natur wahrscheinlich, dass sie immer noch existieren». Also schickte er als Präsident 1804 eine Expedition los, um den frisch erworbenen Bundesstaat Louisiana zu erkunden – voller Hoffnung, dort werde man lebende Mastodonten finden. Die Forscher kehrten mit leeren Händen zurück, Jefferson aber trug fortan den spöttischen Spitznamen «Mister Mammut».

Die Möglichkeit, dass Tiere aussterben, war nicht nur für Jefferson unvorstellbar. Die Menschen jener Zeit dachten sich die Natur noch als eine «große Kette der Wesen», als eine unveränderliche Stufenleiter, die von niedrigen Quallen- und Glibbertieren über Würmer, Insekten, Säugetiere immer höher stieg bis hin zum Menschen, der «Krone der Schöpfung». Diese Idee ging noch auf Platon und Aristoteles zurück und war vom Christentum übernommen worden. Wer sich aber nicht vorstellen konnte, dass Tierarten aussterben können, dem musste auch der Gedanke fremd sein, dass sich Arten verändern könnten: Für die Menschen zu Beginn des 19. Jahrhunderts war die Natur immer genau so geblieben, wie Gott sie geschaffen hatte. Auch der Schwede Carl von Linné, der «Vater der Taxonomie», der Artenkunde, war von diesem Ansatz geprägt. In seiner «Systemae Naturae» schuf er 1758 eine Ordnung, die es bis heute ermöglicht, eine neu beschriebene Art in das verwandtschaftliche System einzufügen. Ein doppelter Name beschreibt jede Spezies eindeutig: So ist *Panthera leo* der Löwe, *Panthera tigris* der Tiger. Der erste Namensteil – *Panthera* – ist so etwas wie der «Familienname» und gibt die Gattung an, der zweite beschreibt die Art. Weitere Stufen – Familien, Ordnungen, Klassen – geben entferntere Verwandtschaftsgrade an.

Bis heute sind etwa 1,75 Millionen Tier- und Pflanzenarten bekannt, nach Linnés System wissenschaftlich beschrieben und eingeordnet. Davon gehören etwa fünftausendfünfhundert zu den Säugetieren, knapp zehntausend zu den Vögeln, über die Hälfte aller bekannten Spezies sind Insekten und etwa eine halbe Million Pflanzen. Die Inventarisierung der lebenden Welt ist aber noch lange nicht beendet: Hochrechnungen lassen vermuten, dass etwa zehn bis einhundert Millionen Arten auf der Erde leben – und sie alle wollen beschrieben, benannt und in das Verwandtschaftssystem der Spezies eingeordnet sein.

Auch der Wildhund von den Falklandinseln hat seinen Platz im Linné'schen System: Als *Dusicyon australis* ist er heute dort eingeordnet, als «dummer Hund aus dem Süden», weil er in seiner Neugier dem Menschen zu nahe kam. Sein Name «Warrah» stammt wahrscheinlich von dem Wort «aguará» der Indianersprache Guaraní ab, was «Fuchs» bedeutet. Von diesen Hundeartigen mit dem eher schlauen Ruf gibt es jedenfalls mehrere Spezies in Südamerika. Wegen seines wolfsähnlichen Kopfes hielten manche den 1,60 Meter langen «Falklandwolf» mit einer Schulterhöhe von sechzig Zentimetern auch für eine Art Kojoten. Oder war der Warrah vielleicht doch nur ein verwilderter Haushund? Jedenfalls war er der einzige Raubsäuger der Falklands und ernährte sich vermutlich von bodenbrütenden Vögeln, von Gänsen und Pinguinen sowie von Insekten und Kadavern, die das Meer anspülte.

Es war der englische Kapitän John Strong, der mit seinem Schiff, der «Welfare», 1690 als Erster auf den Falklands anlegte und dabei auch den Wildhund antraf. Ein junges Tier nahmen die Seefahrer mit an Bord. Mehrere Monate reiste der Warrah mit; anscheinend war er so zahm, dass er frei auf dem Schiff herumlief. Leider war er auch sehr schreckhaft. Die «Welfare» war nämlich unterwegs, um den französischen Seehandel zu unterbinden. Als bei einer Auseinandersetzung mit einem französischen Boot Kanonen abgefeuert wurden, sprang der arme Hund vor Angst über Bord und ertrank.

Als Kommandant John Byron 1765 auf West-Falkland landete, ließen sich einige Matrosen, als sie an Land wollten, von «vier Kreaturen von großer Wildheit, von großem Ungestüm, die an Wölfe erinnern» wieder ins Boot treiben. Am nächsten Tag ging Byron selbst an Land, sogleich rannte ein Warrah auf ihn zu – und wurde erschossen. Bis zum Abend erlegte seine Mannschaft noch fünf weitere. Die Wildhunde ließen sich dennoch kaum vertreiben: «Um diese Kreaturen loszuwerden, zündeten unsere Leute das Gras an, sodass das Land für einige Tage in Flammen stand, so weit das Auge reichte. Wir sahen sie in großer Zahl zu ihren Quartieren laufen.» Voreingenommen und geprägt von Erfahrungen oder Geschichten aus anderen Teilen der Welt, erkannten die Männer das wahre Wesen dieses Hundetieres nicht. Charles Darwin vermutete, dass diese Seeleute die Zahmheit und Neugierde der Falklandwölfe mit Wildheit verwechselt hatten: «Man hat beobachtet, wie sie in ein Zelt gelaufen sind und einem schlafenden Seemann ein Stück Fleisch unterm Kopf hervorgezogen haben.»

Der junge Forscher hatte keinen Zweifel an der Eigenständigkeit der Art. Auch Robbenfänger, Gauchos und Indianer versicherten ihm, dass es nirgendwo in Südamerika ein ähnliches Tier gebe. Auf den Inseln hörte er außerdem, dass sich die Wölfe von West- und Ost-Falkland geringfügig unterschieden. Die westlichen seien rötlicher und kleiner als die dunkleren östlichen. An den vier Fellen, die er auf der «Beagle» mit nach England nahm, konnte er später diese Variationen feststellen, allerdings wusste er nicht mehr, von welcher der beiden Inseln sie stammten. Die Wölfe von Falkland gaben ihm jedenfalls Hinweise, dass Arten veränderlich sein könnten: «Wenn es aber auch die geringsten Anhaltspunkte dafür gab, dann wäre die Zoologie der Inselwelten es wert, genauer untersucht zu werden; denn solche Tatsachen würden die Stabilität der Arten untergraben». Weshalb sollte sich der Schöpfer eine solche Mühe machen, zwei so ähnliche Tiere auf zwei Inseln nahe beieinander zu schaffen, jedes nur ein wenig anders? Noch verwirrten Darwin solche Beobachtungen, aber sie führten später zu seiner revolutionierenden Theorie über die Entstehung der Arten.

Dabei war Darwin, was das Aussterben von Arten anging, längst weiter, als Jefferson es Jahrzehnte zuvor noch war. Bevor er nach Falkland kam, hatte der junge Weltreisende in Südamerika bereits Überreste

*Canis antarcticus.*

**Der zutrauliche Wolf der Falklandinseln trug dazu bei,
ein Weltbild zu stürzen.**

ausgestorbener Kreaturen gesehen; einige hatte er auch selber entdeckt.
Es musste hier einst vor seltsamen Ungetümen gewimmelt haben, dem
*Macrauchenia* etwa, einem kamelartigen Huftiere mit Rüsselnase oder
dem nashornartigen *Toxodon.* «Hätte Buffon von dem Riesenfaultier,
den gürteltierähnlichen Tieren und den anderen ausgestorbenen Arten
gewusst, so hätte er vielleicht mit einem größeren Anspruch auf Wahrheit gesagt, die schöpferische Kraft in Amerika habe ihre Macht einge-
büßt, statt dass sie nie große Kraft besessen habe.»

Schon bevor Darwin das göttliche Prinzip von der Unveränderlich-
keit der Arten in Frage stellte, sinnierte er 1839 in seinem Reisetagebuch
über das Aussterben jener großen Geschöpfe: «Gewiss ist kein Faktum
in der langen Geschichte der Welt so verblüffend wie das weitreichende
und wiederholte Aussterben ihrer Bewohner.» Und er fragte sich, was
das Massenaussterben jener südamerikanischen Megafauna bewirkt

haben könnte: Klimatische Veränderungen? Oder «hat der Mensch nach seinem Einfall in Südamerika das schwerfällige *Megatherium* ausgerottet?» Von der Sintflut redete der junge naturforschende Theologe jedenfalls nie. Das Verschwinden von Arten war schon damals Teil von Darwins Ideenwelt, und er unterschied natürliche Ursachen und die Ausrottung durch den Menschen. Heute erscheint dieser Gedanke selbstverständlich, damals war er revolutionär.

Das Aussterben gehört zum Schicksal aller Spezies: Über neunundneunzig Prozent aller Arten, die im Laufe der mehr als vier Milliarden Jahre langen Erdgeschichte auf dem Planeten lebten, sind längst ausgestorben. Eine «normale» Säugerart, so schätzt der Bioanthropologe Robert Foley von der University of Cambridge, existiert durchschnittlich eine Million Jahre lang. Paläontologen halten als Lebensdauer für Arten auch Werte von bis zu zehn Millionen Jahren für möglich. Wenn Arten aussterben, kann das prinzipiell auf zwei Weisen geschehen: Indem sich eine Art in eine oder mehrere andere Spezies weiterentwickelt, oder indem sie ihr evolutionäres Experiment beendet und für immer verschwindet. Aus diesem Konzept folgt, dass sich Arten im Laufe ihres «Lebens» ändern – und dass es Übergangsformen zwischen Arten geben muss. Doch solche ketzerischen Gedanken kamen Darwin auf den Falklands wohl noch nicht.

Was aber ist überhaupt eine Art? Wie das Atom in der Chemie, so gilt sie als Grundbaustein der Biologie. Einerseits scheint es allen einsichtig zu sein, was darunter zu verstehen ist. So stellte der amerikanische Vogelkundler Jared Diamond fest, dass die traditionell lebenden Papuastämme Neuguineas Vögel ziemlich genau so klassifizieren, wie es der Einteilung der wissenschaftlichen Ornithologen entspricht, die auf das System von Carl von Linné zurückgeht. Andererseits kann kein heutiger Biologe genau definieren, was eine Art ist.

In den 1940er Jahren entwickelte der deutsche Evolutionsbiologe Ernst Mayr das bis heute verbreitete und gebräuchliche «biologische Artkonzept». Demnach besteht eine Art aus einer Gruppe natürlicher

Populationen, die sich untereinander kreuzen können, von anderen, artfremden, Gruppen aber reproduktiv isoliert sind. Anders ausgedrückt: Eine Art ist so etwas wie eine Fortpflanzungsgemeinschaft, aus der fruchtbare Nachkommen entstehen. Im Umkehrschluss bedeutet es: Zwischen Tieren unterschiedlicher Arten bestehen Fortpflanzungsbarrieren, die eine erfolgreiche Kreuzung verhindern. Bis heute erfreut sich Mayrs Artkonzept großer Beliebtheit, denn es ist anschaulich. Leider hat dieses Konzept den Nachteil, dass es immer größere Lücken aufweist. Je genauer Wissenschaftler hinschauen, desto mehr Ausnahmen finden sie für diese Kreuzungsbarriere. Das jüngste Beispiel haben australische Meeresbiologen 2011 veröffentlicht. Bei genetischen Untersuchungen freilebender Haie fanden sie fast sechzig Hybride, deren Eltern oder Großeltern verschiedenen Spezies angehörten. Demnach haben sich also auch Hybridtiere unter natürlichen Bedingungen weiter vermehrt. Die Natur ist viel flexibler, als wir denken.

Das 1983 eingeführte «phylogenetische Artkonzept» betrachtet dagegen nicht die Fähigkeit zur Fortpflanzung, sondern sieht Arten als Populationen von Individuen an, die voneinander abstammen und sich von anderen Populationen unterscheiden. Welche Eigenschaften dabei betrachtet werden – ob Farbe, Größe, bestimmte Merkmale im Erbgut oder spezielle Lautäußerungen – ist dabei gleichgültig. Wichtig ist nur, dass *alle* Mitglieder dieser Spezies diese Merkmale teilen – und Mitglieder einer anderen Art nicht. Dieser Artbegriff fragt also nach messbaren Unterschieden, anders als das biologische Artkonzept von Ernst Mayr. Es macht keine Aussagen darüber, wie eine Art entstanden ist, ob sie sich schon «reproduktiv isoliert» und Kreuzungsbarrieren errichtet hat. Der große Vorteil: Bei Kreuzungen, die immer wieder auch in der Natur auftreten können, stellt sich nicht immer gleich die Artfrage; sie können einfach mal vorkommen zwischen zwei Spezies, die sonst gut zu unterscheiden sind. Nach dem biologischen Artkonzept hingegen können sich zwei nah verwandte Spezies nicht kreuzen – und wenn sie es doch tun, zählen sie zu einer Art.

Allerdings hat das phylogenetische Artkonzept zur Folge, dass es immer mehr Arten gibt: Die Orang Utans von Sumatra und Borneo etwa galten bislang als zwei Unterarten einer Spezies; aufgrund der großen Unterschiede zwischen beiden wurden sie in zwei eigenständige Arten aufgeteilt, obwohl sie gemeinsam fruchtbare Nachkommen hervorbringen. Das «Handbook of the Mammals of the World» führt von einer kleinen afrikanischen Antilopenart, dem Klippspringer, nicht mehr eine Art auf, sondern gleich elf, die vorher alle als Unterarten galten. Das ist nach dem phylogenetischen Artkonzept konsequent, aber extrem unhandlich.

«Wir wissen nicht, was eine Art zur Art macht», konstatiert deshalb der Münchner Evolutionsbiologe Josef Reichholf. Eine von allen Wissenschaftlern anerkannte Definition, was eine Art ist, gibt es einfach nicht. Das Konzept der «Art» ist eben nicht gottgegeben, sondern nur ein vom Menschen geschaffenes Konstrukt, um mit der Fülle der Natur klarzukommen und den Überblick zu bewahren. Charles Darwin drückte sich später sogar davor, den Begriff, der seinem Hauptwerk «Die Entstehung der Arten» aus dem Jahre 1859 zugrunde liegt, überhaupt zu definieren. Er half sich mit einer Floskel, die das Problem auf die Leser abwälzte: «Jeder weiß, was damit gemeint ist.»

Ein paar Jahrzehnte vorher, als Darwin auf Ost-Falkland war, hatten die Matrosen den Warrah auf einer Hälfte der Insel bereits ausgerottet, und der junge Reisende gab ihm nur noch ein paar Jahre. Wenig später, im Jahr 1839, schickte der New Yorker Pelzhändler John Jacob Astor Jäger auf die Falklands, um Felle der Warrahs zu besorgen. Sie kehrten mit reicher Beute zurück. Von 1860 an besiedelten mehr und mehr Farmer die abgelegenen Inseln. Aus Angst um ihre Schafe legten sie mit Strychnin versetzte tote Gänse in die Bauten der Wölfe; 1870 waren die Warrahs fast völlig verschwunden. Das letzte Exemplar wurde 1876 an der Shallow Bay auf West-Falkland geschossen. Erstmals war zu historischen Zeiten eine Spezies von Hundeartigen verschwunden.

Der Botaniker und Polarforscher Robert Rudmose-Brown fragte zu Beginn des 20. Jahrhunderts nach dem ausgerotteten Wolf. Die ältesten Schäfer erinnerten sich gut an ihn und wie häufig er war. Sie beteuerten, es sei falsch gewesen, dem Warrah anzuhängen, er hätte Schafe getötet. Vielmehr seien die Schafe in Panik verfallen, wenn sie ihn erblickten, vor allem nachts. Voller Furcht seien sie davongestürmt, weil sie ihn wohl mit Hunden verwechselten. Viele Schafe gingen so in den Sümpfen der Insel verloren. Keiner der Farmer erinnerte sich, dass jemals ein Falklandwolf ein Schaf gerissen hätte. Nur einmal gelangte ein lebender Warrah nach Europa: Am 21. November 1869 schrieb die «Illustrated London News», dass der bemerkenswerte Hundeartige von den Falklandinseln erstmals im Zoo zu sehen sei. Er lebte dort ein paar Jahre; was aus ihm wurde, ist nicht bekannt. Nur knapp ein Dutzend Exemplare des Falklandwolfes gibt es noch in Museen, einen davon hat sogar Darwin persönlich «gesammelt». Um Forschungsobjekte zu schießen, griff der Evolutionsforscher auch selbst zum Gewehr.

Die Vorfahren des Warrahs hatten einen langen Weg zurückgelegt, um auf die Falklands zu kommen – und wahrscheinlich legten sie ihn zu Fuß zurück. So lässt sich eine molekulargenetische Analyse interpretieren, deren Ergebnis ein Team von Wissenschaftlern um Graham Slater von der University of California in Los Angeles 2009 veröffentlichte. Das Rätsel, wie der Falklandwolf auf die abgelegenen Inseln gekommen war, hatte nicht nur Darwin beschäftigt; er vermutete, der Wildhund sei auf treibenden Eisbergen von der südamerikanischen Küste auf die Inseln gekommen. Andere gingen davon aus, bei dem zahmen Wolf handele es sich um einen verwilderten Haushund. Zwar hatten auf den Falklands nie indianische Seenomaden gelebt, aber möglicherweise waren ihnen ja bei Besuchen auf den Inseln, die Archäologen nachweisen konnten, Hunde entkommen.

Die Forscher um Slater verglichen nun genetisches Material von vier Museumsexemplaren des Warrahs, darunter dem von Darwin gesammelten, mit dem Erbgut anderer Hundeartiger. Das Ergebnis war überraschend: Weder Haushunde noch europäische Wölfe waren seine nächsten Verwandten; der *Dusicyon australis* war also kein verwilderter Hund. Auch den Füchsen stand er ferner, als von manchen gedacht. Stattdessen war dem Wildhund von den Falklands der schlanke Mähnenwolf, ein hochbeiniger, rötlich gefärbter Wildhund aus den südamerikanischen Pampas, der dort vor allem Kleintiere jagt, genetisch am nächsten. Allerdings hatten sich die Wege des Warrahs und des Mähnenwolfs bereits vor sechs Millionen Jahren getrennt – auch das ergab die Erbgutanalyse.

Bis zu diesem Zeitpunkt hatte der gemeinsame Vorfahr dieser beiden Arten noch auf dem nordamerikanischen Kontinent gelebt. Erst vor drei Millionen Jahren entstand dann im heutigen Panama jene Landbrücke, die Nord- und Südamerika fortan verband. Über den schmalen Korridor kam es zu einem gewaltigen Faunenaustausch: Riesenfaultiere, gigantische Gürteltiere und Opossums machten sich auf den Weg nach Norden. Jaguar und Puma, Tapir und Nabelschweine sowie Urzeitkamele, aus denen später die Lama-Artigen wurden, wanderten nach Süden – und mit ihnen die Vorfahren der heutigen südamerikanischen Füchse, des Warrahs und des Mähnenwolfs.

Auf die Falklandinseln kamen die Warrahs lange bevor der Mensch erstmals seinen Fuß auf amerikanischen Boden setzte. Die Forscher um Slater nehmen an, dass die Wildhunde wahrscheinlich während einer der Eiszeiten übers Meer auf die Falklands gekommen sind. Zwar gab es auch damals keine Landverbindung zum südamerikanischen Kontinent; vorstellbar ist aber, dass bei extremer Kälte – solche Perioden gab es etwa vor 340 000, 150 000 und zuletzt vor 25 000 Jahren – eine geschlossene Eisdecke bis hinüber zu den Falklands gereicht haben könnte. Im Gegensatz zu anderen Spezies, Pflanzenfressern oder Nagetieren etwa, hätten sich die Vorläufer der Warrahs auf dem Weg übers Eis von Robben oder Pinguinen ernähren können. Auf den Falklands angekommen, entwickelten sich die weit gewanderten, wilden Hunde zu *Dusicyon australis*, während ihre auf dem Festland verbliebenen Verwandten schon viel früher ausstarben: Aus Fossilfunden kennt man eine weitere Art, *Dusicyon avus*, die bis vor wenigen Jahrtausenden im

Süden Südamerikas lebte. Somit scheint das Rätsel um jenen Wolf gelöst, der großen Einfluss auf Darwins Ideen hatte, wie Arten entstehen. Dass der junge Priesteramtskandidat den zahmen Falklandwolf vor seiner Ausrottung noch erleben durfte, trug mit dazu bei, dass ein Weltbild zu bröckeln begann.

# Der Krieg der Gremlins

Wie lange der Vormarsch schon andauert, weiß keiner. Auch nicht, was ihn ausgelöst hat. Aber die Front rückt immer weiter nach Süden vor. Die «Midasse» gewinnen ständig neues Terrain: Angefangen haben sie wohl in den drei Guayanas im Norden Südamerikas, nun reicht ihr Territorium im Süden an manchen Stellen schon bis an den gewaltigsten Strom der Erde heran. Und sie stehen kurz vor Manaus, der großen Metropole im Urwald, wo der Rio Negro in den Amazonas mündet.

Die Eroberer sind nach jenem gierigen König Midas aus der altgriechischen Sagenwelt benannt, der sich wünschte, alles, was er anfasse, werde zu Gold – goldgelb-rot sind auch die Vorder- und Hinterpfoten von *Saguinus midas*, die sich leuchtend vom schwarzen Fell dieser kleinen Äffchen abheben. Die eroberungslustigen Urwaldgnome, im Deutschen als Rothandtamarine bekannt, wiegen keine fünfhundert Gramm und messen ohne Schwanz kaum mehr als dreißig Zentimeter. Und doch sind sie Gewinner eines Feldzuges, der sich derzeit im Norden Amazoniens abspielt: ein Krieg der Gremlins.

Mit seinem nackten, schwarzen Gesicht und den zipfelig ausgezogenen Ohrspitzen gleicht der Gegenspieler der Midasse noch stärker den garstigen Monsterkobolden der Hollywood-Horrorkomödien: Wenn *Saguinus bicolor* – wegen des braunen Hinterteils und des weißen «Fellmantels» um die Schultern auch Zweifarbentamarin genannt – sein kleines Maul mit den scharfen Zähnchen öffnet und entrüstet loskeckert, dann könnte das Äffchen durchaus für die zerstörungswütigen

«Gremlins» aus dem gleichnamigen Kinofilm das Vorbild abgegeben haben. Dennoch scheinen sie gegen die Midasse chancenlos, die ihnen Kilometer für Kilometer ihres Heimatgebiets entreißen. «Wenn es so weitergeht, sind die Zweifarbentamarine in zehn Jahren ausgestorben», sagt der Biologe Benedito Domingos Neto. Denn ausweichen können sie nicht, und das keineswegs nur wegen der großen, wuchernden Stadt Manaus. Der gewaltige Amazonas ist die Barriere, die für sie unüberwindbar ist.

«Während meines Aufenthaltes in Amazonien nahm ich jede Gelegenheit wahr, Verbreitungsgrenzen von Arten herauszufinden. Bald bemerkte ich, dass der Amazonas, der Rio Negro und der Madeira Grenzen bildeten, die manche Arten nie überquerten.» Alfred Russell Wallace, jener Naturforscher, der immer im Schatten Darwins blieb, obwohl er neben und mit ihm die Grundlagen der Evolutionstheorie entwickelte, war vier Jahre lang, von 1848 bis 1852, in Amazonien unterwegs, um bunte Schmetterlinge, schillernde Käfer und gruselige Insekten zu sammeln – exotische Tiere und Pflanzen für Museen und die Kollektionen exzentrischer Lords und Großgrundbesitzer. Aus bescheidenen Verhältnissen stammend, fuhr er als kommerzieller Naturaliensammler in die Welt hinaus, um dabei die Natur zu erforschen, seinen Vorbildern Humboldt und Darwin nacheifernd, deren Berichte er verschlungen hatte.

Im Verlauf seiner Expeditionen bereiste Wallace einige der großen Nebenflüsse des Amazonas und stellte fest, dass manche Spezies – insbesondere Affen – nur an jeweils einem Ufer der großen Flüsse vorkamen, während sich am gegenüberliegenden Ufer ausschließlich nahe verwandte Arten einfanden. Vor ihm hatte sich kaum ein Forscher über diese Tatsache Gedanken gemacht: «In den verschiedenen Werken der Naturgeschichte und in unseren Museen gibt es generell oft nur vage Angaben über den Ort eines Fundes. Südamerika, Brasilien, Guayana, Peru – das sind wohl die üblichsten Kennzeichnungen.» Manchmal stünde einfach nur «Amazonas» an einem Exemplar – und das bei einem Strom von fast sechstausendfünfhundert Kilometern Länge. Ob das so gekennzeichnete Tier am nördlichen oder südlichen Ufer lebte, war den Beschreibungen erst recht nicht zu entnehmen.

Für den Naturaliensammler hatte das zunächst in erster Linie praktische Konsequenzen, wenn er auf der Suche nach bestimmten Arten war. Der Naturforscher in ihm grübelte aber auch darüber, was diese unterschiedliche Verbreitung bedeutete. Warum gab es auf jeder Seite der Ströme unterschiedliche, aber ähnliche Arten? Einundzwanzig verschiedene Affenarten hatte er selber gesehen: Wieso lebten an beiden Ufern eines Stromes Affen der gleichen *Gattungen*, also etwa jeweils ein Klammer-, Kapuziner- und Wollaffe, ein Tamarin, eine Marmosette, aber jeweils andere *Arten*, gut zu unterscheiden? Als Wallace diese Muster auffielen, konnte er sie zwar noch nicht erklären, doch er begann immer sorgfältiger darauf zu achten, wo es welche Spezies gab. Zurück in England schrieb er 1852 den Aufsatz «On the Monkeys of the Amazon», in dem er vier «Distrikte» unterschied, die durch die großen Ströme Amazonas, Rio Negro und Rio Madeira begrenzt seien und jeweils eine eigene Garnitur von Arten beherbergten. Wallace beobachtete dieses Phänomen nicht nur bei Affen, sondern auch bei Insekten und Vögeln, von denen viele waldlebende Spezies es scheuen, über die breiten Ströme hinwegzufliegen.

Damit schuf der Naturaliensammler eines der ersten Modelle der Biogeographie, der Lehre von der Verteilung der Lebewesen auf der Erde, die zu erklären versucht, weshalb Arten an bestimmten Orten vorkommen, an anderen aber nicht – und wie sie dorthin gekommen sind. Mit solchen Überlegungen war Wallace seiner Zeit weit voraus: Als er 1852 seinen Aufsatz publizierte, dachte kaum jemand daran, dass sich die Kontinente auf driftenden Erdplatten bewegen und dabei Arten mit ihnen herumreisen könnten. Alfred Wegener stellte seine Theorie der Kontinentaldrift erst sechzig Jahre später vor und wurde damals dafür ausgelacht. Es brauchte weitere fünfzig Jahre, bis die Idee der Plattentektonik von Wissenschaftlern allgemein anerkannt wurde.

Auf der östlichen Seite des Rio Negro, nahe dem heutigen Manaus, hatte Wallace auch *Saguinus bicolor* gesehen, die Zweifarbentamarine. Für das Baumleben sind sie bestens gerüstet: Sie gehören zu den Krallenaffen, einer südamerikanischen Familie von Primaten, die insgesamt über vierzig Arten ausgesprochen kleiner Affen umfasst, jeweils kaum mehr als sechshundert Gramm schwer. Das Zwergseidenäffchen ist mit einer Körperlänge von knapp fünfzehn Zentimetern sogar das kleinste Äffchen der Welt. Statt Fingernägeln – wie die anderen Affen – haben sie Krallen entwickelt, sodass sie wie ein Eichhörnchen auch an dicken Baumstämmen rauf- und runterflitzen können, sogar kopfüber, um Insektenlarven und Früchte zu suchen oder an zuckerreichen Baumsäften oder Harzen zu nippen. Manche Krallenäffchen, die Marmosetten, ritzen mit den Zähnen Rinde an, um die austretenden süßen Säfte oder Harze aufzulecken. Wegen zu langer Eckzähne sind die Tamarine der Gattung *Saguinus* dazu nicht imstande, aber auch sie suchen nach solchen Wunden im Baum, um dort «Flüssigenergie» zu tanken.

Innerhalb eines Trupps von Tamarinen besteht eine strenge Rangordnung. Das ranghöchste Weibchen unterdrückt die anderen Geschlechtsgenossinnen, sodass diese erst gar nicht paarungsbereit werden. Nur die dominante Äffchenfrau paart sich, oft mit allen Männern der Gruppe – unter Tamarinen ist Vielmännerei angesagt. Meist kommen Zwillinge zur Welt; nach der Geburt hilft die gesamte Gruppe, einschließlich der Männchen, bei der Aufzucht.

Es gibt ausgesprochen auffällige, schmucke Tamarine – den *Saguinus oedipus* etwa, der wegen seiner exzentrischen, weißen Haartolle Liszt-Äffchen heißt, oder den Kaiserschnurrbart-Tamarin *Saguinus imperator*, dessen prächtiger «Schnorres» die Präparatoren der Naturkundemuseen an den Bart des deutschen Kaisers Wilhelm II. erinnerte. Prompt zwirbelten sie die langen Schnurrbärte der Äffchen nach oben, obwohl sie in der Natur nach unten weisen. Neben diesen beiden Spezies, den «Midassen» und dem Zweifarbentamarin zählt man insgesamt siebzehn Arten der Gattung *Saguinus*.

Überhaupt ist die Vielfalt an Primaten in Südamerika groß: Von

**Expansiver Winzling: Ist der Vormarsch der Rothandtamarine
noch zu stoppen?**

über dreihundertsechzig der im Jahre 2003 weltweit bekannten Affenarten lebt fast ein Drittel auf dem Kontinent; viele davon in Brasilien,
und dort insbesondere im Einflussgebiet des Amazonas. Diese unge-
heure Artenfülle hat direkt mit den Flüssen zu tun und prägte Wallace'
Beobachtungen.

Sein Schema der vier «Distrikte» war natürlich noch sehr simpel
gezeichnet; heute wissen wir mehr über die Verbreitungsgebiete der
Affen. Aber Wallace hatte erkannt, dass die gewaltigen Ströme das gesamte Amazonasbecken auftrennen und dabei «Inseln» bilden, von denen manche Arten kaum herunterkommen. Die Flüsse stellen für viele
Spezies eine unüberwindbare Grenze dar. Im Falle der Affen war ganz

klar, woran das liegt: Die wenigsten Primaten können schwimmen. Kleine Affenarten ertrinken sogar schon, wenn sie von einem Baum herab ins Wasser fallen, selbst wenn das Ufer nur wenige Meter entfernt ist. So bleiben viele Affenspezies auf ihren «Inseln» isoliert. Seitdem ihre Vorfahren dort ankamen, fand zwischen den Tieren auf den beiden Flussseiten kein genetischer Austausch mehr statt, sie konnten sich nicht mehr untereinander paaren und entwickelten sich auseinander, bis sie schließlich so unterschiedlich geworden waren, dass aus einer Art zwei geworden waren.

Manchmal aber ändern die Flüsse im größten Süßwasserflusssystem der Erde nach Regenzeiten ihren Lauf. Ganze Inseln werden abgetrennt, weil sich die mäandernden Gewässer einen neuen Weg bahnen. Waldstücke können so von einer Flussseite auf die andere «wandern» und mit ihnen die Arten, die darauf leben. Sie haben nun die Chance, neues Terrain zu erobern und sich dort weiterzuentwickeln. So können immer neue Arten entstehen. Das dynamische Amazonien ist bis heute ein Laboratorium der Evolution.

Aus diesem Grund werden viele «Interfluvien» – jene Gebiete zwischen den Strömen – von so vielen eigenen Primatenspezies bewohnt, während im nächsten Interfluvium schon wieder ganz andere Arten leben. Wer sich Flussverläufe auf Landkarten genau anschaut, wird feststellen, dass sie in vielen Fällen genau mit den Verbreitungsgebieten amazonischer Affenarten übereinstimmen. Kontaktzonen zwischen nah verwandten Arten sind oft nur ganz klein und meist nur in den Quellbereichen von Flüssen zu finden. Was aber passiert, wenn sich dort nah verwandte Spezies begegnen?

Wenn sie sich genetisch noch nicht so weit voneinander entfernt haben, kommt es im Übergangsbereich vielleicht zu Kreuzungen. Wenn beide Spezies gleich erfolgreich in ihrem Lebensraum sind, bleibt die Grenze stabil. Wenn eine der beiden ähnlichen Arten sich aber so verändert hat, dass sie gegenüber der anderen einen Vorteil besitzt, wird sie sich auf Dauer ausbreiten und die andere aus ihrem angestammten Territorium verdrängen.

Die beiden nah verwandten Spezies *Saguinus midas* und *Saguinus bicolor* passen allerdings nicht recht in dieses Schema. Sie haben eine unter amazonischen Primaten höchst ungewöhnliche Verbreitung, denn sie werden durch keine große geographische Barriere getrennt. Die Midasse gelten als die Art der Tamarine mit dem größten Verbreitungsgebiet, die Zweifarbentamarine als die mit dem kleinsten – sie leben nur in einem engen Gebiet um Manaus herum, in das nun aber seit einigen Jahrzehnten die Midasse immer weiter vordringen. Offensichtlich haben die Rothandtamarine irgendwann und irgendwo – genau wird man dies vermutlich nie feststellen können – einen Fluss oder eine andere natürliche Barriere überschritten und können nun gegenüber ihren Verwandten einen evolutionären Vorteil ausspielen.

Die Primatologen verfolgen die Invasion der Midasse, den Verdrängungsfeldzug der Gremlins aus dem Norden, sehr genau: Anfang der 1990er Jahre waren die Rothandtamarine noch gut dreißig Kilometer von der Stadtgrenze von Manaus entfernt. Mehrfach haben Forscher gewalttätige Attacken der Midasse auf Zweifarbentamarine beobachtet. Aber haben sie «die anderen» auch getötet? Es ist gar nicht so einfach, die winzigen Kobolde im Gestrüpp der Baumkronen zu entdecken, wenn man selber einige Meter tiefer am Waldboden steht. Tamarine leben meist in Gruppen von bis zu acht, selten zwölf Äffchen. Sie sind ausgesprochen territorial und markieren ihr Revier gemeinschaftlich mit Drüsensekreten. Treffen sich Nachbargruppen einer Art, beschimpfen sie sich mit lautem Zetern und Keckern; meist genügen diese Drohtiraden als Abschreckung, sodass die Äffchen nur selten handgreiflich werden. Die Midasse jedoch lassen sich so nicht aufhalten.

Dabei scheinen die beiden Tamarinarten vor Manaus nicht immer so ruppig miteinander umzugehen. Forscher haben schon mehrmals gemischte Gruppen in der Kontaktzone gesehen, die friedlich miteinander unterwegs waren. Bekämpfen sie sich vielleicht nur, wenn wenig Nahrung zu finden ist? Hybriden jedenfalls, die aus Paarungen der beiden Arten in der Kontaktzone hervorgegangen sind, wurden bislang nicht gefunden.

*Saguinus bicolor* führt einen Überlebenskampf an zwei Fronten: Das historisch belegte Verbreitungsgebiet der Zweifarbentamarine war nie groß und entsprach gerade einmal der Hälfte der Fläche Schleswig-Holsteins. Von Norden dringen die Midasse in ihr Territorium vor, im Süden wuchert die Stadt Manaus ins Umland hinein – sprich: in die Regenwälder, die noch die Hauptstadt des brasilianischen Bundesstaats Amazonien umgeben. Je mehr Menschen in die Hafenstadt am Rio Negro ziehen – vor vierzig Jahren hatte der Großraum Manaus etwa eine halbe Million Einwohner, inzwischen sind es fast zwei Millionen –, desto mehr Rinderfarmen werden im Einzugsgebiet der Stadt angelegt und desto tiefer werden die Straßen in den Wald geschlagen. So kommen die Menschen leichter an Holz, Früchte und an das Fleisch gewilderter Tiere. Unzählige kleine Waldinseln sind entstanden, Fragmente des ursprünglichen Regenwaldes. In manchen leben kleine Populationen verbliebener Zweifarbentamarine, denen darin der Verlust genetischer Vielfalt und Inzucht droht.

Den Midassen dagegen scheint der Einbruch der Moderne in den Regenwald weniger auszumachen; offensichtlich sind sie besser für ein Leben in «gestörten Randhabitaten» gerüstet. Ökologen verstehen darunter üblicherweise jene Breschen, die in der Natur entstehen, wenn Urwaldriesen stürzen und in den Lücken neuer Wald nachwächst. Doch auch wenn Straßen gebaut werden, wächst an vielen Rodungsflächen ein «Sekundärwald» mit Buschwerk und lichtem Baumbewuchs nach. Arten wie die Midasse haben dann Vorteile gegenüber anderen wie *Saguinus bicolor*, die sich im unberührten Wald wohler zu fühlen scheinen.

Noch gibt es Gruppen von Zweifarbentamarinen, die für die Midasse nicht erreichbar sind. Sie leben auf «Inseln» in der Stadt, in kleinen Grüngebieten mitten in Manaus – aber auch dieser Lebensraum schwindet. Manaus hat in den vergangenen zehn Jahren gut die Hälfte seines innerstädtischen Grüns verloren. Außerdem ist das Leben in der «Zivilisation» für die Äffchen gefährlich: Autos überfahren sie, wenn sie über Straßen huschen, freilaufende Hunde und Katzen stellen ihnen nach, Kinder schießen mit Steinschleudern nach ihnen. Oder sie sterben in Hochspannungsleitungen. Mittlerweile leben daher vielleicht nur noch fünfhundert Zweifarbentamarine frei in Manaus und dessen Umgebung.

Eines der letzten Refugien der Art liegt im Westen von Manaus zwischen zwei Flüssen, dem Rio Cuieras und dem Rio Taruma Acu. Die Midasse sind schon auf der einen Seite des Rio Cuieras angekommen, aber ohne Hilfe können sie das Wasser nicht überqueren. Sobald hier allerdings eine Brücke gebaut wird, werden sie schnell am anderen Ufer sein – an anderen Stellen Amazoniens haben wildlebende Affen anderer Arten solche neuen Möglichkeiten zur Überquerung von Flüssen schon genutzt, ihre heimatlichen «Inseln» verlassen und sich im Territorium nahe verwandter Spezies festgesetzt. Auch der Brückenbau beeinflusst also biogeographische Prozesse, die letztlich nicht nur zu Änderungen von Verbreitungsgebieten führen können, sondern auch zum Aussterben von Arten.

Für die Zweifarbentamarine *Saguinus bicolor* in Manaus tickt die Uhr.

## Zweihundert Jahre Einsamkeit

Dreiundzwanzig Jahre später sollte Riesenschildkröte Lonesome George sich einer Geiselnahme durch Seegurkenfischer ausgesetzt sehen, die lauthals seinen Tod forderten. Letztlich hatte er es einem Schneckenforscher zu verdanken, in diese missliche Situation geraten zu sein – fern seiner heimatlichen Insel, von der man ihn in der Hoffnung verschleppt hatte, ihn woanders mit weiteren Überlebenden seiner Art zusammenzubringen. Pinta war damals eine Insel, kahlgefressen von Zehntausenden von Ziegen, am Rande eines heißen, trockenen Archipels, in die Wasser des Pazifiks geboren aus Feuer und Asche, schroff und dunkel und an jene prähistorischen Zeiten erinnernd, als die Welt noch jung war.

Es war der 1. Dezember 1971, als der amerikanische Schneckenforscher Joseph Vagvolgyi samt Frau Maria auf der Insel Pinta aufschlug und auf jene Kreatur stieß, die alsbald verschleppt werden würde: «Die Schildkröte spazierte langsam, als wir sie erstmals trafen, zog sich aber mit lautem Zischen in ihren Panzer zurück, als wir näher kamen, um sie zu fotografieren.» Dann entspannte sich das Reptil und setzte die Wanderung fort. Der Schneckenforscher machte sich wieder auf die Suche nach anderen Gehäusetieren und wusste gar nicht, welch unglaubliche Entdeckung er da eben gemacht hatte.

Letztmals waren 1906 drei Pinta-Riesenschildkröten auf der Insel gesehen und sogleich von Wissenschaftlern der California Academy of Sciences für ihr Museum eingesammelt worden. Während mehrerer Expeditionen in den 1930er und 1950er Jahren blieben sie verschollen.

Als in den späten 1950er Jahren Fischer drei Ziegen auf Pinta aussetzten, die sich innerhalb von fünfzehn Jahren auf gut zwanzigtausend Tiere vermehrten und die Insel kahl fraßen, Pinta also zu einer trockenen Einöde wurde, galt *Chelonoidis nigra abingdoni* längst als ausgerottet.

Peter Kramer, Direktor jener Station, die zu Ehren von Charles Darwin auf den Galápagosinseln errichtet worden war, konnte es daher kaum glauben, als er vom Fund des Schneckenforschers hörte: Hatte er doch 1963 selber mehrere Wochen auf Pinta verbracht und nur ausgeblichene Schildkrötenknochen, aber kein Anzeichen für das Überleben des Reptils gefunden und war zutiefst überzeugt, dass jene Subspezies verschwunden war. Bald aber sollten sowieso Jäger losziehen, um Ziegen zu schießen; die könnten dann auch gleich nach der Schildkröte Ausschau halten.

Am 20. März 1972 hätten Manuel Cruz und Francisco Castañeda das überlebende Reptil inmitten der Felsen beinahe für eine verwilderte Geiß gehalten. Als sie mit dem Gewehr anlegten, erkannten sie die Riesenschildkröte, an einem Baum fressend. Cruz rannte zurück ins Lager und holte alle verfügbaren Ranger zur Verstärkung. Die Evakuierung des Riesenreptils begann. Mit Macheten schlugen die Männer starke Äste, verknüpften sie mit Tauen, hängten das schwere Kriechtier daran auf und schleppten es durch die Lavalandschaft. Zwei Mal brachen die Zweige unter dem Gewicht der an Seilen schwingenden Schildkröte. «Ein Horrortrip», erinnerte sich Cruz. Ein paar Tage später verließ die Schildkröte ihre Heimat und segelte davon nach Santa Cruz, wo sie als Lonesome George weltweit populär werden sollte: eine Lebensgeschichte, so prall, so reich an Höhepunkten und Katastrophen, wie sie auch den Romanen eines Gabriel García Márquez hätte entspringen können – und die noch immer nicht zu Ende ist.

*Islas Encatadas*, verfluchte Inseln, so nannte Tomás de Berlanga, der Bischof von Panama, jene einsamen Eilande, zu denen sein Segelschiff im März 1525 auf dem Weg nach Peru während einer langanhaltenden Windflaute von einer starken Strömung verdriftet worden war. Die

Erde sei dort wie Schlacke; wertlos, weil sie nicht die Kraft habe, auch nur ein bisschen Gras hervorzubringen. Und doch berichtete er dem spanischen Kaiser Karl V. später von Zuständen wie im Garten Eden, wo die Tiere keinerlei Furcht vor Menschen zeigten. Und er schrieb von den «galápagos», Schildkröten, so gewaltig, dass sie einen Mann auf dem Rücken tragen konnten.

Berlanga glaubte, die Inseln lägen nicht weit vom Festland entfernt, aber er hatte die starke Meeresströmung unterschätzt. Sein Schiff war viel weiter abgetrieben worden, als er ahnte. So dauerte es einige Zeit, bis man den eintausend Kilometer westlich der südamerikanischen Küsten liegenden Galápagos-Archipel wiederfand, und selbst danach regten die vulkanischen Inseln die Phantasie der Zeitgenossen weiter an: Mal verschwanden sie im aufsteigenden Nebel vor sich nähernden Schiffen, dann trieben sie lose auf dem Meer, sodass man sie nur mit Glück finden konnte. Gegen Ende des 16. Jahrhunderts wurden die vierzehn größeren und rund einhundert kleineren Inseln Unterschlupf englischer Piraten.

Die bis zu dreihundertfünfzig Kilogramm schweren und sehr genügsamen Riesenschildkröten waren für die Freibeuter wie lebende Konserven, eingedost im eigenen Panzer; auf See hielten sie sich mehrere Monate. Mit den Schiffen kamen «blinde Passagiere» an Land, Ratten und Mäuse, und die Piraten setzten auf manchen Inseln Ziegen aus – als zusätzliche Nahrungsreserve für schlechte Zeiten. Schon 1685 wurden im Namen des Vizekönigs von Peru Hunde freigelassen, die Jagd auf die Ziegen machen sollten, doch die verwilderten Köter bevorzugten junge Schildkröten. Im 19. Jahrhundert trafen schließlich ganze Walfangflotten auf dem Archipel ein, denn bei den Galápagos schwammen zahllose Pottwale, dazu Seelöwen und Seebären. Auch die Walfänger schätzten die schmackhaften Reptilien: Hunderttausende metzelten sie nieder.

«Die trockene, ausgedörrte, von der Mittagssonne aufgeheizte Oberfläche verlieh der Luft etwas Dumpfes und Drückendes gleich der aus

**Fünfundfünfzig Meter in zehn Minuten:**
**Charles Darwin misst die Geschwindigkeit einer**
**Galápagos-Riesenschildkröte.**

einem Backofen.» Im September 1835 kreuzte Charles Darwin fünf Wochen durch den Archipel, wo ihm auffiel, wie wenig tropisch das Klima hier direkt am Äquator war: nicht so feucht, sondern dank des kühlen Meeresstromes eher subtropisch und mit ausgesprochen wenig Regen. Überall bemerkte der sechsundzwanzigjährige Naturforscher frische Lavaströme. Waren die Inseln erst «in geologisch junger Zeit» aus dem Ozean aufgestiegen, fragte er sich im Reisebericht über «Die Fahrt der Beagle». Darwin kam es vor, als habe er eine neugeschaffene Welt betreten, er fühlte sich, «sowohl in Zeit wie in Raum, einigermaßen nahe jenem Faktum gebracht – jenem Rätsel aller Rätsel –, dem ersten Erscheinen neuer Lebewesen auf der Erde».

An den Küsten wimmelte es nur so vor schwarzen, urzeitlichen

Reptilien, einzigartigen nach Tang tauchenden Meerechsen; auch die «hässlichen» gelblich braunen Landleguane sah er. In «zyklopischer Szenerie», auf der rauen Lavaoberfläche von San Cristóbal, der östlichsten der Galápagosinseln, traf er die ersten Schildkröten an: «Diese riesigen Reptilien, umgeben von der schwarzen Lava, den blattlosen Büschen und den großen Kakteen, erschienen meiner Phantasie wie vorsintflutliche Wesen.» Später hatte Darwin seinen Spaß mit ihnen: «Es amüsierte mich immer, wenn ich eines dieser großen Ungeheuer auf seinem gemächlichen Marsch überholte und es in dem Moment, da ich an ihm vorüberging, Kopf und Beine einzog und tief zischend mit einem harten Schlag wie tot auf die Erde plumpste. Einige Male setzte ich mich einer auf den Rücken, und wenn ich ihr ein paar Mal auf den Panzer klopfte, erhob sie sich und lief los – doch fand ich es sehr schwierig, das Gleichgewicht zu halten.»

Die dürren Inseln besitzen nur wenige Süßwasserquellen, die in beträchtlicher Höhe an den großen Vulkankratern liegen. Pfade führten ihn dorthin, von Generationen durstiger Riesenschildkröten getrampelt. An der Quelle angelangt, steckten die Reptile den Kopf «bis über die Augen ins Wasser» und tranken «gierig große Schlucke in einem Tempo von ungefähr zehn pro Minute». Mehrere Tage hielten sie sich dort auf, dann machten sie sich auf den weiten Rückweg; ihre Blase, so Darwin, scheine ihnen als Reservoir für das Wasser zu dienen. Inselbewohner nutzten den Inhalt der vollen Schildkrötenblasen als wandelnde Notration; auch Darwin kostete: «Bei einer getöteten war die Flüssigkeit ganz durchsichtig und schmeckte nur wenig bitter.»

Schon der Vizegouverneur der Inseln, Nikolas Lawson, hatte Darwin erzählt, er könne mit Sicherheit sagen, von welcher der Inseln eine Schildkröte stamme. Dasselbe hörte der Forscher von anderen Einheimischen. Die von Floreana und Española hätten beispielsweise Panzer wie ein spanischer Sattel, vorne dick und aufwärtsgebogen, die von San Salvador seien dagegen runder und schwärzer und schmeckten auch besser. Heute unterscheidet man vierzehn verschiedene Unterarten der Galápagos-Riesenschildkröte *Chelonoidis nigra*; nur die weitaus größte Insel Isabela besitzt mehrere Unterarten, die allerdings jeweils nur an den Hängen eines einzigen Vulkans leben. Es gibt solche mit «kuppelförmigem» Panzer auf den größeren Inseln, die feuchter sind und eine üppigere Vegetation besitzen, und andere mit jener sattelartigen Ausbuchtung, die den Reptilien ermöglicht, ihren Hals fast mannshoch nach oben recken zu können; sie kommen auf den kleineren, trockeneren Inseln mit spärlicher Vegetation vor und erreichen auf diese Weise auch die Feigen der großen, baumähnlichen Opuntien-Kakteen. Die Unterart der nördlichsten Insel Pinta, zu der Lonesome George zählt, hatte ebenfalls einen sattelförmigen und außerdem ungewöhnlich dünnen Panzer.

«Ich hätte mir nicht träumen lassen, dass Inseln, die rund fünfzig bis sechzig Meilen voneinander entfernt und zumeist in Sichtweite voneinander liegen, aus genau demselben Gestein geformt, einem ganz ähnlichen Klima ausgesetzt sind, auf eine nahezu gleiche Höhe ansteigend, unterschiedlich bewohnt sind.» Diese Verschiedenheit der Schildkrötenarten von Insel zu Insel, die Darwin später auch bei anderen Spezies von Galápagos bemerkte, zählten für ihn zum «auffallendsten Merkmal in der Naturgeschichte dieses Archipels.» Weshalb aber war das so?

Die Einwohner der Inseln deckten ihren Bedarf an tierischem Eiweiß hauptsächlich mit dem Fleisch der Schildkröten. Zwar war deren Zahl schon zu Darwins Zeiten dezimiert, noch immer waren sie aber so häufig, «dass zwei Tage Jagd das Essen für den Rest der Woche liefern. Früher soll ein einziges Schiff bis zu siebenhundert erbeutet haben, und vor Jahren einmal soll die Besatzung einer Fregatte an einem Tag zweihundert Schildkröten an den Strand gebracht haben.» Von der Mitte des 19. Jahrhunderts an wurden nochmals ganze Schiffsbäuche voller Riesenschildkröten in Richtung San Francisco verfrachtet: Der Goldrausch zog Hunderttausende von Menschen nach Kalifornien, die billiges Fleisch wollten. Auch die Mannschaft der «Beagle» mit Darwin an Bord verstaute einen gepanzerten Frischfleischvorrat unter Deck, bevor sie die «verwunschenen Inseln» verließ.

Als Galápagos entdeckt wurde, lebten dort schätzungsweise zweihundertfünfzigtausend der großen Schildkröten. Ein Zensus im Jahr 1974 kam gerade noch auf etwas über dreitausend Tiere, die Massaker und Verwüstung ihrer Heimat durch eingeschleppte Arten überlebt hatten. Nicht nur Ziegen, auch später ausgesetzte Schweine, Rinder und Esel fraßen auf manchen Inseln alles Grün weg; Schweine und Ratten machten sich zudem über die Gelege der Schildkröten her. Vier Unterarten der *Chelonoidis nigra* sind daher ausgerottet. Die von Floreana, die von Fernandina, die von Sante Fe sind ganz verschwunden; die von Pinta ist «funktionell ausgerottet», denn von der kennt man gerade noch ein einziges, ein männliches Exemplar: Lonesome George.

«In der Paarungszeit, wenn Männchen und Weibchen zusammen sind, stößt das Männchen ein heiseres Röhren oder Bellen aus, das noch in einer Entfernung von einhundert Metern zu hören sein soll», schrieb Darwin 1839. Wer Glück hat, kann solch urzeitlichem Techtelmechtel noch heutzutage bei einem Besuch auf der nach Charles Darwin benannten Forschungsstation auf der Insel Santa Cruz beiwohnen, denn dort werden Riesenschildkröten gezüchtet: Die von Española stammende Unterart wurde hier gerettet. 1972 fand man nur noch vierzehn Tiere auf dieser Insel – zwölf Weibchen und zwei Männchen. Lange Flechten hingen am Hinterpanzer eines der Weibchen: ein Zeichen, dass es sich seit Ewigkeiten nicht gepaart hatte, weil sich die wenigen überlebenden Exemplare auf der Insel gar nicht mehr begegnet waren. Später fand man im Zoo von San Diego noch ein drittes Männchen dieser Unterart. Die Zucht klappte so gut, dass schon mehr als eintausendfünfhundert kleine «Españolas» hier geschlüpft sind; im Jahr 2000 wurde bereits die eintausendste in der alten Heimat ausgesetzt.

Nach seiner Evakuierung bekam der Riesenschildkrötenmann von Pinta ein eigenes Gehege in der Station – und alsbald jenen Namen, unter dem er bis heute berühmt ist. In den 1950er Jahren spielte der amerikanische Komödiant George Gobel einen unglücklichen Ehemann, der unter dem Pantoffel seiner Frau stand: Lonesome George, so nannte Gobel diese Figur, und so hieß schließlich auch der letzte Angehörige von *Chelonoidis nigra abingdoni* – allerdings bestand das Problem ja gerade darin, dass es keine Frau für ihn gab, unter deren Fuchtel er hätte stehen können. Dabei stand er bei seiner Ankunft in der Zuchtstation in seinen besten Jahren; seine Größe und die Ringe seiner Panzerplatten ließen auf ein Alter von etwa achtzig Jahren schließen.

Schildkröten werden uralt: «Marion's Tortoise» lebte über einhundertfünfzig Jahre lang auf Mauritius; 1766 hatte man die Riesenschildkröte von den Seychellen, wo andere Arten leben als auf Galápagos, in ihre neue Heimat im Indischen Ozean verfrachtet, wo sie 1918 starb. Bei ihrer Ankunft auf Mauritius war sie schon ausgewachsen gewesen, mindestens fünfzig Jahre alt. Demnach hatte sie rund zweihundert Jahre lang gelebt. Harriet, eine Galápagos-Schildkröte von Santa Cruz, starb am 23. Juli 2006 in einem australischen Zoo im Alter von etwa einhundertsiebzig Jahren; ob sie wirklich mit Darwin auf der «Beagle» um die Welt fuhr und über England nach Australien kam, ist mittlerweile umstritten. Adwaita, die von der Seychelleninsel Aldabra stammte und als älteste Riesenschildkröte der Welt galt, verschied am 23. März 2006 im Zoo von Kalkutta im biblischen Alter von gut zweihundertfünfzig Jahren.

Lonesome George, das seltenste Tier der Welt, so führt ihn das Guinness-Buch der Rekorde, hat also noch ein langes Leben vor sich, musste aber auch schon einige Tiefpunkte überwinden: Das leichte Leben in der Station, weniger Bewegung und ein Pfleger, der es zu gut mit ihm meinte, machten ihn prompt ziemlich korpulent. Dann litt er an einer Nackenschwellung, wahrscheinlich durch eine hormonelle Störung verursacht, und mehrfach unter Verstopfung, weil er Kakteen, die in sein Gehege gefallen waren, restlos auffraß. 1980 hieß es, er sei tot und seine Art damit endgültig ausgestorben; da war er einen Abhang hinuntergefallen. Aber Lonesome George rappelte sich immer wieder auf und wurde zur Naturschutz-Ikone, zum lebenden Symbol ausgerotteter Spezies. Voller Mitgefühl verfolgte die Weltöffentlichkeit das Schicksal des bekanntesten Reptils der Erde, in Klatschspalten und wissenschaftlichen Publikationen wurde gerätselt: Gibt es noch Hoffnung für den einsamen Schildkrötenmann? Oder würde er einsam leben, einsam sterben?

«Muerte al Solitario Jorge!» Die vermummten, aufgebrachten Fischer fuchtelten bedrohlich mit Macheten in der Luft herum, als sie am 3. Januar 1995 die Charles-Darwin-Station besetzten und nach dem Leben des weltberühmten Reptils trachteten: «Tötet Lonesome George!» Die Schildkröte war ihr Faustpfand im Kampf gegen die ecuadorianische Regierung, die strengere Fischereibestimmungen durchsetzen wollte. Schließlich waren die größten Teile der Inseln und des Meeres ringsum schon seit 1959 Nationalpark und marines Schutzgebiet. Hinter der drohenden Lynchjustiz steckten die Begehrlichkeiten der «Seegurkenmafia» – Händler, die es auf jene bräunlichen, walzenförmigen Stachelhäuter abgesehen hatten. Die Verwandten von Seeigel und Seestern gelten im asiatischen Raum als Leckerbissen und Aphrodisiakum. Die dortigen Gewässer hatte man längst leergefischt, auch an der südamerikanischen Küste war nicht mehr viel zu holen. Der Preis für ein Kilogramm getrockneter Seegurken betrug Ende der 1980er Jahre etwa zehn Dollar, wenige Jahre später schon das Doppelte. Das Meer um Galápagos war voll mit diesen Tieren, die Seegurken konnten beim Schnorcheln im Flachwasser eingesammelt werden. An diesem lukrativen Geschäft wollten nicht nur Einheimische teilhaben, immer mehr Fischer kamen vom Festland in die Gewässer des Archipels. Rasch schwanden die Bestände an Seegurken.

Diese seltsamen Tiere und ihre Larven spielen eine Schlüsselrolle in der Nahrungskette um Galápagos: Sie bereiten organische Abfälle auf, die sonst im Meeresboden bleiben würden. Der kalte, nährstoffreiche Humboldtstrom, der an der amerikanischen Südküste nach Norden fließt, ermöglicht ein artenreiches Leben im Archipel: Allein dreihundert Fischarten – viele davon bunt wie Schmetterlinge – leben dort; ein Viertel dieser Spezies existieren nur hier. Von ihnen leben die vielen Seevögel der Inseln. Nur auf Española brütet der Galápagos-Albatros, drei Arten von Tölpeln tapsen ihre Hochzeitstänze, und Fregattvögel blähen bei der Balz ihre leuchtend roten Kehlsäcke wie Luftballone auf. Der flugunfähige Stummelkormoran lebt nur auf Fernandina und Isabela, und auf Fernandina und Santa Cruz brüten sogar Pinguine – in unmittelbarer Nähe des Äquators also. Das Verschwinden der Seegurken hätte große Auswirkungen auf alle Arten, die dort leben.

1994 beschränkte die Regierung daher den Fang der Seegurken – nur gut vierhundert Fischer erhielten die Genehmigung, pro Jahr eine halbe Million Seegurken zu sammeln. Als dann aber über eintausend Fischer anrückten, die nach zwei Monaten schon mehr als zehn Millionen der Stachelhäuter aus dem Meer geholt hatten, wurde der Fang völlig untersagt. Ein «Ökokrieg» begann, bei dem Aufständische im Januar 1995 die Station besetzten, Forscher und Tiere als Geiseln hielten und drohten, Lonesome George zu lynchen. Das passierte nicht zum ersten Mal: Schon 1992 gab es ähnliche Drohungen. Damals hatte die Leiterin der Station rechtzeitig davon gehört und George heimlich gegen ein «Double» ausgetauscht, das Weibchen einer weniger gefährdeten Unterart; den Unterschied hätten die Fischer nicht bemerkt.

Die Geiselnahme im Januar 1995 dauerte drei Tage. Dann rückten gut einhundert ecuadorianische Marineinfanteristen an, die Fischer gaben auf, die Wissenschaftler kamen frei und Lonesome George war gerettet. Der Seegurken-Konflikt flammt aber regelmäßig wieder auf, und alle paar Jahre wird die prestigeträchtige Charles-Darwin-Station auf ein Neues besetzt.

«Es ist, als ob man einen Mord gesteht.» Die Eindrücke seiner Weltreise faszinierten und beschäftigten Darwin sein Leben lang; 1844 schrieb er einem Freund, wie sehr ihn ein «fürchterliches Geheimnis» plage – er meinte die eigene, als ketzerisch empfundene Erkenntnis, dass Arten nicht stabil und von Gott in *einem* Akt geschaffen, sondern veränderlich und in einem langen Prozess entstanden seien. Damit brach der frühere Priesteramtskandidat mit dem christlichen Schöpfungsglauben: Der Umsturz dieses Weltbildes trieb ihn zeitlebens um.

Monate nachdem die «Beagle» von Galápagos abgelegt hatte, katalogisierte Darwin auf dem Schiff seine Sammlung. Dabei fielen ihm die vier Arten von Spottdrosseln auf, die er von den verwunschenen Inseln mitgebracht hatte; eher unscheinbare Vögel, aber jede Art stammte von einer anderen Insel. Da war es wieder: das Muster, das ihm schon auf den Falklandinseln auffiel, als er von den verschiedenen Wölfen hörte; oder auf Galápagos von den Riesenschildkröten, die auf jeder Insel anders aussahen. Diese Eindrücke brachten ihn auf den Gedanken, dass all jene Arten hier in Isolation auf den jeweiligen Inseln entstanden waren. Wahrscheinlich viel schneller als auf den Kontinenten hatten sie sich hier auf den Inseln in mehrere Spezies aufgespaltet. Viele Jahre beschäftigte es Darwin, wie sich der Baum des Lebens immer mehr verzweigte und welche Kräfte die Entwicklung der jeweiligen Arten bestimmten – bis er letztlich eine Theorie darüber entwickelte, welche Mechanismen die Evolution antreiben.

Wie ein Züchter von Haustieren oder Rosen, der immer genau jene Exemplare weitervermehrt, die ihm nützlich erscheinen oder die seinen Vorstellungen am besten entsprechen, so wirkt auch in der Natur eine abstrakte Kraft, die eine Auslese vornimmt und die Darwin «natürliche Selektion» nannte. Da alle Organismen viel mehr Nachkommen erzeugen, als zum Erhalt der Art nötig ist, haben in der Konkurrenz diejenigen die größten Chancen, die an ihre jeweiligen Umweltbedingungen am besten angepasst sind. Der Erfolg eines Individuums bemisst sich allerdings nicht allein im Überleben des Einzelnen. Erfolgreich ist vielmehr, wer viele Nachkommen in die Welt setzt. Oder moderner ausgedrückt: Wer viele seiner Gene in die nächste Generation gebracht hat. Dafür muss man nicht selber Nachkommen in die Welt setzen, sondern kann auch die Verbreitung eigener Gene bei Verwandten fördern. Darwin ging davon aus, dass sich solche erfolgreichen, tauglichen Merkmale (oder Gene) weitervererben, über Generationen ansammeln und schließlich neue Arten herausbilden.

Erst 1858 ließ Darwin seine ketzerischen Ideen, die ein Weltbild «ermordeten» und den Menschen endgültig in eine Reihe mit allen anderen Lebewesen stellten, öffentlich vortragen. Und das auch nur, weil

Alfred Russell Wallace, jener Naturaliensammler, der erst am Amazonas und später in der indo-malaiischen Inselwelt unterwegs war, auf seinen Reisen ähnliche Gedanken entwickelt hatte. Wallace hatte sein Manuskript an Darwin gesandt, den er sehr bewunderte, und ihn gebeten, den Text zu veröffentlichen. Nun steckte Darwin in der Klemme: Einerseits wollte er fair sein, andererseits nicht um die Früchte seines Lebenswerks gebracht werden und den Ruhm, als Erster jene revolutionären Gedanken geäußert zu haben, einem anderen überlassen. Freunde ermöglichten, dass am 1. Juli 1858 in London vor etwa dreißig Mitgliedern der «Linnean Society» erst die grundlegenden Ideen Darwins vorgetragen wurden, dann das Manuskript von Wallace. So kam der große Gelehrte dem Naturaliensammler als Begründer der Evolutionstheorie knapp zuvor – und schrieb nun unter Hochdruck endlich sein Buch zu Ende, an dem er schon seit Jahren arbeitete: «Von der Entstehung der Arten durch natürliche Zuchtwahl», das im November 1859 erschien.

Wie aber ließen sich nun mit Darwins Ideen die Entstehung der unterschiedlichen Riesenschildkröten (und natürlich der anderen Spezies) auf Galápagos erklären? Und wie waren die Reptilien überhaupt auf die Inseln gelangt? Vor etwa drei bis vier Millionen Jahren entstanden nach unterseeischen Vulkanausbrüchen die ersten Inseln des Archipels. Vögel fanden den Weg durch die Luft hierher und trugen dabei Pflanzensamen im Gefieder; andere Samen überstanden den Weg im Salzwasser, vielleicht an Treibgut hängend. Auch die Vorfahren der Meerechsen und Landleguane mögen an schwimmende Bäume geklammert von Südamerika hierhergetrieben sein. Aber Schildkröten? Noch heute leben verwandte Arten in Südamerika, die ebenfalls zur Gattung *Chelonoidis* zählen, aber kleiner sind.

Ein Unfall im Jahr 1906 bewies die Seetüchtigkeit von Riesenschildkröten. Forscher hatten mehrere schwere Männchen auf Isabela gefangen, zwei der gewichtigen Kolosse mit Mühen auf ihr Boot gehievt, als eine große Welle das überladene Gefährt zum Kentern brachte und zertrümmerte. Die Männer retteten sich auf das wartende Expeditions-

Balanceakt auf Zehenspitzen: Eine Schildkröte von der Insel Pinzón reckt sich beinahe mannshoch nach Opuntienblättern.

schiff, die Schildkröten trieben ins Meer hinaus. Man dachte, sie wären verloren. Am nächsten Tag aber schwammen die Reptilien inmitten der Trümmer wie Korken auf der Oberfläche: Panzer und Köpfe ragten aus dem Wasser. Waren ihre Vorfahren auf ähnliche Weise vom starken Humboldtstrom hierherverdriftet worden wie der Bischof von Panama Hunderttausende von Jahren später? Ein einziges Weibchen voller Eier hätte bereits ausgereicht, um erst eine Insel, später den Archipel zu besiedeln.

In der Isolation der Eilande passten sich die Kriechtiere schrittweise ihrer neuen Umwelt an: Auf den großen, feuchten Inseln mit mehr Vegetation behielten sie den eher kuppelförmigen, schildkrötentypischen Panzer, denn hier fanden sie genug zum Grasen. Auf den kleineren, trockeneren Eilanden hatten jene Individuen einen Vorteil, die dank eines genetischen Zufalls ihren Hals höher recken und so die Kaktustriebe erreichen konnten. Über viele Generationen hinweg und nach vielen Mutationen, zufälligen Änderungen im Erbgut, hatte die «natürliche Zuchtwahl» jene eigentümlichen Sattelformen der Panzer entstehen lassen, vielleicht sogar mehrfach unabhängig voneinander – unter anderem auf Pinta.

2003 wurden dort die Überreste von fünfzehn Schildkröten entdeckt, die schon vor langer Zeit in Felsspalten gefallen und dort umgekommen waren: vierzehn Männchen, aber nur ein Weibchen. Lag in dem ungewöhnlichen Geschlechterverhältnis ein Hinweis, warum auf der relativ kleinen Insel die Schildkröten ausstarben? Weil weibliche Tiere meist leichter sind, wurden sie als Erstes in die Schiffsbäuche geschleppt. Vielleicht hatten die Walfänger fast nur Männchen auf Pinta zurückgelassen, die sich dann nicht mehr vermehren konnten?

Bei einigen Reptilien wird das Geschlecht nicht genetisch festgelegt, sondern die Temperatur bestimmt, ob sich in den Eiern männliche oder weibliche Tiere entwickeln: Bei Schildkröten entstehen mehr Weibchen, wenn es wärmer ist, mehr Männchen bei kühlerem Umfeld. War der Boden auf Pinta anders beschaffen, wärmer als auf den anderen Inseln, sodass hier generell mehr Männchen entstanden?

Beide Möglichkeiten verringern jedenfalls die Chance, jemals eine passende Partnerin für George zu finden; dabei sind dafür seit Jahren zehntausend Dollar Finderlohn ausgelobt. Im Zoo von Prag hat man schließlich Tony aufgespürt, eine Galápagos-Schildkröte mit pinta-typischer Panzerform, wahrscheinlich um 1960 herum geschlüpft. Ob Tony zur Pinta-Unterart gehört, müssen genetische Tests erweisen, doch selbst wenn das Ergebnis positiv wäre, hätte man nicht viel gewonnen: Auch Tony ist männlich.

Seit langem haben sich die Forscher in der Charles-Darwin-Station daher mit einem Tabubruch arrangiert. Normalerweise werden seltene Tiere arten- oder unterartenrein erhalten. Um aber wenigstens einen Teil der Gene der Pinta-Riesenschildkröte zu erhalten, sollte sich Lonesome George mit nahe verwandten Unterarten paaren. Das würde zwar bedeuten, genau jene inseltypischen Eigenschaften zu «verwässern», die im Laufe der Jahrtausende entstanden waren. Doch welche Wahl blieb, wenn es kein Weibchen mehr gab? Also bekam George 1992 die Gesellschaft zweier Schildkrötendamen von der Nachbarinsel Isabela. Aber anstatt nach all den enthaltsamen Jahren auf sie loszustürmen, ging er ihnen aus dem Weg: Obwohl George in seinem Alter vor Manneskraft nur so strotzen müsste, schien er einfach keine Lust zu haben. War er vielleicht impotent? Oder schwul? Wusste er vielleicht gar nicht, was er tun sollte, weil er in Einsamkeit groß geworden war? Man brachte Riesenschildkrötenpaare ins Nachbargehege, aber auch der Anschauungsunterricht half nicht.

Also bekam George 1993 eine Praktikantin: Die Schweizer Zoologin Sveva Gregioni sollte mit dem Sexmuffel arbeiten. Täglich rieb sie sich die Hände mit dem Vaginalsekret der Isabela-Partnerinnen ein und versuchte, George zu stimulieren. Irgendwann bekam er sogar eine Erektion. Tag für Tag stieg sein Interesse an den potenziellen Partnerinnen, doch nach vier Monaten endete das Praktikum und damit auch eine Entwicklung, die so hoffnungsvoll begonnen hatte. George schien immer noch nicht zu wissen, was von ihm erwartet wurde.

Fünfzehn Jahre später, am 21. Juli 2008, geschah dann, worauf niemand mehr ernsthaft gehofft hatte: George kopulierte erstmals mit einem der ihm zugedachten Weibchen. Das legte dreizehn Eier, die aus Sicherheitsgründen in einen Brutschrank kamen. Sollte er doch noch Vater werden? Leider entwickelte sich das Gelege nicht. Aber George, als wollte er nun eine Tradition daraus machen, paarte sich auf den Tag ein Jahr später, am 21. Juli 2009, nochmals. Das Weibchen legte fünf Eier, auch aus denen wurde nichts. Das zweite Weibchen legte bald darauf ebenfalls sechs Eier, ebenfalls ohne Erfolg.

Mittlerweile hatte sich herausgestellt, dass die beiden ihm zugesellten Partnerinnen genetisch gar nicht so gut zu ihm passten, wie ursprünglich gedacht. Dabei hatte man extra *Geochelone nigra becki*, die im Norden der Insel Isabela am Vulkan Wolf vorkommt, ausgewählt, weil deren Population Pinta geographisch am nächsten liegt. Erstaunlicherweise glichen die Schildkröten von Española George jedoch am meisten, obwohl diese Insel ziemlich weit von Pinta entfernt liegt. Wurden Georges Vorfahren also zu Urzeiten direkt von Española nach Pinta verdriftet? Im Januar 2011 kam es zum Partnertausch: Lonesome George wurden zwei Gespielinnen aus Española beigesellt.

Molekulargenetische Untersuchungen an Riesenschildkröten, die an den Hängen des Vulkans Wolf auf Isabela leben, wiesen dann aber nach, dass auch einige dieser Tiere Vorfahren von Pinta haben; eines stammt sogar direkt von einem Pinta-Elternteil ab, war also «Halb-Pinta». Demnach können «Pintas» und «Isabelas» miteinander Nachwuchs zeugen. Wieso hat es dann mit Lonesome George und seinen Partnerinnen nicht geklappt? Ist er zeugungsunfähig? Sind sie steril? Oder sterben die Embryonen in den Eiern irgendwann ab? Vielleicht lebt sogar noch eine Pinta-Schildkröte auf Isabela, die mit Lonesome George reine Pintas zeugen könnte? Um das herauszufinden, müssten sämtliche ein- bis zweitausend Schildkröten am Vulkan Wolf genetisch getestet werden. Aber auch jene Kreuzungstiere, die zur Hälfte Pinta-Erbgut tragen, könnte man Lonesome George beigesellen. Wäre er dann nur halb so einsam?

Nur auf fünf der schroffen Galápagosinseln siedeln Menschen. Der größte Teil der Inseln ist Nationalpark – und Naturschützer versuchen, dieses lebende Museum zu «restaurieren», um seine Eigenheiten zu bewahren. Auf Pinta haben nie Menschen gelebt, aber inzwischen ist die Insel auch wieder frei von Ziegen. Der Abschuss begann 1971; in den 1970er Jahren erlegten Ranger über vierzigtausend von ihnen, die letzte 2003. Seither erholt sich die geplagte Vegetation und die verwüstete Insel ergrünt – allerdings in großem Tempo und völlig unkontrolliert: Statt des ursprünglichen Landschaftsmosaiks aus pampaartigem Grasland, wüstenartigen Vegetationszonen und buschigen Gebieten wächst ein Wald mit Kronendach heran, der vielen einheimischen Spezies nicht den richtigen Lebensraum bietet. Was auf Pinta fehlt, sind große, landschaftstypische Pflanzenfresser, die den offenen Lebensraum erhalten können: Riesenschildkröten eben.

Was also tun? Auf eine Pinta-Partnerin für Lonesome George hoffen, mit der er reine «Pintas» zeugen kann, um die irgendwann in ihre alte Heimat zu bringen? Oder auf Nachkommen von ihm setzen, die zur Hälfte, vielleicht sogar zu drei Vierteln Pinta-Gene tragen? In beiden Fällen wäre die Insel zugewuchert, bevor ausreichend Tiere gezüchtet wären. Sollte man daher jetzt schon die am nächsten verwandten Española-Schildkröten aussetzen? Dann würde man sich allerdings jeder Hoffnung berauben, irgendwann vielleicht doch noch *Chelonoidis nigra abingdoni* zurückzubringen und die von Darwin bewunderte Unterschiedlichkeit der Galápagosinseln zu bewahren.

So entschied man sich für eine Zwischenlösung: Kreuzungstiere verschiedener Unterarten der Darwin-Forschungsstation sollen vorübergehend den Job als Landschaftspfleger übernehmen. Neununddreißig Schildkröten, Männchen und Weibchen, wurden sterilisiert, damit sie sich nicht vermehren können, und im Mai 2010 auf Pinta ausgesetzt – fast vierzig Jahre nachdem Lonesome George die Insel verlassen hatte. «Kaum waren sie freigelassen, fingen sie schon an, krautige Pflanzen zu fressen. Und bald gab es die ersten Trampelpfade – eine enorme Wirkung in so kurzer Zeit», berichtete der Naturschützer James Gibb.

Pinta, die Insel am Rande eines heißen, trockenen Archipels, der in die Wasser des Pazifiks geboren war aus Feuer und Asche, schroff und dunkel und an jene prähistorischen Zeiten erinnernd, als die Welt noch jung war, ist also darauf vorbereitet, noch einmal Heimat der einzigartigen Sippe von Lonesome George zu werden, wenn die zu zweihundert Jahren Einsamkeit verurteilte Naturschutz-Ikone eine zweite Chance auf Erden bekäme und ein Happy End nach dieser langen Chronik eines angekündigten Aussterbens möglich wäre, falls doch noch eine angemessene Frau für den Rest seines Lebens gefunden würde, mit der er Nachwuchs zeugen könnte.

Sonst kommen die anderen Schildkröten auf die Insel.

# AUSTRALIEN UND NEUSEELAND: VERLORENE WELTEN

## Osterbilbys aus der Wüste

Kein Wasser, kaum Pflanzen, praktisch kein Schatten, und manchmal fünfzig Grad Hitze: Es war ein Glutofen, in dem Hedley Herbert Finlayson, ein Amateur-Säugetierkundler aus Leidenschaft, ein zoologisches Mysterium aufspüren wollte. Irgendwo zwischen den parallel verlaufenden Sanddünen sollten die Oolacuntas hausen, mitten in der Simpsonwüste, einem der trockensten Plätze Australiens. Bislang waren nur zwei Exemplare aus dem Jahr 1843 bekannt, nach denen die Art als *Caloprymnus australis* beschrieben wurde. Doch wo lebten sie? Bislang wusste das keiner. Dann bekam Finlayson im September 1931 von Lou Reese Fell und Schädel des kleinen Wesens zugeschickt. Reese wohnte in Appamunna am nordwestlichen Rand der Wüste und versicherte, dass die hiesigen Aborigines jenes Tierchen gut kennen würden.

Drei Monate später traf Finlayson an dem gottverlassenen Ort ein, Reese vermittelte ihm vier ortskundige Aborigines, die sich der Expedition in die Hitze anschlossen, und gemeinsam entwickelten sie einen Plan: Sollte eines der kaum kaninchengroßen Oolacuntas aus seinem Versteck hervorkommen, einem losen Nest aus Zweigen, das sie in kleine Gruben in der Wüste bauten, begänne sofort die Verfolgung: Dann würde ein Reiter in vollem Galopp dem kaum ein Kilogramm schweren Tierchen hinterherstürmen; sobald dessen Pferd ermüdete, nähme der nächste Reiter die Verfolgung auf. Und so fort.

Erstaunlich bald war ein Oolacunta gesichtet, die Gruppe erblickte es keine dreißig Meter von sich entfernt. Die Jagd begann. Bei seiner

Flucht schien das kleine Tier mit den langen Hinterbeinen kaum den Boden zu berühren – es schwebte geradezu davon. Mit großem Tempo und bewundernswerter Ausdauer flitzte es durch die Wüste, und obwohl die Pferde ausgeruht waren, konnten sie dem winzigen Wesen in der Gluthitze kaum folgen. Schon hatte es drei hinter sich gelassen, da taumelte es nach zwanzig Kilometern, fiel um, schnappte nach Luft – und war tot. Vor Erschöpfung zusammengebrochen. Noch sieben weitere Exemplare, alle von ähnlicher Zähigkeit und Ausdauer, fingen die Männer. Einer der Aborigines griff sich eine Mutter mit Jungtier direkt am Nest, so hatte er es oft gemacht. Insgesamt erblickten die Expeditionsteilnehmer binnen einer Woche siebzehn der kleinen, zu den nachtaktiven Rattenkängurus gehörenden Oolacuntas. Sie schienen hier gar nicht so selten zu sein. Einzeln lebend verbrachte jedes den Tag in seinem dürftigen Nest in der Hitze. Die flinken Geschöpfe tranken anscheinend nie; das Wasser, das in ihrer Nahrung steckte, genügte ihnen. Um Hitze leichter abzugeben, waren Arme, Brustkorb und die Innenseiten der Oberschenkel zum Teil unbehaart; im Deutschen heißt das Oolacunta deshalb Nacktbrustkänguru. Befeuchtete es die nackten Stellen zur besseren Kühlung vielleicht sogar durch Lecken? Die ausgesprochen großen Nasenhöhlen lassen darauf schließen, dass das Oolacunta zudem über die feuchte Nasenschleimhaut überschüssige Wärme abgab.

Beinahe alles, was von *Caloprymnus australis* bekannt ist, ist jener Expedition Finlaysons zu verdanken. Bis 1936 wurden noch ein paar Oolacuntas gefangen; verlässliche Sichtungen gab es bis in die 1950er Jahre, unbestätigte Sichtungen bis in die 1970er. Seither gilt das Nacktbrustkänguru als ausgerottet. Doch warum verschwand das Oolacunta, obwohl es in dieser extremen Umgebung überleben konnte?

Australien hält einen Weltrekord unter den großen Kontinenten: Seit 1500 sind gut neunzig Säugetierarten auf der Erde ausgestorben – allein ein Fünftel davon in Australien. Von der eurasischen Landmasse, den beiden Amerikas oder dem afrikanischen Kontinent verschwanden bislang nur einzelne Spezies; der große Rest starb vor allem auf Inseln rund um den Erdball aus. Von den etwa vierzig Säugetierarten, die in den vergangenen zweihundert Jahren weltweit ausgestorben sind, lebte fast die Hälfte in Australien – zehn Beuteltierarten und acht Nager; viele von ihnen sind erst ab den 1930er Jahren verschwunden. Heute ist beinahe jede vierte noch existierende Beuteltierart dieses Kontinents von der Ausrottung bedroht. Es sind nur kleine bis mittelgroße Spezies davon betroffen – die einheimischen großen Säugetiere Australiens sind nämlich bereits fast alle ausgerottet. Einzig das bis zu neunzig Kilogramm schwere Rote Riesenkänguru existiert noch. Was war, was ist nur los auf dem Kontinent der Beuteltiere?

Ursprünglich kommen jene Säuger, die ihre Jungen frühzeitig und recht unentwickelt zur Welt bringen, sodass sie sich außerhalb des Mutterleibes erst mal für Wochen an Zitzen festsaugen, viele im Schutz eines Beutels, aus China. Vor einhundertfünfundzwanzig Millionen Jahren – also etwa sechzig Millionen Jahre bevor der *Tyrannosaurus rex* auf der Erde lebte – kletterte dort *Sinodelphys szalayi*, ein kleines insektenfressendes Wesen, in den Bäumen herum; es war der bislang älteste bekannte Vertreter der Beutelsäuger. Ähnliche Tiere tauchten vor gut einhundertfünfzehn Millionen Jahren in Nordamerika auf, wahrscheinlich waren sie über die Landbrücke zwischen Alaska und Sibirien eingewandert. Bis zu der Zeit, als die Dinosaurier ausstarben, vor fünfundsechzig Millionen Jahren also, lebten dort viele solcher Beutelarten neben kleinen Plazentasäugern, bei denen der Nachwuchs länger in einer Gebärmutter ausreift. Südamerika erreichten die Beuteltiere nach dem Massensterben der großen Dinosaurier; die beiden Amerikas waren damals zwar noch nicht miteinander verbunden, im flachen Ozean dazwischen gab es jedoch Ketten vulkanischer Inseln, die ein «Insel-Hopping» ermöglichten.

Von Südamerika aus öffnete sich der Weg zur Antarktis, die damals nicht vereist und wiederum mit der australischen Platte verbunden war; so wanderten die Beuteltiere über Land nach Australien. Die anderen Säuger, die Plazentatiere, waren damals aus unbekannten Gründen nicht mit auf diesen weiten Weg gegangen. Erst rund fünfzehn Millionen Jahre später gelangten einige Nagetiere, wahrscheinlich auf treibenden Holzstücken aus Südostasien übers Meer kommend, nach Australien. Dessen Landmasse hatte sich mittlerweile längst von der Antarktis gelöst, war nach Norden getrieben und zu einem Kontinent geworden, auf dem die Beuteltiere vorherrschten. Aus den ursprünglich kleinen Beutelsäugern entwickelte sich hier eine Fülle unterschiedlicher, teils bizarrer Kreaturen, von denen manche den noch heute existierenden Spezies anderer Kontinente ähnelten: die Flugbeutler den Flughörnchen Asiens, Europas und Nordamerikas, unterirdisch lebende Beutelmulle den afrikanischen Goldmullen und Beutellöwen den amerikanischen Jaguaren.

**Australien ist der Kontinent der seltsamen Kreaturen: Der Große Kaninchennasenbeutler hat bis heute überlebt.**

Es gab auch nashorngroße, zwei Tonnen schwere Beutelpflanzenfresser, das *Diprotodon*, oder das *Palorchestes*, mit einem kurzen Rüssel, wie ihn die Tapire haben, nur deutlich größer. Und schließlich war da natürlich eine Vielzahl von Kängurus, manche bis zu drei Meter hoch.

Schon seit Jahrmillionen war Australien, vor allem im Inneren, dem «Outback», ein ausgedörrter Kontinent mit wenig Wasser, ein Land des Feuers sogar: Blitzschläge entzündeten die trockene Vegetation wie Zunder, dann tobten Flammenstürme Hunderte von Kilometer weit durchs Land, wahrscheinlich über Wochen hinweg. Die Natur hatte sich auf die regelmäßigen Feuersbrünste eingerichtet: Die Samen vieler Pflanzen hatten so dicke und harte schützende Schalen, dass diese erst versengt und angebrannt werden mussten, damit sie keimen konnten. Andere, wie die Eukalyptusbäume, hatten begonnen, leicht entzündliche Öle in ihren Blättern zu speichern, um das Feuer sogar absichtlich anzuheizen. Wie ein Strohfeuer entzündeten sich die brennstoffgetränkten Blätter bei einer Feuersbrunst und fackelten im Nu mit einer großen Stichflamme ab, bevor das Holz des Baums auch nur anbrennen konnte. So kamen die Eukalyptusbäume in den prähistorischen Flammenmeeren ohne großen Schaden davon und trieben rascher wieder aus als andere Pflanzen.

Schnelle Hüpfer wie die Kängurus konnten dem Flammenmeer entkommen, indem sie wegliefen, kleinere Tiere dagegen nur, wenn sie sich in die Erde zurückzogen. Ob große, wohl eher plumpe Geschöpfe wie das *Diprotodon* oder das *Palorchestes* vor einer solchen Flammenwand fliehen konnten? Nach einem Großbrand war das hölzerne Buschwerk, das sie am liebsten fraßen, jedenfalls erst mal verschwunden. Stattdessen wuchsen Gräser – die Lieblingsnahrung der Kängurus. Wahrscheinlich war Australien ein Kontinent sich ständig wandelnder, dynamischer Landschaften, von Flammen gestaltet: Mal grasten in einer Region Kängurus, bis wieder jene Strauchsteppe nachgewachsen war, in denen die großen australischen Pflanzenfresser Nahrung fanden – so lange, bis der Kreislauf wieder begann und die Vegetation erneut wie Zunder abbrannte. Australien besaß eine «Ökologie des Feuers».

Vor etwa fünfzigtausend Jahren erreichte der *Homo sapiens* erstmals Australien; im Gegensatz zu den Beuteltieren kam er von Norden her auf den Kontinent. Während der Eiszeit lag der Meeresspiegel niedriger, und so war die indonesisch-asiatische Inselwelt untereinander durch Landbrücken verbunden; südlich davon hatten sich Australien, Neuguinea und Tasmanien zu «Meganesien» vereint. Doch beide Welten blieben getrennt – zwischen ihnen lagen mindestens sechzig Kilometer Meer. Was müssen das für wagemutige Seefahrer gewesen sein, die diese Fahrt ins Ungewisse gewagt haben! Hatten sie vielleicht Rauchwolken über dem Wasser gesehen, die ihnen ankündigten, dass es hinter dem Horizont weitergeht?

Australien erwies sich für die Pioniere allerdings als schwieriges Terrain: Aus tropischen Regenwaldgebieten kommend trafen sie nun, je weiter sie auf den menschenleeren Kontinent vordrangen, auf eine Welt fremdartiger Geschöpfe in einer trockenen und wegen der Feuerstürme auch äußerst gefährlichen Umgebung. Neunzehn Arten großer Beuteltiere mit einem Gewicht von über einhundert Kilogramm lebten zu jener Zeit auf dem Kontinent. Außerdem gab es den Riesenschnabeligel *Zaglossus hacketti*, ein Meter lang, gut dreißig Kilogramm schwer, ein Verwandter des skurrilen Schnabeltiers; beide zu den eierlegenden Kloakentieren zählend. Über zwei Meter große, flugunfähige Donnervögel stampften durchs Land; sie wogen gut das Zweifache afrikanischer Strauße. Und der größte Jäger des Kontinents, der Riesenwaran *Megalania*, mit einer Länge von fünfeinhalb Metern fast doppelt so groß wie der Komodo-Waran, konnte vermutlich auch den Neuankömmlingen gefährlich werden.

Alle diese Arten lebten schon seit Ewigkeiten auf dem trockenen Kontinent; sie hatten viele Eiszeiten überdauert, die sich in Australien immer mit einer noch größeren Dürre auswirkten. Doch spätestens zehntausend Jahre nachdem der Mensch während der bislang letzten Eiszeit den Kontinent erreicht hatte, waren dort fast alle Großtierarten ausgestorben: Australien hatte fünfundneunzig Prozent aller landlebenden Großtiere über fünfundvierzig Kilogramm Gewicht verloren. Ein Zufall?

Als der Mensch ein paar zehntausend Jahre später Amerika besiedelte, starben dort etwa fünfundsiebzig Prozent der Großtiere aus, in deutlich kürzerem Zeitraum allerdings. Zu einem «Blitzkrieg» eiszeitlicher Großwildjäger, wie ihn manche Forscher in Nordamerika vermuten, war es in Australien anscheinend nicht gekommen. Denn die Vorfahren der heutigen Aborigines hatten es offensichtlich gar nicht auf die Megafauna abgesehen; jedenfalls fand man an den Überresten dieser Ungetüme bislang keine Spuren, die darauf hindeuten, dass sie aufgrund menschlicher Einwirkung gestorben wären. An den Fossilien verschiedener Kängurus ließ sich hingegen nachweisen, dass sie damals von Menschen bejagt wurden. Die Vorfahren der Aborigines waren vermutlich darauf spezialisiert, kleinere Tiere zu jagen. Wieso verschwanden die australischen Riesen aber dann?

Es scheint, als hätten die Menschen bald gelernt, das Feuer zu nutzen und das Land selber anzuzünden. Es gibt Anzeichen dafür, dass die Zahl der Buschfeuer damals enorm anstieg: So findet sich in Sedimenten, die sich nach der Ankunft jener Pioniere auf dem Kontinent abgelagert hatten, plötzlich viel mehr Holzkohle. Das Prinzip der verbrannten Erde scheint für die Vorfahren der Aborigines lebensnotwendig gewesen zu sein. Wenn sie häufiger Feuer legten, häufte sich in den trockenen Wäldern weniger Brennstoff für die verheerenden, tödlichen Feuerwalzen an, denen kaum zu entrinnen war.

So veränderte Australien im Laufe weniger Jahrtausende sein Gesicht: Viele Baumarten wurden seltener, manche starben aus. Der feuerresistente Eukalyptus hingegen, heute der australische Charakterbaum schlechthin, breitete sich weiter aus. Seine Blätter stecken allerdings voller Gift; selbst die Koalas, obwohl auf Eukalyptus-Diät spezialisiert, können davon nur gewisse Mengen verzehren. Für die großen Pflanzenfresser waren sie ungenießbar. Die buschigen Strauchsteppen, die den Kontinent so geprägt hatten, verschwanden und mit ihnen die Weidegebiete der großen Pflanzenfresser. Als diese Megaherbivoren ausstarben, ging es auch mit den großen Fleischfressern bergab, die sich von ihnen ernährten. Das häufige, von den Vorfahren der Aborigines entfachte Feuer ließ vermehrt Grassteppen sprießen – die Gewinner jener Entwicklung waren die Kängurus. Sie fanden nun mehr Nahrung als je zuvor und vermehrten sich stark.

Vor viertausend Jahren erreichten an Bord asiatischer Seefahrer zahme Hunde den Kontinent, die verwilderten und heute als Dingos Teil der australischen Fauna sind. Zuvor allerdings verdrängten sie ihren Konkurrenten: den *Thylacinus cynocephalus*, ein hundeartiges Beuteltier, das aussah wie ein Wolf, aber Streifen hatte wie ein Tiger. Ein ausgewachsener Beutelwolf war zwar stärker als jeder Dingo. Aber er konnte bestenfalls vier Jungtiere auf einmal großziehen, im Durchschnitt waren es wohl eher drei; die Dingos dagegen bis zu acht, im Mittel etwa fünf. So verbreiteten sich die wild gewordenen Hunde rasch über den gesamten Kontinent. Außerdem jagte der «Tigerwolf» einzeln oder in Paaren, die verwilderten Hunde aber in ausgeprägten Sozialverbänden. Und weil sie wohl schneller waren und bessere Hetzjäger, nimmt man an, dass sie einfach erfolgreicher beim Beutemachen waren und den Beutelwolf daher verdrängten: Er verschwand vom australischen Festland vor zwei- bis dreitausend Jahren. Auch der kleinere, meist aasfressende Beutelteufel fiel wahrscheinlich der Konkurrenz der Dingos zum Opfer und starb vor vier- bis fünfhundert Jahren auf dem australischen Festland aus; beide Spezies hatten allerdings auf Tasmanien zunächst ein Refugium gefunden.

«Brennen, brennen, immer brennen» – wie sehr das Anzünden der Landschaft zum Leben der australischen Ureinwohner gehörte, stellte der Naturforscher Ernest Giles 1889 bei seinen Expeditionen ins Landesinnere fest. Schon der Entdecker James Cook hatte das Land, das er 1770 für die britische Krone in Besitz nahm, angesichts der «rauchigen Küsten» als «Kontinent des Feuers» bezeichnet. Über Jahrtausende hinweg betrieben die Aborigines das «firestick farming», bei dem sie regelmäßig die Landschaft anzündeten. Trockenheit und Dürre begrenzten die Zahl der Menschen, die hier lebten: Bis zur Besiedlung durch die Europäer war das riesige Australien, etwa so groß wie die

Vereinigten Staaten, von höchstens neunhunderttausend Menschen bewohnt gewesen. Mit ihrer «Kultur des Feuers» hatten sie allerdings einen Lebensstil entwickelt, der perfekt an diese Landschaft angepasst war, in der sie umherwanderten. Die Aborigines wussten genau, wie sie jenes Mosaik aus abgefackelten, grasigen Flächen und etwas älterem Buschland herstellen konnten, das die besten Lebensbedingungen für ihre bevorzugte Beute bot – die vielen Arten kleiner und mittelgroßer Pflanzenfresser.

So niedlich sie auch aussahen, sie waren kleine, garstige Biester: Alle vorsichtigen Annäherungsversuche von Hedley Herbert Finlayson wiesen die eigensinnigen Wesen von sich, sie zischten, schnappten und bissen. Im Südsommer 1932, als der Säugetierkundler in der Simpsonwüste unterwegs war, gab es in der Nähe von Cooncherie Station wohl noch viele jener erst 1887 entdeckten «Bilbys», die im Deutschen wegen der langen Ohren und der spitz zulaufenden Schnauze den Namen Kleiner Kaninchennasenbeutler tragen. Mit seinen Vorderpfoten grub sich *Macrotis leucura* wie ein kleines Kaninchen zwei bis drei Meter tiefe Bauten in die Dünen der Simpsonwüste und verschloss die Eingänge tagsüber mit losem Sand. Nachts kamen sie heraus, jagten Insekten und kleine Nager oder gruben Wurzeln aus. Am frühen Morgen brachten die Aborigines, die Finlayson halfen, oft gleich zwei oder drei von ihnen an. «Wahrscheinlich sind viele von ihnen auch in den Kochtopf gewandert», vermutete der Forscher. Am Ende hatte er gut ein Dutzend Exemplare – die letzten, die je gesammelt wurden. 1967 wurde noch einmal der Schädel eines Kleinen Bilbys im Nest eines Keilschwanzadlers gefunden; man schätzte das Alter des Knochens auf etwa fünfzehn Jahre. Das entspräche etwa dem Zeitpunkt der letzten gesicherten Sichtung dieses Tieres. Seit der Mitte der 1950er Jahre ist der Kleine Kaninchennasenbeutler verschwunden.

Er teilt dieses Schicksal mit einer ganzen Reihe weiterer Tierarten: Das Nacktbrustkänguru, der Wüsten-Langnasenbeutler *Perameles eremiana*, der Schweinsfuß-Nasenbeutler *Chaeropus ecaudatus*, die Langschwanz-Hüpfmaus *Notomys longicaudatus*, die Kleine Häschenratte *Leporillus apicalis* – sie alle gehören zu jenen Beutel- und Nagetierarten, die zuletzt in den 1950er Jahren, manchmal auch noch später gesichtet wurden, vor allem durch Aborigines, und seither verschollen sind. Verschwanden nach den Großsäugern Australiens nun auch die ganzen kleinen?

«Die Bäume waren nicht sehr groß und sie standen separiert voneinander ohne das geringste Unterholz dazwischen; unter ihnen konnten wir viele Australische Schirmpalmen erkennen, aber sonst nichts, was wir beim Namen nennen konnten. Im Laufe der Nacht wurden viele Feuer gesehen.» Diese Zeilen schrieb Joseph Banks am 27. April 1770 in sein Tagebuch, als er mit John Cook auf der «Endeavour» die östliche Küste Australiens entlangsegelte und sie dabei nur ein paar hundert Meter entfernt der Küstenlinie am heutigen Bulli Pass, nördlich von Wollongong, vorbeifuhren.

Über zweihundert Jahre später betrachtete der australische Zoologe Tim Flannery die Vegetation an dieser Stelle: Vom Pass herab erblickte er einen «großartigen Flecken» gemäßigten Regenwaldes, der von Australischen Schirmpalmen überragt wurde. Als er die Böschung hinabstieg, sah er, wie klein die meisten Bäume noch waren; nur die größten Schirmpalmen trugen weit oben am Stamm noch Brandzeichen eines früheren Feuers. Der letzte Brand war offensichtlich lange her. Flannery wurde klar, dass er hier die zugewachsenen Reste jenes offenen Buschlandes «ohne das geringste Unterholz» sah, das Banks in seinen Aufzeichnungen beschrieben hatte.

Viele Aborigines haben längst ihre alten Stammesgründe verlassen, leben in Missionen oder in den Städten. Kaum einer von ihnen führt heute noch jenen traditionellen Lebensstil fort, der die australische Landschaft über Jahrtausende prägte und gestaltete und der gerade für die kleineren Arten ein Vegetationsflickwerk aus Futtergrund und Versteckmöglichkeiten entstehen ließ, das mittlere und kleine Säuger zum Überleben brauchen. Weil niemand mehr die Landschaft mit Feuer «pflegt», wächst an vielen Stellen des Landes nicht einfach nur Wald oder dichter Busch heran, wie Flannery es am Bulli Pass sah, sondern potenzieller Brennstoff, der irgendwann Feuer fängt – und dann oft große Areale verwüstet. Viele Nationalparks seien daher zu «Beuteltier-Geisterstädten» geworden, meint Zoologe Flannery, denn jenen Spezies fehle nun der Schutz, sich vor den Feinden zu verstecken, die europäische Siedler ins Land gebracht haben, und die sich nun an den einheimischen Arten wie an einem «All You Can Eat»-Büfett bedienen.

Vor allem das komplexe Beziehungsgeflecht zwischen Kaninchen, Füchsen und verwilderten Hauskatzen macht ihnen zu schaffen. Phasenweise vermehren sich die Kaninchen so stark, dass sie alles kahlfressen und für andere, einheimische Arten, die sich langsamer vermehren, wenig übriglassen; die Zahl an Füchsen und Katzen steigt zeitverzögert ebenfalls an. Wenn dann die Population der Kaninchen beispielsweise wegen einer Seuche zusammenbricht, machen sich die hungrigen Füchse und Katzen vermehrt über die einheimische Kleintierwelt her. Gerade die Füchse, von den Engländern im 19. Jahrhundert zur Jagd eingeführt, sind extrem anpassungsfähig und überleben selbst in der trockenen Simpsonwüste. Das Zottel-Hasenkänguru *Lagorchestes hirsutus* haben sie auf dem Festland schon ausgerottet; nur auf zwei fuchsfreien Inseln hat es überlebt.

Einzig dort, wo es noch genügend Dingos gibt, die Füchse und Katzen in Schach halten, haben die kleinen Beutler, die nicht ins Beuteraster der australischen Wildhunde fallen, eine Chance. Vielerorts jedoch sind die Dingos, die mittlerweile seit Jahrtausenden auf dem Kontinent leben, von Farmern ausgerottet worden, die Angst um ihre Schafe haben.

Man nennt sie die «Bilby Brothers»: Peter McRae und Frank Manthey haben sich dem Schutz von *Macrotis lagotis* verschrieben, dem bis zu einem halben Meter langen Großen Bilby oder Großen Kaninchennasenbeutlers, denn ihm soll nicht das gleiche Schicksal widerfahren wie dem ausgestorbenen und wohl garstigeren Kleinen Bilby. Einst war der

**Bilbys statt Bunnys: In Australien bekommt
der Schoko-Osterhase Konkurrenz.**

Große Bilby auf achtzig Prozent der australischen Fläche zu finden;
heute ist er aus zwei Dritteln seines ursprünglichen Verbreitungsgebietes verschwunden – und seine Population schrumpft weiter.

Dank der Bilby Brothers und ihrer Stiftung «Save the Bilby» wurden
2001 im Currawinya Nationalpark auf einem knapp dreißig Quadratkilometer großen, streng umzäunten Areal alle Füchse und verwilderten
Katzen ausgerottet. Wegen einer langanhaltenden Dürre siedelte man
in diesem Gebiet erst 2005 wieder Bilbys an, die hier zuvor längst verschwunden waren; seitdem aber haben sie sich gut vermehrt.

Unterstützt von Organisationen wie der «Stiftung für ein kanin-
chenfreies Australien» richten die Bilby Brothers mittlerweile den «Na-

tional Bilby Day» aus, der jedes Jahr am zweiten Sonntag im September auf die bedrohten Arten Australiens aufmerksam macht. Auch einen Film gibt es schon über sie: «The Men Who Killed the Easter Bunny» – «Die Männer, die den Osterhasen töteten.» Denn die Bilby Brothers befürworten eine australische Alternative zum Osterhasen: Erinnert der Bilby mit seinen langen Ohren nicht auch an Hasen mit den langen «Löffeln»? Wozu also den Verwandten aus Europa bemühen? (Genau genommen sind – aus zoologischer Sicht – Australiens Problemtiere natürlich die Kaninchen und nicht die Hasen, aber egal.) Schon Ende der 1960er tauchte erstmals der «Easter Bilby» aus Schokolade auf – mal mit Alu verpackt, mal ganz exklusiv von Plastikfolie umhüllt. Mittlerweile fördern Erlöse aus dem Verkauf der Süßigkeit Naturschutzprojekte, nicht nur für Kaninchennasenbeutler. So ist der fast ausgerottete Große Bilby ein neues Symbol australischer «eingeborener» Identität geworden – ein Osterhasenersatz, der aus der Wüste kam.

# Die Augen des Tigers

**D**avon hab ich gelesen! Darf ich ihn mal sehen?» Und schon stürmte die Touristin auf die Kiste zu, auf der ein knallrotes Logo prangte – «Tassie Tiger Project». Im letzten Augenblick konnte sie auf Distanz gehalten werden: Das Tier darin sei noch recht jung und ganz scheu. Es sei sein großer Tag, schließlich solle es gleich hier im tasmanischen Cradle-Mountain-Nationalpark ausgewildert werden. Es sei der Erste der geklonten Beutelwölfe, der nun, am 2. April 2002, in die Wildnis entlassen werden solle. Der erste jener legendären, ausgerotteten «Tasmanischen Tiger», von denen das letzte bekannte Exemplar 1936 gestorben war und der seither wie ein Geist in den tasmanischen Wäldern erschien und wieder entschwand. Der erste, der nun – aus dem Erbgut in Alkohol eingelegter Jungtiere wiedererweckt und vom Teufel geboren – seine alte Heimat neu erobern sollte. Und es sei für ihn heute schon aufregend genug.

Die Touristin wünschte Erfolg und wanderte davon. Nun konnte das Naturfilmer-Team des ZDF weiterarbeiten, das hier im Nationalpark als Ende seiner Geschichte über den Beutelwolf ein imaginäres Märchen inszenierte: Sie spielten «Tasmanic Park» und trugen eine leere Kiste durch die Gegend, perfekt geschreinert wie bei spektakulären Wiederaussetzungsaktionen üblich – mit Atemlöchern darin, einer Schiebetür zum Entlassen der geklonten Kreatur in die Freiheit und einem Logo, das nicht ohne Grund dem von «Jurassic Park» glich. Nun amüsierten sie sich darüber, den mysteriösen Geschichten um den «Tiger» vielleicht gerade eine weitere hinzugefügt zu haben. Denn

Tasmanien, das Land des am häufigsten gesichteten, ausgerotteten Tiers der Erde, ist für viele skurrile Geschichten gut.

«Ich bin dieses Tier so leid!» *Thylacinus cynocephalus* war das Forschungsobjekt seines Lebens. Elf Jahre, nachdem der letzte bekannte Beutelwolf gestorben war, wanderte der Zoologe Eric Guiler 1947 von Nordirland nach Tasmanien aus. Niemand ging zu jener Zeit den regelmäßigen Sichtungen der ausgestorbenen Kreatur auf der Insel nach; also begann Guiler 1952 damit und suchte über vierzig Jahre lang nach dem verschollenen Raubbeutler, der so ein einzigartiges Tier gewesen war: halb so groß wie ein Schäferhund und mit kräftigen Zähnen ausgestattet, glich er einem Wolf, besaß Streifen wie ein Tiger und dazu einen Beutel, in dem er seine Jungen großzog wie Känguru und Koala.

Guiler, der viele Jahre an der University of Tasmania lehrte und forschte, wurde auf diese Weise der beste Kenner des «Tasmanischen Tigers» und schrieb unzählige Artikel sowie mehrere Bücher über das verschollene Tier. In seinem letzten aus dem Jahr 1998 begann er das Vorwort mit dem Bekenntnis, er müsse nun zugeben, dass auch er nicht mehr an das Überleben des Beutelwolfs glaube. Es war wohl die pure Vernunft des Biologen, die ihn das schreiben ließ, denn es brauchte nur ein paar Worte im Gespräch, und Guiler fing erneut Feuer: Kannte er doch genug Leute, die dieses Tier gesehen haben wollten, nur ihm selber war es nie vergönnt gewesen. Zwar hatte er Fußspuren im tasmanischen Busch entdeckt, Haare, Kot, von denen er glaubte, das sie vom *Thylacinus* stammten. Aber er war zu sehr Wissenschaftler, um darin den letzten Beweis zu sehen: «Das ist es, was mich geradezu krank macht an diesem Tier; so richtig gute Hinweise bekam ich nie, so oft ich es auch versuchte.» Und doch, so fügte er dann rasch hinzu, könnte es den Beutelwolf vielleicht noch geben – wenn auch nur noch an zwei oder drei Stellen irgendwo im tasmanischen Busch.

Tasmanien, so groß wie Bayern, war das letzte Rückzugsgebiet des Beutelwolfs. Nach dem Ende der Eiszeit vor etwa zwölftausend Jahren, als der Meeresspiegel anstieg und die Insel vom australischen Festland abgetrennt wurde, entstand hier ein Raritätenkabinett der Natur, in dem Spezies überlebten, die später auf dem benachbarten Kontinent ausstarben. Dort wurden die größeren Raubbeutler, der Beutelwolf und der schwarze, grimmig knurrende Beutelteufel, vom Dingo verdrängt, jenem verwilderten Hund, der vor viertausend Jahren nach Australien kam. Der Tiger starb in Australien vor über zweitausend Jahren aus, der Teufel vor vier- bis fünfhundert Jahren. Auch die flugunfähigen Pfuhlhühner verschwanden vom Festland, als der Dingo erschien; auf Tasmanien kommen diese seltsamen Vögel, bei denen sich die Weibchen jeweils einen Harem von Männchen halten, hingegen bis heute häufig vor.

Der niedliche Tüpfelbeutelmarder, der Rotbauchfilander – ein kleines Känguru – und das Bürstenkänguru oder Bettong fielen in Australien den ausgesetzten Füchsen zum Opfer. Sie alle – und auch der Tasmanische Langnasenbeutler – erhielten auf der Insel südlich von Australien ein Refugium. Die Wälder waren voller eigentümlicher, fremdartiger und seltsamer Kreaturen – genug Beute also für den gestreiften Raubbeutler, dessen Speiseplan eine breite Auswahl an Tieren umfasste, Echsen, Sumpfhühner, kleine Känguru-Arten, selten mal auch die mittelgroßen.

1642 entdeckte der holländische Seefahrer Abel Tasman die Insel; ein Erkundungstrupp fand am Strand Spuren eines «Tygers». 1803 machten die Engländer Tasmanien zur Sträflingskolonie und brachten bis 1853 über siebzigtausend Gefangene hierher, darunter viele schwere Straftäter. Den Sträflingen folgten Siedler – und Schafe. Um Platz für die Herden zu gewinnen, wandelte man die Baumsavannen in Weiden um. In Massen schossen die Siedler Kängurus, die Hauptbeute der Beutelwölfe.

Weil der «Tiger» mit seinem Gebiss, das er weit aufreißen konnte, so gefährlich aussah, war er bei den Engländern rasch als Schafskiller verschrien. Dabei konnte der Beutelwolf wohl nur Lämmer überwältigen, ausgewachsene Schafe riss er nur selten. Heute weiß man, dass verwilderte Hunde die meisten Schafe auf der Insel töteten. Doch die Farmer brauchten einen Schuldigen – und schossen das Tier mit dem gefährlich klingenden Namen «Tiger». 1886 setzte das tasmanische Parlament Prämien für erlegte Beutelwölfe aus, die bis 1909 über zweitausend Mal ausbezahlt wurden. 1900 war der Höhepunkt der Jagd erreicht, als gut einhundertfünfzig Tiere geschossen wurden, danach ging die Zahl plötzlich stark zurück. 1909 wurden letztmals Prämien für den Abschuss zweier Tiger ausgezahlt. Die Population war zusammengebrochen.

Nach Eric Guilers Ansicht war eine Kombination mehrerer Faktoren dafür verantwortlich: Natürlich setzte die Jagd dem Raubbeutler entscheidend zu; wahrscheinlich haben selbst zu besten Zeiten nie mehr als fünftausend Tiger auf der Insel gelebt. Zudem aber wandelte sich sein Lebensraum, seine bevorzugte Beute wurde weniger und Meuten verwilderter Hunde machten ihm Konkurrenz. Um 1910 brachen auf Tasmanien die Bestände anderer Raubbeutler, des Beutelmarders und des Teufels, ebenfalls zusammen; wegen einer Krankheit verschwanden diese Tiere fast völlig, doch wuchsen deren Populationen später wieder an. Vielleicht hatte den Beuteltiger eine ähnliche Seuche erwischt, von der er sich, durch die anderen Faktoren schon «angezählt», nicht mehr erholen konnte?

Noch allerdings gab es einige Exemplare dieser Tierart, und der Zoo in Hobart betrieb mit der Rarität einen schwunghaften Handel. Tasmanische Tiger gelangten nach New York und Washington, nach Köln und Berlin. Dann kam der 13. Mai 1930, als im kleinen Ort Mawbanna im Norden Tasmaniens der junge Farmerssohn Wilf Batty einen Beutelwolf erlegte; es war der letzte, der jemals geschossen wurde. Danach fing man noch einige Exemplare für Zoos, bis die tasmanische Regierung den Beutelwolf am 10. Juli 1936 endlich unter Schutz stellte. Doch schon drei Monate später, am 7. September, starb im Zoo von Hobart der letzte Beutelwolf, dessen Existenz verbürgt ist.

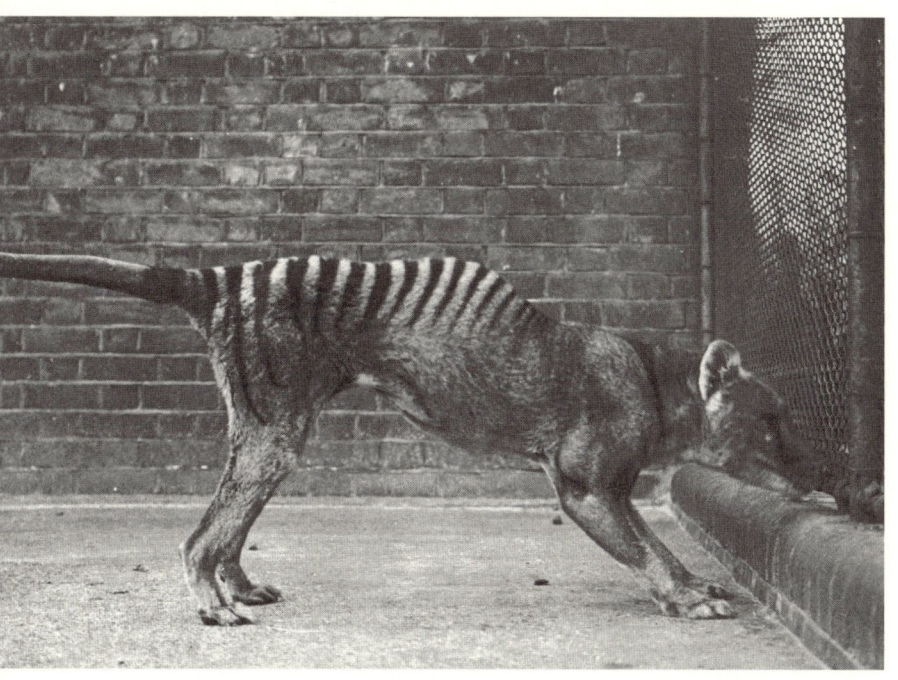

**Der Tasmanische Tiger war einst wegen seines gefährlich aussehenden Gebisses gefürchtet – die letzten Exemplare dieser Art fristeten in Zoos eine kümmerliche Existenz.**

«Beaumaris Zoo» steht über dem Eingangstor; ein paar verfallene Gehege künden von den großen Zeiten des Tierparks, als im Tausch gegen Tasmanische Tiger sogar ein Paar Eisbären und ein Elefant auf die ferne Insel gelangten. Wo das Gehege stand, in dem der letzte Beutelwolf starb, wächst heute eine Wiese. Damals war das Gehege etwa acht mal vier Meter groß und zum Teil von Laubbäumen überschattet. Das letzte Tier, ein junges Weibchen, war wohl um 1933 von Elias Churchill in der Gegend von Tyenna gefangen worden; von jenem Beutelwolf wurden zweiundsechzig Sekunden Filmmaterial gedreht – die einzigen bewegten Aufnahmen, die es vom *Thylacinus* gibt.

1936 litt Tasmanien unter einer Wirtschaftskrise. Schon in den

Jahren zuvor hatte der Zoo erfahrene Pfleger verloren, durch Tod und Pensionierung, dann auch durch Personalabbau. Die langjährigen Besitzer des Zoos, die Familie Reid, mussten den Park an die Stadt abgeben. Dann kam der September mit ungewöhnlich extremen Wetterbedingungen. Tagsüber war es heiß, weit über dreißig Grad; nachts fiel die Temperatur unter den Gefrierpunkt. Die wenigen, unerfahrenen Pfleger ließen viele Tiere, auch den letzten Beutelwolf, tagaus, tagein in den Außengehegen und öffneten die Türen zu den angegliederten überdachten Ruheplätzen nicht. Weil die Laubbäume noch kahl waren, es war ja das Ende des Südwinters, konnten sie dem letzten Tasmanischen Tiger keinen Schatten spenden; nachts war er der Kälte schutzlos ausgeliefert: Er starb in der Nacht des 7. September 1936. Was aus dem Kadaver wurde, ist nicht bekannt. Der Zoo wurde 1937 für immer geschlossen.

Lange hieß es, der Beutelwolf habe sich nie in Gefangenschaft vermehrt; er sei «unzüchtbar» gewesen. Der Melbourner Naturforscher und Psychologe Bob Paddle räumte im Jahr 2000 mit dieser Legende auf: In der Sammlung des National Museum of Victoria in Melbourne befindet sich ein junger Beutelwolf, der mit dem Etikett «Zoo bred» beschriftet ist – «im Zoo gezüchtet». Paddle wühlte sich durch Unterlagen und Jahresberichte des Zoos in Melbourne und vollzog die Geschichte des halbwüchsigen Tieres nach, das am 17. Juli 1901 gestorben war: Es gehörte zu einem Wurf mehrerer Jungtiere, die wohl Ende August, Anfang September gezeugt, Ende September 1899 nach etwa drei Wochen Schwangerschaft geboren und im Dezember erstmals aus dem Beutel gekommen waren. Oft wurden zu jener Zeit in Zoos nur einzelne Beutelwölfe gehalten oder sie wurden nicht richtig aneinander gewöhnt und zusammengebracht – aber es war also doch möglich, sie zu züchten. Leider hatte man diese Chance nicht genutzt.

«Die Tragödie des Tasmanischen Tigers» – so lautet der Untertitel eines Buches von Eric Guiler – bestand für den Forscher auch darin, dass nach dem Tod des letzten Exemplars in Hobart die Spezies vorschnell als ausgerottet angesehen wurde. Zwar zogen schon 1937 und 1938 Suchexpeditionen in den tasmanischen Busch und fanden dort typische Spuren; der Empfehlung, in jenen Regionen Naturschutzgebiete zu errichten, folgte die Regierung jedoch nicht. Schon im November 1945, nach dem Ende des Zweiten Weltkriegs, ging die Suche erneut los; wieder vergeblich. War es da schon zu spät?

Als Guiler begann, sich eingehend mit dem Beutelwolf zu beschäftigen, sprach er mit vielen der letzten Trapper, die selber noch «Tiger» in Fallen gefangen und Prämien dafür eingestrichen hatten. Die meisten Informationen über die verschollenen Tiere erhielt er von der Familie Pearce, die abgeschieden in einem einsamen Landstrich Tasmaniens am Clarence River lebte und den Kontakt zur Außenwelt mied. In seinen Büchern beschrieb Guiler die Pearcens als «verschwiegene, in sich geschlossene Einheit»; im Gespräch bezeichnete er sie im schroffen Viehzüchter-Slang Tasmaniens als «pure convict stock» und «happily inbred»; sie seien von «reiner Sträflingsabstammung» und hätten sich seither immer nur untereinander fortgepflanzt.

Mit solch grobem Buschläufercharme ausgestattet, gewann Guiler über Jahre hinweg das Vertrauen der Pearcens, die sonst Fremde wortkarg abwiesen, und erfuhr einiges über den Beutelwolf, was sonst verloren gegangen wäre. Demnach fanden Trapper zu allen Zeiten des Jahres Jungtiere im Beutel; der Tiger besaß wohl keine spezielle Fortpflanzungssaison wie andere Beutler Tasmaniens. Nachdem die Kleinen den Beutel verlassen hatten, seien sie der Mutter immer gefolgt; jede Nacht waren sie woanders unterwegs. Eine typische Jagd der Beutelwölfe beschrieben die Pearcens so: «Sie liegen da und warten, dann springen sie auf ihre Beute. Kängurus werden getötet, indem sie auf ihnen stehen und durch die Rippen in die Körperhöhle beißen und dabei den Brustkorb aufreißen.»

Die Pearcens konnten die Tiger nicht ausstehen. Dabei hatten sie viel Geld mit ihnen verdient: Allein H. Pearce hatte Prämien für dreiundfünfzig getötete Tiere eingestrichen. «Wieso willst du diese nutzlosen Viecher schützen?», fragte er Guiler. 1953 offenbarte Pearce dem

Forscher, fünf Jahre vorher habe er noch so eine «slut», eine «Wolfs-schlampe» mit drei Jungen gesehen. Dann habe er seine Hunde scharf gemacht. Was dann mit den Tigern geschah, dazu ließ er sich kein Wort entlocken. «Pearce wusste, dass es falsch war, sie zu töten.» Guiler war sich sicher, dass der alte Trapper die Geschichte nicht erfunden hatte. In den 1950er Jahren wurde dann in genau jener Region, in der Pearce kurz zuvor diese Wölfe gesehen hatte, der King-William-See angestaut.

Über Jahrzehnte zog Guiler mit Suchtrupps aus, um den Beutelwolf zu finden; er war sich sicher, dass es ihn noch gab. Einmal, im November 1959, hatte es bis morgens um 6 Uhr früh geregnet, und um 10 Uhr fanden sie an einem Wasserloch in Woolnorth, im Norden Tasmaniens, eine Beutelwolfspur, die sie für eindeutig hielten. Sie hatte keinen einzigen Regentropfen abbekommen, war also höchstens vier Stunden alt: «So nahe bin ich einem lebenden Beutelwolf nie wieder gekommen.»

1963 legte er in staatlichem Auftrag über eintausendfünfhundert Fallen in den Wäldern aus, die so konstruiert waren, dass sie gefangenen Tieren keine Verletzungen zufügten: Hunderte von Rotbauchfilandern und Beutelteufeln tappten hinein, außerdem Beutelmarder, Wombats, Schnabeligel, sogar Adler und Krähen – aber kein einziger Beutelwolf. So erging es Guiler Jahr für Jahr. Er bekam nicht einmal jenen Tiger-Ruf im Wald zu hören, den ihm die Trapper vorgemacht hatten: ein kehliges, helles, hustendes «Yip Yap».

Wenn es Nacht wird auf Tasmanien, erschallen dort andere Geräusche – ein lautes Kreischen, das über sehr weite Entfernungen zu hören ist, mal bösartig und wütend klingend, mal jämmerlich heulend. So kann nur der Teufel klingen, dachten die Engländer, als sie nach Tasmanien kamen, und so nannten sie das Tier auch: Beutelteufel. Die dackelgroßen, schwarzen Raubbeutler leben hauptsächlich vom Aas, das sie im Wald finden, manchmal allerdings jagen sie auch kleinere Tiere. Wenn sie einen Kadaver finden, sind sie unersättlich, verschlingen Fell und Darm, knacken Knochen und verdrücken in einer Nacht bis zur

Hälfte des eigenen Körpergewichts. So gruselig sie sich anhören mögen – eigentlich sind sie die Putzteufel Tasmaniens, denen zu verdanken ist, dass nicht überall Aas und Kadaver herumliegen, verfaulen und Krankheiten verbreiten. Dennoch ist *Sarcophilus harrisii* bei Schafzüchtern nicht sonderlich beliebt, die sie deshalb alljährlich zu Tausenden illegal erschießen.

Eric Guiler, der auch als Erster den Beutelteufel gründlich erforschte, stellte fest, dass dessen Population schon öfter kollabiert war und sich dann erst viele Jahre später erholt hatte; die genauen Ursachen dafür sind nicht bekannt, Jagd und Krankheiten gehören aber dazu. Schon um 1850 war er selten, breitete sich dann bis in die 1890er Jahre aber wieder aus. Um 1909 herum, als auch die Bestände der Beutelmarder und Tiger zusammenbrachen, gab es auch die Teufel nur noch in abgelegenen Regionen. Als die Tiger endgültig verschwunden waren, übernahmen sie ab den 1950er Jahren einen Teil seiner ökologischen Funktionen und vermehrten sich stark. Vermutlich lebten zur Jahrtausendwende weit über hunderttausend Teufel auf Tasmanien; ihre Häufigkeit war an den Straßenrändern sichtbar – viele wurden von Autos überfahren. Damals begannen Naturschützer, ihnen eine weitere, wichtige Rolle zuzuschreiben: Die Teufel waren nun die Lebensversicherung für viele Spezies, die nur noch auf Tasmanien lebten. Denn ein ungebetener, gefährlicher Gast war auf der Insel angekommen.

Es war 1998, als ein Fuchs in Burnie an der Nordküste Tasmaniens beobachtet wurde, der einem Containerschiff entstieg. Ranger und erfahrene Fuchsjäger konnten das Tier nicht mehr aufspüren; man fand nur ein paar Abdrücke seiner Pfoten an einem nahe gelegenen Strand. Und er war nicht der einzige Fuchs auf der Insel: 2001 wurden zwei bei Longford geschossen, kurz darauf ein dritter bei Symmons Plains. Mittlerweile ist sicher: Der Fuchs hat Tasmanien erreicht und ist dabei, sich auf der Insel zu etablieren: 2007 lebten dort wahrscheinlich schon fünfzig bis zweihundert Füchse.

Die klugen Wildhunde sind überall in Australien eine Plage; sie leben inzwischen sogar mitten in den Städten, streunen nachts auch im

Hafen von Melbourne umher, wo die Schiffe nach Tasmanien ablegen und die neugierigen Füchse an Bord gehen können. Aber es gibt Anzeichen dafür, dass einige dieser Tiere absichtlich hergebracht wurden – aus Sicht von Nationalpark-Ranger Nick Mooney wäre das «ökologischer Terrorismus», denn die Ausrottung kleiner und mittelgroßer Säuger auf dem australischen Festland durch den Eindringling könnte sich nun auf Tasmanien wiederholen.

Die Naturschützer hofften, der Teufel würde ein Verbündeter im Kampf gegen den Fuchs sein, in dessen Bauten hineinkriechen und die Jungfüchse fressen. Doch plötzlich ist der vor wenigen Jahren noch so häufig vorkommende *Sarcophilus harrisii* selber vom Aussterben bedroht: In manchen Regionen Tasmaniens sind die Bestände des Teufels um fünfundneunzig Prozent zurückgegangen.

Es ist eine gruselige Krankheit: Um das Maul befallener Beutelteufel bilden sich Schwellungen und Knoten, die sich vom Kopf aus über den Körper ausbreiten. Im Gesicht wachsen sie zu eiternden Geschwülsten an, die irgendwann so groß sind, dass sie beim Fressen hindern und die Teufel verhungern lassen. «Devil Facial Tumour Disease» heißt die Seuche: ein Gesichtskrebs, der – und das ist das Schlimmste – ansteckend ist. Eine Horrorkrankheit also, die man sich kaum bösartiger hätte ausdenken können.

Gewöhnlicherweise betreffen Krebserkrankungen nur das Individuum, bei dem die entarteten Zellen entstanden sind. Sie sind in ihrem Wachstum außer Kontrolle geraten und wuchern ungehemmt im Körper. Das Immunsystem dieses Individuums kann nicht gegen diese Zellen vorgehen, weil es sie nicht als «fremd» erkennt. Krebserkrankungen sind daher normalerweise auch nicht ansteckend, denn sollte eine entartete, wuchernde Krebszelle in einen anderen Organismus gelangen, würde sie sofort als körperfremd erkannt und ausgeschaltet. Wie sollten solche Zellen zudem überhaupt von Körper zu Körper übertragen werden?

Beim Beutelteufel kann so etwas häufig passieren: An den Kadavern versammeln sich nachts viele von ihnen, und dabei kommt es dauernd zu Kämpfen. Die Teufel fletschen die Zähne, knurren, heulen, raufen – und vor allem beißen sie sich gegenseitig. Die Auseinandersetzungen verlaufen meist harmlos; die Wunden, die dabei entstehen, waren es bislang meist auch. Beim Liebesspiel gehen die Teufel ebenfalls ruppig miteinander um und beißen sich. Wenn nun ein vom Gesichtskrebs befallener Teufel einen anderen beißt, können mit dem Speichel leicht Krebszellen übertragen werden.

Molekulargenetische Analysen an über einhundertsiebzig Beutelteufeln, darunter sieben Museumspräparaten vergangener Jahrhunderte, haben gezeigt, dass die Vielfalt des Erbguts der Teufel in den vergangenen hundert Jahren extrem abgenommen hat. Jagd und andere Populationseinbrüche haben die Art wohl mehrfach in den «Flaschenhals» gebracht. So sind die heutigen Teufel beinahe «immunologische Klone». Sie sind einander so ähnlich, dass Tumorzellen übertragen werden können, ohne das Immunsystem zu aktivieren. Weil sich die Teufel ständig an Kadavern treffen, konnte sich der ansteckende Krebs rasch verbreiten.

Mittlerweile weiß man, dass die Tumorzellen von einem einzigen, weiblichen Tier stammen, das wohl schon seit Jahrzehnten tot ist, dessen entartete Zellen sich aber munter über Tasmanien verbreiten: Der erste, 1996 bekannt gewordene Fall stammt aus dem Nordosten; dort sind die Beutelteufel aus weiten Landstrichen beinahe verschwunden. Inzwischen sind fast alle Gebiete der Insel von der Krankheit betroffen; wenn es so weitergeht, gibt es in spätestens dreißig Jahren keine Beutelteufel mehr.

Um den Teufel zu retten, will man nun mit gesunden Tieren auf isolierten Inseln Ersatzpopulationen bilden. Das hätte man allerdings schon längst tun können. Aus der jüngsten Geschichte der Spezies war schließlich bekannt, dass die Bestände der Beutelteufel immer wieder zusammengebrochen sind. Wurde die Gefahr einer Seuche nicht ernst genommen, weil es bis vor kurzem noch so viele Teufel gab?

Und weshalb hat man die Teufel nicht auch auf das australische

Festland zurückgebracht, wo sie noch vor wenigen hundert Jahren heimisch waren? Da die Dingos in vielen Teilen des Landes ausgerottet sind, hätte man Teufel dort wiederansiedeln können, die auch im Kampf gegen die australischen Füchse hilfreich gewesen wären.

Womöglich spielt hierbei der ausgeprägte Lokalpatriotismus eine wichtige Rolle: Der «Tasmanische Teufel» und der «Tasmanische Tiger» sind längst zu Ikonen der Insel geworden und im Alltag überall präsent. Der Beutelwolf wurde nach seiner Ausrottung rasch populär. So schmückt der vermeintliche Schafskiller von einst Staatswappen und Nummernschilder der Autos, ein tasmanischer Fernsehsender hat ihn im Logo, und eine Brauerei schmückt ihre Bierflaschen mit dem Tiger. Mittlerweile ist der Teufel ebenso zum Maskottchen und Werbeträger geworden, nicht zuletzt dank jener schlechtgelaunten, knurrenden und unersättlichen Comicfigur «Taz», die den Beutelteufel weltweit populär machte. Könnte es sein, dass die Tasmanier ihr Alleinstellungsmerkmal nicht mit den anderen australischen Bundesstaaten teilen wollten?


Im Nordwesten der Insel unterscheiden sich die Beutelteufel genetisch von den Artgenossen im Rest Tasmaniens: Sie sind weniger anfällig für den Krebs. Lassen sich diese resistenteren Tiere an anderen Stellen der Insel auswildern, um die Erholung der Art zu beschleunigen? Liegt bei ihnen der Schlüssel für eine Impfung? Allein schon, dass Resistenzen gegen den fürchterlichen Krebs in einer Population Tasmaniens bestehen, zeigt, wie wichtig es generell ist, genetisch möglichst unterschiedliche Populationen einer Art zu erhalten.

Es gibt einen weiteren Hoffnungsschimmer: Weibliche Beutelteufel ziehen meist im Alter von zwei bis vier Jahren jeweils einen Wurf Jungtiere groß, bis zu vier kleine Teufel pro Jahr. Selten werden sie älter als sechs Jahre. Aufgrund der Seuche ist die Lebenserwartung der Teufel in den befallenen Gebieten mittlerweile schon auf zwei bis drei Jahre gesunken – zu wenig, um sich fortzupflanzen. Zum Glück bekommen dort nun aber auch schon Teufelinnen ihre ersten Jungen, die erst ein

Jahr alt sind. Die «Teenager» werden also immer früher sexuell aktiv – möglicherweise, weil sie mehr Nahrung finden, schließlich liegen im wildreichen Tasmanien immer mehr Kadaver herum.

Das Überleben des Teufels würde auch jene Wissenschaftler erfreuen, die ihm noch eine weitere Rettungsaufgabe zugedacht haben – bei der Wiederauferstehung des Tigers nämlich. Drei australische Museen besitzen in ihren Sammlungen Jungtiere des Beutelwolfes, die in Alkohol eingelegt sind. Deren Erbgut könnte noch ausreichend gut erhalten sein, um daraus die Wölfe zu klonen. Als Leihmutter käme der nächste Verwandte des Beutelwolfes in Frage: der Beutelteufel.

Dessen Renaissance hatte sich der anerkannte Paläontologe Mike Archer 1999 verschrieben; er war damals Direktor des Australian Museum in Sydney, das eines dieser Beutelwolfjungen in Alkohol in seiner Sammlung hat. Archer sah es als «ethische Verpflichtung» an, alles zu versuchen, den Tiger zurückzubringen, zudem seien die Voraussetzungen ideal: Seine Lebensräume auf Tasmanien seien noch weitgehend intakt, und inzwischen lebten dort mehr Beutetiere als bei seiner «moralisch falschen» Ausrottung. Das Projekt machte weltweit Schlagzeilen. Manche Kollegen kritisierten Archer, weil er das Unmögliche anstrebe, andere warfen ihm vor, er wolle Gott spielen.

«Einmal hat mich ein Baptistenpfarrer zu einer Diskussion aufgefordert», so Archer. Der Museumsdirektor war aber nicht nur ein renommierter Forscher, sondern auch Medien- und PR-Profi. Er schlug gleich ein Streitgespräch im Radio vor – und fragte den Pfarrer, ob nicht auch ein Priester der katholischen Kirche daran teilnehmen könne, der sich auch schon mit dem Thema befasst habe. Der Baptist stimmte gerne zu, nicht wissend, dass Archer mit dem Geistlichen gut befreundet war. «Die Botschaft von Jesus Christus war immer, Leben zu geben und nicht es wegzunehmen», so begann der katholische Priester die Debatte. Dem Baptisten war von Anfang an der Wind aus den Segeln genommen, und Archer hatte für die geplante Wiederauferstehung des Tigers quasi göttlichen Beistand errungen.

Im Jahr 2001 hieß es aus dem Museum, erste Versuche, das Erbgut zu extrahieren, seien erfolgreich verlaufen. Von Anfang an war jedoch klar, dass es ein Langzeitprojekt würde. Die Forscher mussten davon ausgehen, dass die Erbinformation des Jungtieres in viele Teile aufgespalten war und zu neuen Chromosomen zusammengesetzt werden müsste, bevor man auch nur daran denken könnte, sie in Eizellen des Beutelteufels zu injizieren. Die Probleme waren schließlich größer als erwartet, das Erbgut doch viel stärker abgebaut, als es zunächst schien; 2005 stoppte man das ambitionierte Projekt. Schon drei Jahre zuvor hatten die «Australian Skeptics», eine Organisation, die sich pseudowissenschaftlichen Arbeiten mit wissenschaftlichen Methoden nähert, Mike Archer für den «Gebogenen Löffel» nominiert – die Auszeichnung wird als Referenz an Uri Geller jenen Personen verliehen, «die besonders viel pseudowissenschaftliches Blech reden».

Mit viel weniger PR-Getöse gelang es einem australisch-amerikanischen Forscherteam 2008, ein Gen eines anderen Beutelwolfjungtiers in einen Mäuseembryo zu verpflanzen, wo es aktiv wurde und bestimmte Beutelwolfproteine produzierte. Damit wurde erstmals überhaupt ein «ausgestorbenes Gen» wiederbelebt. Die Forscher setzen sich vergleichsweise bescheidene Ziele: Sie wollten mit den Experimenten vorerst nur ein «besseres Verständnis für die Biologie ausgestorbener Tiere entwickeln» und nicht gleich den «Tasmanic Park» errichten.

Per Computeranimation wird diese Vision allerdings zumindest in Filmen zu Ende geträumt: Ein virtueller Beutelwolf wurde in den Cradle-Mountain-Nationalpark gebracht. Als das deutsche Naturfilmer-Team die leere Kiste durch die Wildnis trug, hielt plötzlich ein Wagen japanischer Touristen neben ihnen. Einer stieg aus, ignorierte die Ermahnungen, das junge Tier in der Box nicht zu stören, rannte an die Kiste und schaute durch die runden Atemlöcher.

«Oh, da sind die roten Augen des Tigers!» Der Japaner schien ganz aufgeregt. Wie kam er nur darauf? Rote Augen? Offensichtlich freute er sich gerade sehr. Weil er nun seinerseits das Fernsehteam an der Nase herumführte? Ein Blick durch das Loch zeigte, dass im Dunkeln der Kiste wirklich zwei rote Punkte erglühten: Auf der anderen Seite der Box klebte das rote «Tassie Tiger Project»-Logo von außen genau über zwei nebeneinanderliegenden kleinen Löchern – und durch die schien nun die Sonne. Beglückt fuhr der Japaner wieder davon, und die Naturfilmer waren um eine Erkenntnis reicher: Man sieht einfach, was man sehen will, was man erwartet – und zwei leuchtende, rote Punkte in des Beutelwolfs Kiste können einfach nur die Augen des «Tigers» sein. Vielleicht ist das eine Erklärung für die vielen Sichtungen auf Tasmanien?

Nick Mooney von der tasmanischen Nationalparkbehörde, bei dem Tigersichtungen eingehen, machte einmal einen Test: Er lancierte in einer tasmanischen Zeitung erfundene Augenzeugenberichte, in denen angebliche Sichtungsorte genannt wurden, an denen der Beutelwolf auch vor seiner Ausrottung nie vorgekommen war. Das Ergebnis: «Innerhalb von zwei Wochen meldeten sich sieben Leute, die dort auch einen gesehen haben wollten.» Nach solchen Sichtungen kommen also die Wichtigtuer.

Eric Guiler jedenfalls hatte seinen Traum, noch freilebende Tiger zu entdecken, zeitlebens nie aufgegeben. «Am Tag bevor sie sich an die endgültige Klonierung eines Beutelwolfes machen, möchte ich derjenige sein, der den ersten wiederentdeckten Tiger aus der Wildnis präsentiert.» Anfang 2002, im Alter von achtzig Jahren, war Guiler wieder im tasmanischen Busch, am Arthur River, auf der Suche nach *dem* Forschungsobjekt seines Lebens. Es war seine letzte Exkursion, denn unterwegs traf ihn der Schlag, von dessen Folgen er sich nicht mehr erholte. Seither fragt man sich unter den Beutelwolfgläubigen Tasmaniens: Hat er ihn am Ende vielleicht doch noch gesehen? Eric Guiler starb am 3. Juli 2008. Die University of Tasmania, an der Guiler so lange lehrte und forschte, hat ihm zu Ehren Stipendien ausgeschrieben, mit denen sie Studenten und Wissenschaftler fördert, die den fatalen Gesichtskrebs erforschen – wenigstens der Teufel soll nicht auch noch aussterben.

# Neuseeländische Urlaubsvergnügen

Auf dem Rückenpanzer liegend, mit den vier Beinen langsam in der Luft strampelnd, werden gut zweihundertfünfzig Kilogramm Aldabra-Riesenschildkröte in einer Schubkarre abtransportiert – insgesamt einhundertvierzig der urtümlichen Geschöpfe lassen sich auf diese Weise wegkarren und kommen in ein Gatter. Auch die letzten zwanzig Seychellendrosseln der Welt – hübsche schwarz-weiße Vögelchen – werden eingefangen und in Volieren gesperrt. Denn Don Merton kommt in Begleitung seiner Frau Margaret auf die Seychellen-Luxus-Ferieninsel Fregate, um die fünf Wochen seines Jahresurlaubs auf dem zwei Quadratkilometer großen Privateiland zu verbringen. Und Merton interessiert sich nicht allein für die Traumstrände, die Ruhe und Abgeschiedenheit oder für das weite Meer: In seinem Gepäck befinden sich siebzehn Tonnen Giftköder, die er aus dem Hubschrauber heraus flächendeckend über das ganze Urlaubsparadies herabrieseln lassen wird.

Das war im Sommer 2000.

Im September 1995 hatte die Invasion begonnen: Da war die erste Wanderratte auf der Insel gesehen worden, im November wieder eine. Bis dahin war Fregate rattenfrei gewesen. Alle Versuche, die vermehrungsfreudigen Nager mit Hunderten von Fallen auszumerzen, schlugen fehl, und innerhalb von zwei bis drei Jahren hatten sich die Nagetiere explosionsartig vermehrt. Ratten waren überall: Sie drangen bis in die Vorratskammern der Einwohner vor, machten sich über die Nester der Drosseln her, die ihr letztes Refugium auf der kleinen Insel hatten, und fraßen seltene Tausendfüßler sowie einen Käfer, der ebenfalls nur auf Fregate lebte. Ein Hilferuf erging nach Neuseeland: Don Merton hatte sein ganzes Leben für die Naturschutzbehörde gearbeitet und war Spezialist für solche Fälle – ein Meister im Retten und Ausrotten von Arten zugleich. Merton war bereit, seinen Jahresurlaub für Fregate zu opfern. Denn eines war ihm klar: Was er Mitte der 1960er Jahre auf der kleinen Insel Big South Cape erlebt hatte, ganz im Süden vor der Küste der neuseeländischen Südinsel, das sollte ihm nicht noch einmal passieren.

*Mystacina robusta* war gerade einmal neun Zentimeter lang und huschte durchs Gestrüpp oder in unterirdische Bauten, die Sturmvögel auf Big South Cape Island für ihre Küken gegraben hatten. Auf seinen kurzen, muskulösen Beinchen kletterte das ungewöhnliche Tier auch in steilem Terrain. Es fraß Insekten, die es im Laub fand, naschte am Nektar von Blüten und stibitzte zuweilen auch einen Jungvogel aus seinem Nest. Meist wuselte *Mystacina robusta* wie eine Maus umher, dann waren die Flügel in eine lederartige Membran eingeklappt wie in eine Tasche. Denn obwohl sie zu den Fledermäusen gehörte, lebte sie fast ihr ganzes Leben lang am Boden: Wenn sie aber doch die Flügel nutzte, dann flatterte die Große Neuseelandfledermaus ganz niedrig, in zwei, drei Metern Höhe langsam durch die Luft. Anfang der 1960er Jahre gab es sie nur noch auf Big South Cape und einer weiteren kleinen Insel. Auch Waldschlüpfer, kleine, ebenfalls mäuseartig huschende Singvögel, sowie Südinselschnepfen und die südliche Unterart des seltsamen Sattelvogels mit den zwei roten Hautlappen am Schnabel hatten dort eines ihrer letzten Rückzugsgebiete.

1964 bemerkten Naturschützer, darunter der junge Don Merton, dass Ratten erstmals Big South Cape erreicht hatten, wahrscheinlich waren sie ein oder zwei Jahre zuvor an Bord von Schiffen eingetroffen. Nun würden die seltenen Spezies bald auch dieses Refugium an die Nager verlieren, die Ratten würden alle auffressen. Aber dass es so schnell gehen würde, ahnten die Naturschützer nicht. Immerhin gelang es ihnen, den Südlichen Sattelvogel zu evakuieren und siebenunddreißig Exemplare auf eine rattenfreie Insel zu bringen; es war eine der ersten Umsiedlungen dieser Art. Bei den anderen Spezies waren die Ratten schneller. Das letzte Exemplar von *Mystacina robusta* wurde im April 1965 gesehen, dann war eine der seltsamsten Fledermäuse der Erde ausgerottet. Auch um den Waldschlüpfer und die Schnepfe war es rasch geschehen – zunächst verschwanden sie auf Big South Cape, ein paar Jahre später auch an ihren anderen Rückzugsorten.

Geschichten wie diese gibt es auf Neuseeland viele. 1894 wurde der Leuchtturm von Stephen Island eingeweiht, einem Eiland in der Cook-Straße, zwischen der Nord- und der Südinsel Neuseelands gelegen. Leuchtturmwärter David Lyall hielt dort eine Katze namens «Tibbles». Nach Katzenart brachte Tibbles manchmal erbeutete Vögel mit nach Hause und legte sie Lyall vor die Füße. Der ornithologisch interessierte Leuchtturmwärter kannte die winzigen Vögelchen nicht, schickte sie zur Bestimmung ins Museum und sie erwiesen sich als eigene Art, die *Xenicus lyalli* genannt wurde, der Stephen-Island-Schlüpfer. Nur zwei Mal hat Lyall die flugunfähigen Singvögelchen selber gesehen, als sie wie Mäuse über die Insel huschten. Insgesamt siebzehn Vögel soll ihm seine Katze gebracht haben; nach einem Jahr war es damit vorbei – und der Stephen-Island-Schlüpfer verschwunden. Nur die zwölf in Museen aufbewahrten Exemplare zeugen von seiner Existenz.

Eines verbindet die Ausrottungen auf Stephen Island und Big South Cape: Alle Spezies verschwanden so schnell, weil sie bereits «vorgeschädigt» waren, die Inseln beherbergten jeweils nur Restpopulationen jener Arten. Wie Fossilienfunde zeigen, waren sie zuvor auf dem neuseeländischen Festland weit verbreitet gewesen, dort aber längst ausgerottet.

Noch immer hat Neuseeland den Ruf, ein urwüchsiges und unversehrtes Naturparadies auf der anderen Seite der Erde zu sein: gewaltige Fjorde, atemraubende Berge, grandiose Küsten und Regenwälder – für viele ein Sehnsuchtsziel. Dabei existieren manche der «Ur»-Wälder in den Nationalparks nur noch, weil Naturschützer dort regelmäßig Gift abwerfen. Es gibt wohl keine größere Landmasse auf der Erde, die in den vergangenen Jahrhunderten eine so tiefgreifende Umwälzung ihrer Natur und Landschaften erlebt hat wie Neuseeland.

Vor etwa achtzig Millionen Jahren hatten sich die Inseln Neuseelands vom Rest der Welt abgespalten – und so entstand ein Kosmos, wie es ihn nirgends sonst auf der Erde gab. Denn außer ein paar Robben an den Stränden und drei Arten von Fledermäusen, die irgendwann mal der Wind hierher verdriftete und von denen zwei das Fliegen so gut wie aufgegeben hatten, gab es hier keine Säugetiere. Zugleich waren die neuseeländischen Inseln groß genug – die beiden Hauptinseln und die kleineren umfassen zusammen etwa sechseinhalb mal die Fläche der Schweiz –, um ein außergewöhnliches Experiment der Natur zu starten: So nämlich hätte es auf der Erde aussehen können, wenn vor fünf-undsechzig Millionen Jahren mit den Dinosauriern auch die Säugetiere ausgestorben wären.

Urtümliche Frösche, vorsintflutliche Brückenechsen und ein über sechzig Zentimeter langer Riesengecko hausten auf den Inseln, die zu vier Fünfteln mit Wäldern voller Baumfarne, Südbuchen und Kauri-bäume bedeckt waren. Vor allem aber war Neuseeland eine Welt der Vögel. Nirgends sonst gab es sie in so vielen unterschiedlichen Formen wie hier, nirgends sonst waren so viele von ihnen flugunfähig. Weil es keine räuberischen Säuger gab, fehlte der Anreiz, sich zur Flucht in die Luft zu erheben, und vielen Arten verkümmerten die Flügel. Manche, wie die kleinen Schlüpfer, hatten die ökologische Funktion von Mäusen am Waldboden übernommen, die bunte Takahe-Ralle weidete das Gras der neuseeländischen Alpenmatten wie anderswo die Schafe, die neu-seeländischen Nationalvögel, die Kiwis, stocherten mit ihren langen Schnäbeln im Erdreich nach Würmern und Insekten, und die plumpen Eulenpapageien waren nachts in den Wäldern auf den Beinen.

Und dann gab es natürlich die Moas. Während Afrika *einen* großen, flugunfähigen Laufvogel besitzt, den Strauß, da lebten in Neuseeland gleich mindestens *elf* Arten von ihnen: vom dreieinhalb Meter großen

*Dinornis giganteus*, doppelt so groß wie ein Mensch und zweihundertfünfzig Kilogramm schwer, der – fast wie eine Giraffe – noch an hohe Zweige herankam, bis zum Zwergmoa *Euryapteryx curtus*, der immerhin noch so groß wie ein Truthahn war.

Hier lebte der größte Adler, den es jemals auf der Erde gab: Der *Harpagornis haasti* hatte eine Flügelspannweite von drei Metern, wog um die dreizehn Kilogramm und machte vor allem Jagd auf Moas. Seine Klauen waren lang wie Tigerkrallen, und wenn seine Fänge in das Rückgrat seiner Lieblingsbeute schlugen, zerfetzten sie Muskeln, Rückenmark und sogar die Nieren. Die gewaltigen Vögel, zwanzigmal schwerer als der Angreifer, waren vermutlich auf der Stelle tot. Von solchen Attacken der Haast-Adler zeugen noch heute Spuren der Adlerkrallen an fossilem Moagebein: Manche Knochen weisen drei Löcher auf, in denen die starken Fänge der gewaltigen Greife passgenau unterzubringen sind.

Dieses völlig andere Experiment der Natur existierte bis ins 13. Jahrhundert hinein abgeschieden und unversehrt am Ende der Welt. Neuseeland war die letzte große Landfläche außerhalb der eisigen Antarktis, die der *Homo sapiens* noch nie betreten und besiedelt hatte: Es war die Zeit, in der die Mongolen unter Dschinghis Khan große Teile Asiens und Osteuropas eroberten, Stauferkönig Friedrich II. 1228 zum Fünften Kreuzzug nach Jerusalem aufbrach, Marco Polo 1275 China erreichte und die Schweizer 1291 ihre Eidgenossenschaft gründeten.

Wahrscheinlich in der zweiten Hälfte des 13. Jahrhunderts gelangten dann die Polynesier auf großen Doppelrumpfkanus erstmals nach Neuseeland. Es waren, das zeigen molekulargenetische Untersuchungen, kaum mehr als zweihundert Menschen, die hier mit tropischen Nutzpflanzen und ein paar Haustieren an Bord landeten – darunter die Pazifische Ratte *Rattus exultans*. Bald nach ihrer Ankunft kam es nach Ansicht des neuseeländischen Biologen Richard Holdaway zu einem Blitzkrieg, einem doppelten sogar, der Neuseeland tiefgreifend veränderte.

Schon bevor sich die Vorfahren der heutigen Maoris tiefer in die

Als die Vorfahren der Maoris nach Neuseeland kamen, waren die Inseln voller Moas.
Diese Jagdszene ist allerdings nachgestellt, der Moa ein Modell.

Wälder vorwagten, zog – wie Holdaway es formulierte – «eine graue Flut» über die Inseln, die «alles Essbare in Rattenprotein» verwandelte. Die an Bord der Kanus mitgekommenen Nagetiere fanden Nahrung ohne Ende: harmlose Frösche, Echsen und Vögel, denen sie problemlos die Eier stibitzen und deren Jungen sie auffressen konnten, weil diese Arten so freche Feinde nicht gewohnt waren. Die Ratten hatten mehrere Würfe im Jahr, die Erstgeborenen jeder Saison konnten gleich selber noch mal Nachwuchs bekommen. Rasch waren viele kleinere und mittelgroße Arten verschwunden, die sich nicht zur Wehr setzen konnten.

Den Menschen fiel das Überleben zunächst schwerer: Die mitgebrachten tropischen Pflanzen gediehen im kühlen neuseeländischen Klima nicht. Aber waren die Inseln nicht voller Fleisch, das arglos durch die Wälder stapfte? Bald hatten die Neuankömmlinge die Chancen des Landes erkannt – Moas waren leicht zu jagen. Archäologen fanden außer Speeren oder Keulen keine spezialisierten Jagdwaffen, die riesigen Vögel mussten wohl einfach nur erschlagen werden. Aotearoa – das «Land der großen, weißen Wolke» – war plötzlich ein Schlaraffenland. Entsprechend verschwenderisch gingen die Menschen mit dem Reichtum um: Von den Moas verzehrten sie nur die saftigen Schenkel, den Rest warfen sie weg. Es hat wohl regelrechte Fleischverarbeitungsstätten auf den Inseln gegeben: Bei Wairau Bar im Norden der Südinsel fanden Archäologen Überreste von fast neuntausend getöteten Moas, dazu beinahe zweieinhalbtausend zerbrochene Eier; bei Waitaki Mouth wurden sogar über dreißigtausend Moas getötet.

In den Abfallgruben, die kurz nach der Besiedlung entstanden waren, fanden die Forscher noch Moaknochen und Eierschalen zuhauf, doch ganz abrupt, schon wenige Jahre später, enthielt der Müll keine Moaknochen mehr, dafür immer mehr Fischgräten. Der Raubbau versetzte den Moa-Arten rasch den Todesstoß. Die großen Laufvögel pflanzten sich nämlich nur äußerst langsam fort; wahrscheinlich wurden sie erst mit dem achten Lebensjahr geschlechtsreif und bebrüteten auch nur ein einziges, dafür aber umso gewaltigeres Ei: Die Eier des größten Moas fassten 4,3 Liter – so viel wie neunzig Hühnereier. Um die letzten verbliebenen Moas zu jagen, zündeten die Menschen die Wälder an – das belegen Holzkohlereste. Etwa vierzig Prozent der neuseeländischen Wälder fielen schon zu jener Zeit dieser zerstörerischen Form der Jagd zum Opfer. Heute ist man sicher, dass die Riesenvögel binnen eines Jahrhunderts weitgehend ausgerottet wurden. Ein paar kleinere überlebten in den neuseeländischen Alpen vielleicht noch etwas länger, doch spätestens um 1500 – also etwa zu jener Zeit, als Kolumbus auf Amerika stieß – hatte man auch diese Tiere getötet.

Die Menschen in Neuseeland stiegen daher auf andere Vögel um: Der neuseeländische Pelikan sowie eine Schwanen- und mehrere Gänsearten fielen ihnen zum Opfer. Als alle großen Vögel verschwunden waren, fand auch der riesige Haast-Adler keine Beute mehr und starb aus. Es blieben die kleineren fliegenden Vögel übrig; viele dieser Arten hatten die Ratten allerdings schon arg dezimiert.

Nirgends ist ein «Blitzkrieg», die schnelle Ausrottung vieler Arten, kurz nachdem der Mensch erstmals einen neuen Erdteil betrat, archäologisch so zweifelsfrei belegt wie hier – jedoch nur, weil er erst vor wenigen Jahrhunderten stattfand. Auch die Relikte der zahlreichen Moamassaker verschwinden rasch: Gegen Ende des 19. Jahrhunderts wurden ganze Eisenbahnzüge voller Moagebeine zu Dünger verarbeitet, und an der Landzunge bei Waitaki Mouth, auf der die größte der «Fleischverwertungsstätten» lag, nagt seit hundert Jahren das stürmische Meer. Inzwischen ist sie auf natürliche Weise von über einhundertzwanzig auf fünfzig Hektar geschrumpft.

Als Abel Tasman 1642 als erster europäischer Seefahrer die Inseln erreichte, war Neuseeland ein Land des Hungers. Das Klima ließ nur begrenzte Landwirtschaft zu; die wichtige, von den polynesischen Vorfahren mitgebrachte Süßkartoffel konnten die Maoris nur einmal im Jahr ernten. Bis zu diesem Zeitpunkt waren bereits fünfunddreißig Vogelarten ausgerottet.

Im 19. Jahrhundert begann die Eroberung und Besiedlung Neuseelands durch die Europäer. Die Siedler brachten ihre Getreidesorten und

Haustierarten mit in die kolonialisierten Länder, aber auch Wildtiere und -pflanzen. In gemäßigten Klimazonen haben sie auf diese Weise mehrere «Neo-Europas» geschaffen: in Nordamerika sowie in manchen Regionen Australiens und Südamerikas. Aber nirgends hat dieser «ökologische Imperialismus» ein solches Ausmaß angenommen wie in Neuseeland, dessen Landschaften die Maoris zuvor gründlich entleert hatten.

Für die Jagd setzten die Siedler schottische Rothirsche und Gämsen aus Österreich aus und ließen Kaninchen, Wiesel und Hermeline frei. Auch fern der Heimat wollten sie nicht auf vertraute europäische Vogelweisen verzichten – Amseln und Drosseln, Buchfinken und Stieglitze, Goldammern und Haussperlinge sind heute deshalb in Neuseeland weit verbreitet. Wo einst dichte Urwälder standen, grasen etwa dreißig Millionen Schafe auf grünen Weiden. Auch andere Erdteile lieferten Arten: Wapitihirsche kamen aus Amerika, Thare – eine Wildziegenart – aus dem Himalaja, diverse Kängurus und Schwarze Schwäne aus Australien und Hirtenmainas aus Indien. Um die Pelztierjagd zu ermöglichen, führte man im 19. Jahrhundert australische Fuchskusus ein, im englischen «Possums» genannt und nicht mit den Opossums zu verwechseln. Heute fressen schätzungsweise dreißig Millionen der plüschigen Beutler die verbliebenen Wälder leer.

Alle diese Arten wurden absichtlich ausgesetzt. Im Zeitalter der Globalisierung und des schnellen Massenverkehrs um die Erde kommen viele weitere Spezies jedoch unbeabsichtigt ins Land. Brauchten Schiffe früher noch Wochen oder Monate bis ans Ende der Welt, gelangen Flugzeuge heute in vierundzwanzig Stunden nach Neuseeland. Vor allem Insekten überleben eine solche Reise nun viel leichter. Und einige von ihnen können die verbliebenen, einzigartigen Lebensräume Neuseelands völlig umkrempeln.

Im Sommer riecht die Luft in den Wäldern an den Nelson Lakes nach warmem Honig. Überall auf den Stämmen der Südbuchen sprießen streichholzlange Stielchen und darauf sitzen winzige Tropfen, die wie

Tau in der Sonne funkeln, nach Zuckerwasser schmecken und betörend süßen Duft verströmen.

Ein Summen liegt in der Luft und setzt sich mehr und mehr im Ohr fest. Es ist das einzige Geräusch ringsum, ansonsten ist es still: Viel zu still für einen neuseeländischen Wald im Sommer, der voll flötender Glockenvögel, flügelschwirrender Tuis und laut krächzender Kaka-Waldpapageien sein sollte. Aber es gibt nur dieses verstörende, irgendwie bedrohliche Summen.

Es stammt von Wespen, die überall die Bäume bis hoch in die Wipfel umschwärmen. Der Waldboden ist geradezu gespickt mit ihren unterirdischen Bauten. Im Moos zerren zwei an einer Motte, die in lautlosem und vergeblichem Kampf versucht, sich loszureißen. «Allein in den Sommermonaten fressen die Wespen in den Honigtauwäldern mehr Insekten als alle Vögel Neuseelands zusammen. Wenn es so weitergeht, werden sie eine Reihe von Arten bald ausgerottet haben. Wie viele schon verschwunden sind, wissen wir gar nicht», erklärt der Biologe Richard Toft.

Nach dem Zweiten Weltkrieg kamen sie unbemerkt in Militärflugzeugen aus Europa und breiteten sich rasch aus. In den siebziger Jahren erreichte das Heer der Hautflügler die Honigtauwälder auf der Südinsel, und seither gibt es sie nirgends auf der Erde in einer solchen Dichte wie hier: Die Wespen halten den Wald besetzt. «Diese ‹Aliens› machen den neuseeländischen Arten den Lebensraum streitig oder fressen sie auf», sagt Richard Toft. «Und jetzt bedrohen sie das Gefüge des ganzen Waldes.»

Dort, wo die streichholzlangen Stielchen wachsen, sitzt in der Rinde jeweils ein etwa halbzentimetergroßes, rötliches Wesen – eine Schildlaus. «Diese winzigen Insekten sind für den süßen Duft verantwortlich und produzieren den Treibstoff, der das gesamte Ökosystem in Gang hält.» Die Schildläuse nämlich zapfen den Saft der Südbuchen an und scheiden über die wachsigen Röhren aus, was sie nicht selber verwerten können – zuckrigen, klebrigen Saft. Insekten, Geckos und Vögel nippen von den süßen Exkrementen der Läuse. «Für Glockenvögel,

Tuis und Kakas ist der Honigtau in der Brutsaison eine wichtige Energiequelle», sagt Toft. Der größte Teil tropft aber auf den Boden und nährt dort Mikroorganismen, die organisches Material zersetzen und den Bäumen wertvolle Nährstoffe zurückgeben – ein Kreislauf, der in dem Bergwald mit dünner Erdschicht äußerst wichtig ist. Doch das war einmal: Denn nun haben die Wespen die Honigtauernte monopolisiert und sammeln in der Hochsaison bis zu neunundneunzig Prozent der süßen Exkremente ein. Für die Vögel und – noch schlimmer – für die Bodenorganismen bleibt kaum etwas übrig. Wenn es so weitergeht, drehen die Wespen dem Wald den Energiehahn ab. Es wäre das Ende der duftenden Honigtauwälder.

An den Nelson Lakes sind die Wespen bei weitem nicht die einzigen Eindringlinge: Schottische Rothirsche fressen das Unterholz kahl, Gämsen weiden die Matten der Berge ab, Fuchskusus futtern in den Baumwipfeln Unmengen an Blättern in sich hinein und Wiesel und Frettchen jagen die naiven einheimischen Vögel. So wie hier ist es beinahe überall in Neuseeland.

«Die Invasion der Wespen ist kein Einzelfall», erklärt Mick Clout, Professor für Ökologie in Auckland. «Im Schlepptau des Menschen geraten ‹fremde› Arten – Tiere, Pflanzen und Mikroorganismen – in andere Lebensräume und richten gewaltige Schäden an: und zwar weltweit.» In der neuen Heimat finden die Globetrotter oft wenig Feinde, Konkurrenz oder Krankheitserreger vor und können sich daher nahezu grenzenlos vermehren. Die Erfolgreichen unter ihnen wirbeln ganze Artengefüge durcheinander, kippen Ökosysteme und verdrängen in großem Stil andere Spezies. Bei etwa vierzig Prozent aller im Tierreich dokumentierten Fälle, bei denen die Ursache der Ausrottung bekannt ist, waren «Aliens» beteiligt. Bei Vögeln können sogar über fünfzig Prozent aller seit 1600 ausgerotteten Spezies eingeschleppten Konkurrenten, Räubern oder Krankheitserregern angelastet werden.

Dennoch ist die Zahl der Vogelspezies in Neuseeland etwa konstant geblieben – weil nämlich die einheimischen Arten durch zugezogene ersetzt wurden. Sogar fünfunddreißig landlebende Säugerspezies leben heute im ehemaligen Reich der Vögel. «Böswillige sagen, dass die hiesige Artenvielfalt durch die Neubürger doch zugenommen habe», sagt Mick Clout, «aber statt unserer einzigartigen Moas, Huias, Kakas und Kiwis begegnen einem in großen Teilen des Landes Amsel, Drossel, Fink und Star.» Überall leben nun Allerweltsarten: Am Straßenrand blühen Löwenzahn und Schafgarbe, entlang der Bäche wachsen Pappeln und Weiden, in den Flüssen schwimmen Forellen und Lachse. So sind heute zwei Drittel der Fläche Neuseelands von eingeführten Arten bewachsen, und die einheimischen Pflanzen, von denen achtzig Prozent nur hier vorkommen, sind weiter auf dem Rückzug. Dreiundvierzig der einst einhundertelf einheimischen Vogelspezies sind ausgerottet, viele unter Mitwirkung fremder Arten; dreizehn weitere sind ernsthaft bedroht, und manche haben nur auf einigen kleinen Inseln vor der Küste überlebt. So steht es um die «unversehrte» Natur Neuseelands.

Endlich Ferien! Shannon und Blair machen einen Ausflug mit ihrem Vater: Ab in die Wälder – und Marshmallows am Stock grillen! Vorher haben die beiden Geschwister schon Fallen gebaut; sie haben Äpfel als Köder dabei und der Vater ein Gewehr. «Possum Hunt», ein neuseeländisches Abenteuerbuch für Kinder, zeigt in einer realistischen Fotogeschichte, wie Vater, Tochter und Sohn losziehen, um möglichst viele der niedlichen, etwa katzengroßen Fuchskusus zu töten.

Einmal leuchten sie nachts mit Scheinwerfern in die Bäume, und Sohn Blair braucht ein paar Schüsse, bis er den jungen Fuchskusu endlich aus dem Wipfel schießt. Später hat sich in Shannons Falle eine Possum-Mutter mit Jungtier gefangen, aber das Mädchen will beide laufenlassen. Die Geschwister streicheln das Baby mit den Kulleraugen, und Bruder Blair verabschiedet es mit den Worten: «Ich komm zurück und schieß dich ab, wenn du groß bist.» Am Ende des Büchleins zieht Blair ein totes Possum, das sich in einer Falle stranguliert hat, am Schwanz einen Hügel hoch, und alle zusammen häuten zufrieden die getöteten Fuchskusus ab. Es war ein guter Ausflug! Und alles ist natürlich auf den Fotos im Buch zu sehen.

Die eingeschleppten Beuteltiere sind in Neuseeland verhasst: Umfragen zufolge sind etwa siebzig Prozent der Bevölkerung dafür, die Possums auszurotten, weitere zwanzig Prozent wollen ihren Bestand drastisch reduzieren. Das Land hat den «Aliens» den «Krieg» erklärt – und spart dabei nicht mit martialischen Ausdrücken. Neuseeland sieht sich «unter Belagerung», weil die «invasiven Arten» neben der einzigartigen Flora und Fauna des Landes auch die Landwirtschaft und den Tourismus bedrohen, die Grundpfeiler der neuseeländischen Wirtschaft. Der Gesamtschaden, der durch «Aliens» jährlich hervorgerufen wird, belief sich 2008 auf gut zwei Milliarden Euro, das sind zwei Prozent des Bruttosozialproduktes des Landes. Die «Schlacht um die Biosicherheit» ist mittlerweile ähnlich bedeutsam wie die herkömmliche nationale Verteidigung. Neuseeland «rüstet» im Kampf gegen die unerwünschten Arten stetig nach, ist führend in der «Abwehrforschung» und errichtet ein immer perfekteres «Verteidigungssystem» gegen neue Invasionen.

Die Fuchskusus sind bevorzugtes Ziel: Gut dreißig Millionen der gefräßigen Beuteltiere leben auf Neuseeland, und es gibt kaum einen Flecken, der nicht von ihnen besiedelt wäre. Jede Nacht stopfen sie im ganzen Land über zweihundertsiebzigtausend Tonnen Laub in sich hinein – die Ladung von drei großen Containerschiffen. Um ihre Zahl zu beschränken, werden alljährlich etwa zwei Millionen Hektar, mehr als zehn Prozent der Fläche des Landes, mit Gift «behandelt». Natriummonofluorazetat – bekannter unter seinem Kürzel 1080 («Ten-Eighty») – wird am häufigsten eingesetzt; von Juli 2001 bis Juni 2002 haben Naturschützer mehr als drei Tonnen davon über dem Land verteilt. Diese Menge würde ausreichen, um Abertausende von Menschen zu töten. Erstaunlicherweise kommt es kaum zu Zwischenfällen, nur selten gehen streunende Hunde oder bedrohte Vögel an dem Gift zugrunde, denn die Einsätze sind generalstabsmäßig vorbereitet. 1080 wirkt äußerst rasch: Innerhalb von zwei Tagen verenden bis zu fünfundneunzig Prozent einer Kusu-Population an den meist per Hubschrauber abgeworfenen Giftködern. Außerdem wird das Toxin schnell abgebaut und ist danach ungiftig. Das Ausbringen so riesiger Mengen von Stoffwechselgiften und das massenhafte Töten von Tieren wird allerdings auch im von «Aliens» geplagten Neuseeland kontrovers diskutiert. Dennoch ist unbestritten, dass in vielen Regionen und Nationalparks nur deshalb noch typisch neuseeländischer Wald wächst, weil alle drei Jahre die Bestände der Beutelratten durch «Chemotherapien», wie manche Wissenschaftler die Gifteinsätze nennen, dezimiert werden. Wer weiß, wie das Land sonst aussähe?

Das Kinderbuch «Possum Hunt» ist daher ein Naturschutzbuch, wenngleich es aus europäischer Sicht makaber erscheinen mag. Es liegt etwa im Museumsshop des neuseeländischen Nationalmuseums in Wellington direkt neben einem weiteren Buch für Kinder, das ebenfalls eine Naturschutzgeschichte erzählt – eine, die richtig ans Herz geht und die in den 1970er Jahren das ganze Land bewegte. Sie handelt von einem winzigen Vogel, dem Schwarzen Trauerschnäpper oder Black Robin, der auf den Chatham-Inseln lebte. Die Vorgeschichte klingt bekannt: Nachdem die Menschen die Inseln besiedelt und die von ihnen mitgebrachten Aliens den neuen Lebensraum besetzt hatten, blieb den Black Robins nur ein winziges Rückzugsgebiet – ein schroffer Felsen. Irgendwann gab es hier nur noch fünf Vögel, darunter ein einziges, ziemlich betagtes Weibchen: Old Blue, benannt nach den blauen Markierungsringen. Eigentlich war die Lage aussichtslos. Doch der Naturschützer Don Merton brachte Old Blue über Jahre hinweg mit Tricks und Kniffen dazu, doch noch viele Eier zu legen. So retteten die beiden den Black Robin vor dem Aussterben; Old Blue bekam Schlagzeilen auf der ganzen Welt und stieg zu einer nationalen Legende auf, Don Merton wurde zum wohl populärsten Naturschützer Neuseelands: «Wenn der seltenste Vogel der Erde gerettet werden kann, dann muss bei gutem Willen und menschlicher Anstrengung keine Tierart aussterben.»

Don Merton hat schon einige Arten gerettet, nicht nur den Black Robin: Seit den 1970er Jahren war er auch maßgeblich daran beteiligt, sämtliche noch auffindbaren, versprengt lebenden Exemplare des flugunfähigen Eulenpapageis Kakapo im Fjordland aufzuspüren und auf sichere Inseln zu evakuieren. Nur dort hatten sie überhaupt eine Chance, sich zu begegnen und zu vermehren. 1960 befreite er das zwei Hektar große Maria Island mit vergifteten Ködern von Ratten, die für die dort brütenden Sturmvögel das Aus bedeutet hätten: «Wir hatten damals nicht geglaubt, dass uns das gelingen könnte.» Damit wurde er zum Pionier vieler ähnlicher Ausrottungsaktionen.

Inzwischen sind die neuseeländischen Naturschützer routinierte Killer geworden. Seit ihnen 1996 das Meisterstück gelang, die etwa zweitausend Hektar große, bergige, zerklüftete und dichtbewaldete Insel Kapiti, ein Refugium seltener Vogelarten, auf ähnliche Weise von Ratten zu befreien, werden die Projekte immer ehrgeiziger. Im Sommer 2001 wurde die rund elftausend Hektar große subantarktische Insel Campbell von vier Hubschraubern aus in einhundertfünfzig Flugstunden mit vergifteten Ködern eingedeckt, um die Ratten dort auszurotten. Im März 2011 haben neuseeländische Naturschützer begonnen, die subantarktische Insel Südgeorgien von Wanderratten zu befreien. Dieses Brutgebiet von Millionen von Vögeln, darunter Pinguine, Albatrosse, Sturmschwalben und Sturmvögel, ist ein Eiland von der Größe Mallorcas.

Neuseeländisches Know-how in Sachen Ausrottung unerwünschter Aliens ist mittlerweile in der ganzen Welt gefragt: Wissenschaftler neuseeländischer Forschungsinstitute schießen verwilderte Haustiere in Australien, auf Galápagos und Hawaii. Neuseeländische Firmen bieten regelrechte Ausrottungs- und Kontrollkampagnen gegen verwilderte Ziegen, Schweine, Hirsche an – inklusive Hubschrauber und Jagdhunden. Das Ausrotten zum Retten von Arten, die sonst selber ausgerottet würden, hat sich zu einem neuseeländischen Exportschlager entwickelt.

Da schien die Anfrage von den Seychellen für Don Merton fast ein Klacks – und eine gute Gelegenheit, das Angenehme mit dem Nützlichen zu verbinden. Fünf Wochen Urlaub auf Fregate gegen das Ausrotten der Ratten, so war die Abmachung. Die Seychellen-Inseln Denise und Curieuse wurden gleich mitbehandelt. Nach drei Durchläufen wurde auf Fregate im Juni 2000 zum letzten Mal eine Ratte gesichtet, seither ist keine mehr aufgetaucht. Um sicherzugehen, dass dies auch so bleibt, wird der kleine Hafen der Insel seither durch einen nagerdichten Zaun abgeschirmt. Das Urlaubsvergnügen auf der Luxusinsel ist gerettet – und die Seychellen-Drossel auch. Schon als die verbliebenen Vögel während der Vergiftungsaktion zu ihrem Schutz in Volieren gehalten wurden, schlüpften sechs Küken. Nach der Aktion wurden die Drosseln und Schildkröten wieder freigelassen. 2005 gab es wieder fast einhundertachtzig der seltenen Vögel, von denen inzwischen schon eine Reihe auf andere Inseln umgesiedelt wurden.

Don Merton hatte es mal wieder geschafft mit dem Retten und Ausrotten.

# GLOBAL:
## JENSEITS VON EDEN

## Das gefährliche Leben
## im Wunderland

England, 1865. Ein Mädchen namens Alice folgt einem weißen Kaninchen in dessen Bau und gerät in einen Kosmos wunderlichster Kreaturen: Sie trifft auf eine Grinsekatze und eine rauchende Raupe, Flamingos, die als Cricket-Schläger, und Igel, die als Bälle herhalten müssen; außerdem auf Märzhasen, falsche Suppenschildkröten sowie einen Vogel, rund wie ein prallgefüllter Sack, der dem Mädchen und einer Reihe von Tieren ein verwirrendes Wettrennen vorschlägt: Jeder läuft los, wann er will, wie er will und solange er will. Das Ende des Rennens bestimmt der plumpe *Raphus cucullatus*, der Dodo, und er entscheidet: «Alle sind jetzt Sieger, und jeder muss einen Preis bekommen.»

Der englische Schriftsteller Lewis Carroll hatte 1865 dem skurrilen Schiedsrichter in der Novelle «Alice im Wunderland» ein Denkmal in der Weltliteratur gesetzt und so posthum seine Popularität befördert. Der ausgerottete Vogel wurde danach auch in einem Sprichwort unsterblich: «As dead as a dodo», was so viel heißt wie – mausetot sein.

Mauritius, 1598. Holländische Seefahrer unter Admiral Wybrand van Warwyck legten auf der Insel an, die zusammen mit Réunion und Rodrigues zu den Maskarenen im Indischen Ozean zählt. Erst um 1507 hatten Portugiesen wohl als erste Menschen überhaupt Mauritius betreten. Zwar waren die Maskarenen zuvor schon auf Karten arabischer Seefahrer eingezeichnet gewesen, doch hatten diese wahrscheinlich nie einen Fuß auf diese Inseln gesetzt. Die Holländer aber kamen nun

**Es war der Beginn einer Weltkarriere:**
**Alice trifft den Dodo.**

regelmäßig, um Proviant aufzunehmen: Riesenschildkröten, die dort zu Tausenden grasten, und jene seltsamen, fetten und flugunfähigen Vögel, die laut van Warwyck «größer als Schwäne» sowie von «angenehmen Geschmack und gut zu kauen» waren.

Irgendwann setzte sich der Name Dodo für sie durch – allerdings ist bis heute unklar, wovon sich diese Bezeichnung ableitet. Vielleicht wegen ihres Rufes? Doch nirgends ist beschrieben, wie der Ruf des Dodo klang. Wurden sie wegen ihres breiten Hinterteils und ihrer Langsamkeit so genannt? «Dod-aarsen» bedeutet im Holländischen so viel wie «Fettarsch», «Dodoor» hingegen «Faulpelz». Auch aus dem Portugiesischen könnte das Wort entlehnt sein: «Doudo» bedeutet dort «dumm», «einfältig» oder auch «trottelig». So könnten die Seefahrer diesen Vogel jedenfalls empfunden haben, der den Männern nicht auswich, sondern sich einfach packen und erschlagen ließ. Etwa ein halbes Jahrhundert lang diente er – genau wie die Riesenschildkröten – als nützliche Fleischreserve, die geräuchert und gepökelt mit auf Fahrt genommen wurde.

Mauritius war bis dahin eine unberührte, tropische Welt voller Reptilien und Vögel sowie drei Arten von Flughunden. Leuchtend grüne Taggecko-Echsen flitzten die Baumstämme hoch, gleich zwei Arten von Riesenschildkröten stapften durch die Palmensavannen, Flamingos seihten Plankton aus den Seen und *Lophopsittacus mauritianus*, einer der größten Papageien der Welt, brütete auf dem Boden. Es gab hier nur wenige Raubtiere – eine nachtaktive Eulenart, eine habichtartige Weihe, eine Falken- und zwei Schlangenarten. Daher hatten viele Vögel das Fliegen aufgegeben, die Mauritiusralle etwa – und der Dodo. Der bestimmt zwanzig Kilogramm schwere, gut einen Meter große Verwandte der Tauben war mit seinen stämmigen Beinen bestimmt kein graziler Läufer; er ernährte sich von Früchten und Samen, die er mit seinem gewaltigen Schnabel knackte, vielleicht auch von Knollen und Wurzeln.

Schon bald nachdem die Holländer Mauritius erreicht hatten, gelangten Schweine und sogar Affen auf die Insel: Javaneraffen, die wahrscheinlich auf niederländischen Schiffen gehalten wurden, die aus der Kolonie Indonesien kamen. Ungehindert vermehrten sie sich nun auf der Insel. Da der Dodo auf dem Boden brütete und nur ein birnengroßes Ei auf eine anderthalb Meter hohe Anhäufung von Pflanzenteilen legte, waren Eier und Küken für die ausgesetzten Tiere eine leichte Beute. Hilflos mussten die Dodo-Eltern zuschauen, wie ihre Brut vertilgt wurde. So war es wohl weniger der Hunger der Seeleute, der dazu führte, dass der Dodo auf Mauritius verschwand: Die letzte sichere Sichtung eines *Raphus cucullatus* auf dieser Insel stammt aus dem Jahr 1638.

Île d'Ambre, Februar 1662. Schon neun Tage lang waren die Schiffbrüchigen der «Arnhem» in einem Beiboot umhergetrieben, hatten aus Durst den eigenen Urin getrunken, waren hungrig und langsam wirr im Kopf. Es war vermutlich die kleine Insel Île d'Ambre vor der Nordküste von Mauritius, auf der sie schließlich strandeten. Zu ihrem Glück fanden die geschwächten Männer seltsame Vögel vor: «Größer als Gänse, aber flugunfähig, statt Flügeln haben sie nur kleine Flatterlappen, allerdings können sie schnell rennen.» Volkert Evertsz, einer der Gestrandeten, lieferte später die letzte Beschreibung lebender Dodos. Weil es weder Schweine noch Affen hierher geschafft hatten, gab es *Raphus cucullatus* noch auf der kleinen Insel. «Sie schauten uns an und verharrten ruhig, wo sie standen, und ließen uns so nahe herankommen, wie es uns genehm war. Wenn wir dann einen fest am Bein hielten, schrie er auf, die anderen kamen herbei, und wir konnten sie ebenfalls schnappen.» Drei Monate lang konnten die Schiffbrüchigen auf der Insel überleben; dann nahm sie der vorbeifahrende englische Segler «Truro» auf. Wahrscheinlich hatten die Geretteten ihr Überleben den letzten Dodos der Erde zu verdanken.

Vereinzelt sollen später noch Dodos auf Mauritius gefangen worden sein; der holländische Jäger Isaac Lamotius will 1688 noch welche gesehen haben. Doch waren es wirklich Dodos? Zu jener Zeit wurde der verschwundene Vogel häufig mit dem später ebenfalls ausgerotteten flugunfähigen Mauritiusralle *Aphanapteryx bonasia* verwechselt. Als Zeitpunkt des endgültigen Aussterbens von *Raphus cucullatus* wird daher häufig «um 1680» angegeben. Vorsichtigere sagen dagegen: «in der zweiten Hälfte des 17. Jahrhunderts».

Die ausgesetzten Affen und Schweine machten sich auch über die Gelege der Riesenschildkröten und der Riesenpapageien her, sodass diese Spezies auf Mauritius ebenfalls bald ausstarben. Auf Réunion und Rodrigues waren die großen Schildkröten und zwei dodoähnliche Vö-

gel ebenso bald Vergangenheit: 1746 wurde auf Réunion der legendäre
«weiße Dodo» *Threskiornis solitarius* ausgerottet, der eigentlich ein Ibis
war, 1790 verschwand auf Rodrigues der Solitär *Pezophaps solitaria*.

All diese Tiere ereilte ein typisches Inselschicksal: Isoliert vom Rest
der Welt, ohne Bedrohung durch Räuber, hatten sie eine allzu treu-
herzige Entwicklung eingeschlagen, lebten fernab von Kontinenten in
Sicherheit, weder zur Vorsicht noch zur Verteidigung bereit. Seitdem
die Menschen um 1600 die Maskarenen besiedelt haben, sind dort
vierundvierzig Vogel- und Reptilienarten ausgestorben; damit hat die
Inselgruppe einen Spitzenplatz unter den Orten mit den höchsten Aus-
sterberaten der jüngeren Geschichte.

Die meisten anderen Inseln hatten das Ausbluten der Artenvielfalt
längst hinter sich; selbst die einsamen Atolle und Archipele des Pazifiks,
die Osterinsel, Fidschi, Tahiti und die abgelegenste Inselgruppe überhaupt: Hawaii. Sie alle hatten einst jeweils eine ganz eigene Vogelfauna
beherbergt. So musste der Ornithologe Storrs Olson von der Smithsonian Institution in Washington, der die fossile Vogelwelt Hawaiis erforscht, irgendwann erstaunt feststellen, dass mindestens vierzig Arten
von Vögeln längst verschwunden waren, bevor Captain James Cook
1778 die Inseln erreichte. Dass die Anzahl der Arten dort schon vor der
Ankunft der Europäer um mindestens die Hälfte eingebrochen war,
hatte er nicht erwartet. «So ist es überall im Pazifik – fünfzig bis achtzig
Prozent der Spezies der Inseln sind ausgerottet.» Und es ließ sich eindeutig nachweisen, wer dafür verantwortlich war: Seit die Polynesier
vor zweitausend Jahren auf ihren großen Kanus loszogen, um eine Insel
nach der anderen zu besiedeln, sind schätzungsweise zweitausend Vogelarten verschwunden – etwa ein Fünftel aller auf der Erde existierenden Vogelspezies also; aufgegessen von den kühnen Seefahrern.

Sizilien, nach dem Trojanischen Krieg. Der listige Odysseus irrt auf der
Suche nach seiner Heimat Ithaca durchs Mittelmeer und wird vom
einäugigen und menschenfressenden Zyklopen Polyphem mit zwölf
Gefährten in dessen Höhle gesperrt. Als das Ungetüm schon sechs von

Odysseus' Mannen verspeist hat, da gelingt es ihm und den verbliebenen Kriegern, dem Monstrum einen glühenden Pfahl ins Auge zu rammen, das mitten auf der Stirn sitzt. Vor Schmerz und Wut bebend öffnet der Zyklop den Höhleneingang und die Männer entkommen.

Die Höhle des Zyklopen soll am Ätna auf Sizilien gelegen haben – und vermutlich steckt in dieser Geschichte ein wahrer Kern: Wahrscheinlich fanden schon die frühen Griechen bei ihren Seefahrten auf Sizilien und anderen Mittelmeerinseln Schädel mit einem großen Loch unterhalb der Stirn, für das sie keine Erklärung hatten. Also füllten sie das Loch in der Stirn gedanklich mit etwas, das sie kannten – mit einem großen Auge. Wie sollten sie auch wissen, dass dieses Loch im Schädel, wie bei Elefantenschädeln üblich, ein gewaltiges Nasenloch war, an dem der Rüssel entsprang?

Die Schädel stammten von kleinen bis winzigen Elefantenarten, die auf mehreren Mittelmeerinseln lebten, auch auf Kreta, Malta und Zypern. Manche waren nur hüfthoch, die Babys klein wie Lämmchen. Auch verzwergte Flusspferde und Hirsche lebten einst dort, wo heute bestenfalls ein paar Wildziegen vorkommen. Fast jede Insel besaß ihre eigene Artengarnitur, ihre eigenen zoologischen Spezialitäten. Die letzten dieser Mittelmeer-Zwergarten verschwanden vor etwa viertausend Jahren: Auf Tilos fand man Gebeine zwergwüchsiger Elefanten inmitten von Steingeräten und Tonscherben, die aus dieser Zeit datieren. Wahrscheinlich hatte der Mensch diese Tierarten ausgerottet.

Bis in historische Zeiten gab es an vielen Orten der Erde solche «Miniaturwunderländer». Viele Inseln hatten sich vom Festland abgetrennt, meist weil der Meeresspiegel angestiegen war. Je kleiner die Inseln wurden, desto mehr schränkte sich ihr Nahrungsangebot ein. Große Tiere, die hier zurückblieben, mussten sich anpassen und kleiner werden, damit die Nahrung reichte – oder sie starben aus. Um das Jahr 2500 v. Chr., als am Nil die Pyramiden von Gizeh gebaut wurden, gab es auf Wrangel Island, im Nordmeer vor der sibirischen Küste, Zwergmammuts von nur zwei Metern Länge. Sie hatten dort sechstausend Jahre länger existiert als ihre Verwandten in Eurasien und Nordamerika. Auf Kuba und Hispaniola in der Karibik lebten noch vor etwa fünf-tausend Jahren bodenlebende Faultiere mit der Größe von Schwarz-bären. Damit waren sie zwar deutlich größer als die Verwandten in den Baumwipfeln, verglichen mit den sechs bis sieben Meter großen Riesenfaultieren, die auf dem amerikanischen Festland einige Jahr-tausende zuvor ausgestorben waren, müssen jedoch auch diese Insel-formen als Kümmerlinge bezeichnet werden.

Die meisten jener Arten lebten noch, als der *Homo sapiens* jeweils erstmals ihre Eilande betrat. Auf Inseln leben kleinere Populationen als anderswo – und die sind dort auch schneller ausgerottet. Bis in jüngste Zeit bilden sie daher Hot Spots des Aussterbens: Von den insgesamt etwa dreihundert seit 1600 ausgestorbenen Säugetier-, Vogel- und Reptilienspezies haben etwa achtzig Prozent auf Inseln gelebt, aber nur zwanzig auf den großen Kontinenten. Und das betrifft nicht nur die «höheren» Tiere, sondern auch die vielen kleinen Wirbellosen.

Gesellschaftsinseln, Anfang des 20. Jahrhunderts. Man muss sich Henry Edward Crampton als glücklichen Menschen vorstellen. Immer wieder zog es den Malakologen in die Südsee, von der damals auch der Maler Paul Gauguin so schwärmte: «Die Bewohner eines unbeachteten Pa-radieses in Ozeanien kennen vom Leben nichts anderes als seine Süße. Für sie heißt Leben Singen und Lieben.» Wie Gauguin frönte auch Crampton in der Südsee seiner Leidenschaft – einer Passion allerdings, die eine Schleimspur hinter sich herzog: Schnecken. Über sechzig Arten der um die zwei Zentimeter großen, landlebenden Schneckengattung *Partula* lebten auf den Gesellschaftsinseln, manche nur in einem einzi-gen Tal eines Eilands. Cramptons Wunderland hieß Moorea. Zwölf Mal reiste er auf das Inselchen, das nur ein Sechstel so groß wie Hamburg, dafür aber besonders reich an Schneckenspezies war. Elf Arten von *Partula* bestimmte er hier. Fünfzig Jahre lang studierte er die kleinen Schleimer, sammelte zweihunderttausend Schneckenhäuser, maß ihre Länge und ihre Breite, berechnete tagaus, tagein – zu einer Zeit, in der es weder Computer noch Taschenrechner gab – auf acht Dezimalstellen genau, wie sich die Gehäuse an welcher Stelle der Insel unterschieden, und berechnete so die Variationsbreite der Häuser. Die Zahlenkolonnen füllen Hunderte von Seiten seiner Publikationen, unzählige Schneckenhäuser hat er abgezeichnet.

Zu jener Zeit waren Darwins Ideen in der Wissenschaft akzeptiert: Ja, es gibt die Evolution! Weitgehend unklar war hingegen, wie sie denn nun eigentlich funktioniert. Crampton war besessen davon, dieser Frage auf den Grund zu gehen. Weil die *Partula*-Spezies in den verschiedenen Tälern der Insel so unterschiedlich aussahen, konnte Crampton zeigen, dass Populationen einer Art anfingen, sich zu unterscheiden, sobald sie getrennt wurden. Viele Eigenschaften entstanden dabei zufällig, wenn sich der Weg aufspaltete, und schließlich reicherten sich die Unterschiede so weit an, dass eine neue Art entstand. Auf kleinen Inseln, abgeschieden vom Rest der Welt, mit wenig Feinden und geringer Individuenzahl, laufen diese Prozesse schneller ab – und hier lassen sie sich besonders gut studieren.

In Cramptons Arbeit steckt die Erkenntnis, dass Merkmale wie vielfältige Farben und Formen nicht zwangsläufig einer vermeintlich besseren Anpassung zu verdanken sind. Viele entstehen einfach zufällig, und wenn sie nicht schaden, bleiben sie auch in den nächsten Generationen bestehen. Nicht jede Eigenschaft, die sich bei Arten findet oder durchsetzt, ist unbedingt die «beste» Version, sondern es gibt viele, deren Variation zunächst keinen Einfluss auf das Überleben ihres Trägers haben. Diese Merkmale können «Spielereien der Natur» sein; vielleicht wird daraus aber mal der «Rohstoff» für weitere Evolutionsschritte, aus denen die Selektion einmal auswählt.

Der Evolutionsbiologe Stephen Jay Gould nannte Cramptons Geduldsarbeit an Hunderttausenden von *Partula*-Schnecken später eine «der wichtigsten Arbeiten in der Geschichte der Evolutionsbiologie».

Moorea, 16. März 1977. Es ist wohl ein Glück, dass Henry Edward Crampton jenen Tag nicht mehr erlebt hat, an dem das Ende des süßen Südseelebens seiner schleimigen Forschungsobjekte begann und auf der Orangenplantage von M. Nardi auf Moorea *Euglandina rosea* ausgesetzt wurden – Raubschnecken aus Amerika. Die so genannte «Rosige Wolfsschnecke» sollte der gut zehn Zentimeter langen vegetarischen *Achatina fulica* den Garaus machen, die im 19. Jahrhundert auf vielen Inseln im Pazifik angesiedelt worden war. Denn die Achatschnecke ist groß genug, um aus Gartenabfällen Fleisch zu produzieren. Ursprünglich stammt sie aus Madagaskar und Ostafrika. Auf den Pazifikinseln fraß sie aber Gärten und Plantagen kahl, und da sie keine Feinde hatte, war sie zur Landplage geworden. Um die Achatschnecken nicht mit Gift zu vernichten, versuchte man es mit der «biologischen Schädlingsbekämpfung» und setzte die Raubschnecke aus.

Mit einer Geschwindigkeit von gut einem Kilometer im Jahr kroch die *Euglandina* nun über die Insel. Die nur fünf Zentimeter lange Raubschnecke beachtete den doppelt so großen Schädling *Achatina* aber kaum, sondern machte sich lieber über die kleinen *Partula*-Schnecken her, von denen jede Raubschnecke bis zu vier Exemplare täglich vertilgen kann. Schon 1984 meldeten zwei Schneckenforscher, die mit modernen genetischen Methoden Cramptons Arbeit fortsetzen wollten, dass eine *Partula*-Art auf Moorea bereits ausgerottet sei und, wenn der Raubzug so weitergehe, in wenigen Jahren alle Partulas verschwunden sein würden.

1988 war es so weit. Innerhalb von zehn Jahren hatte die *Euglandina rosea* aufgefressen, was Henry Edward Crampton fünfzig Jahre lang leidenschaftlich erforscht hatte – eines der wichtigsten und am besten studierten Beispiele der Evolutionsforschung. Ähnliche Schleimschlachten spielten sich auf anderen Pazifikinseln ab, die *Euglandina* erreicht hatte. Auch auf Hawaii fraßen die Raubschnecken viele Spezies der ähnlich vielfältigen *Achatinella*-Schnecken auf.

Gerade rechtzeitig brachte man fünfzehn Arten der *Partula* in Zoologische Institute, wo viele von ihnen gezüchtet werden: *Partula turgida* von der Gesellschaftsinsel Raiatea vermehrte sich bis 1993 im Londoner Zoo auf etwa vierhundert Exemplare. 1994 wurden die meisten von ihnen auf Moorea in einem Reservat, in dem man zuvor die Rosige

Wolfsschnecke ausgerottet hatte, freigelassen. Nur ein Jahr später drang *Euglandina* jedoch in das Schneckenreservat ein – und fraß alle ausgewilderten *Partula turgida* auf. Die in London verbliebenen Schnecken starben bald darauf an einem Parasiten. Der Tod der letzten wurde am 1. Januar 1996 um 17.30 Uhr festgestellt. Seitdem bleiben der Nachwelt nur noch die leeren Gehäuse im Museum: Auch *Partula turgida* ist jetzt «as dead as a dodo».

Oxford, 8. Januar 1755. Das Präparat im Ashmolean Museum in Oxford war einfach zu vergammelt. Also verbrannte man den ausgestopften Dodo einfach. Weil Kopf und Fuß aber noch einigermaßen intakt waren, schnitt man die beiden Körperteile ab und bewahrte sie auf. Sie sind die einzigen Überreste von *Raphus cucullatus*, an denen überhaupt noch Gewebe hängt. Ansonsten existieren in den Museen der Welt keine ausgestopften Dodos mehr, nirgends. Die Skelette, die man heute sieht, hat man meist aus Knochen zusammengesetzt, die nach dem Aussterben in Sümpfen von Mauritius gefunden worden sind; sämtliche Federpräparate sind «Nachbauten», an denen nicht eine echte Dodo-Feder klebt. Wenigstens vermitteln sie einen Eindruck, wie der Vogel lebend ausgesehen haben könnte.

Dass es solche bildhaften Eindrücke überhaupt gibt, ist den Tiermalern des 17. Jahrhunderts zu verdanken. Schon 1599 war der erste Dodo nach Europa gekommen, sechs Jahre später erhielt Kaiser Rudolf II. von Habsburg eines der Tiere für seine Menagerie. Beide Vögel hielten sich gut und waren beliebte Motive holländischer und deutscher Künstler. Weit über hundert Bilder der «europäischen» Dodos wurden gemalt und gezeichnet; viele zeigen ein seltsames Geschöpf mit klobigem Hakenschnabel, plump und mit einer Federquaste am Hintern sowie einem irgendwie melancholischen Blick. Wahrscheinlich waren jene Dodos in Gefangenschaft aber verfettet und lieferten so ein falsches Bild des Vogels. Auf den Skizzen, die 1601 auf Mauritius von frisch getöteten Dodos gezeichnet wurden, sehen die Vögel deutlich schlanker aus.

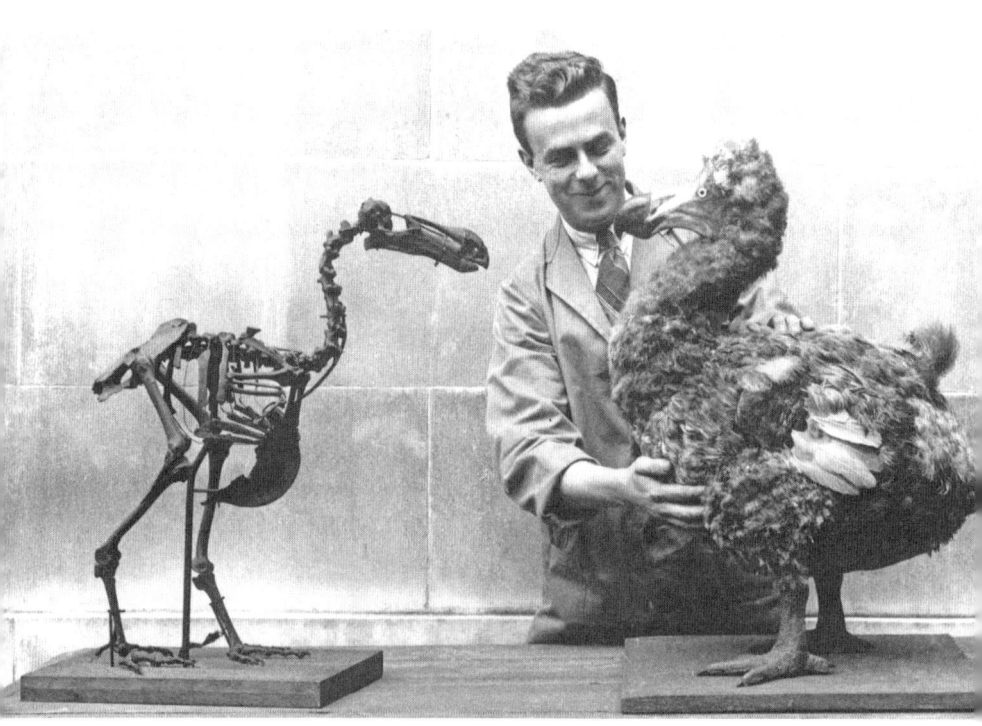

**Wir bauen uns einen Dodo:**
Weil es keine ausgestopften Exemplare von *Raphus cucullatus* mehr gibt,
müssen Museen den ausgestorbenen Vogel rekonstruieren.

So wurden die gemalten Dodos mehr und mehr zur Karikatur ihrer selbst – möglicherweise auch, weil ein Maler vom anderen abpinselte und dabei den komischen Vogel immer noch ein bisschen kauziger machte. So jedenfalls passte der tapsige *Raphus cucullatus* gut in Lewis Carrolls Wunderland skurriler Kreaturen, das den Dodo populär und zum Symboltier der ausgerotteten Arten machte.

Mauritius, 1977. Nur dreizehn alte Exemplare vom «Baum des Dodos» haben überlebt, berichtete der Ornithologe Stanley Temple. Die noch existierenden Calvarienbäume *Sideroxylon grandiflorum* waren inzwischen über dreihundert Jahre alt und trugen auch noch regelmäßig Früchte, aber ihre Samen keimten nicht mehr. Weil sie in dickwandigen Kerngehäusen stecken, vermutete Temple, dass sie auf den Dodo angewiesen waren, der vor etwa dreihundert Jahren ausgestorben war: Vielleicht mussten die Früchte vom Dodo verschluckt werden, in dessen Muskelmagen geknackt oder während der Darmpassage aufgeweicht werden? Schließlich gibt es viele Pflanzen, die mit Fruchtfressern ganz exklusive Beziehungen pflegen.

Temple verfütterte daher einige Calvarienbaum-Früchte an Truthähne; zehn von ihnen kamen unzerstört, aber abgeschliffen nach ihrer Passage aus den Puten wieder heraus. Der Forscher pflanzte die Früchte ein – und aus dreien von ihnen sprossen tatsächlich junge Pflanzen. Waren das die ersten Calvarienbäume, die seit dreihundert Jahren keimten? Es ist eine Geschichte wie gemacht für das Lehrbuch der Ökologie: Einem Aussterben folgt das nächste. Und sie geht um die Welt, denn der Dodo ist populär.

1981 aber kam die Botanikerin Wendy Strahm nach Mauritius und wies nach, dass es ganz so einfach doch nicht war. Zwar war *Sideroxylon grandiflorum* tatsächlich ein seltener Baum, doch die Botanikerin fand noch hunderte von ihnen, auch jüngere, die einfach nur schwer von verwandten Arten zu unterscheiden sind. Strahm nahm daher an, dass der Calvarienbaum nicht allein an den Dodo, sondern auch an die fruchtfressenden Papageien und Flughunde von Mauritius angepasst war. Von denen waren die meisten Arten zwar auch ausgerottet oder extrem selten geworden, einige aber lebten noch und könnten bei der Ausbreitung des Calvarienbaums helfen. Für das weitgehende Verschwinden von *Sideroxylon grandiflorum* machte Strahm – neben dem Aussterben des Dodos – weitere Ursachen aus: Offensichtlich hatten sich Schweine, Affen und Ziegen über Früchte und Keimlinge dieses Baums hergemacht, hatten sich eingeführte Pflanzen als harte Konkurrenten erwiesen und eingeschleppte Pilzinfektionen die Sämlinge geschädigt. Die Maskarenen seien zu «gestörten Systemen» geworden, in denen die zahlreichen Eindringlinge die ursprüngliche Flora und Fauna großteils verdrängt haben, sagt Strahm: «Diese Inseln sind wegen der vielen eingeführten Pflanzen und Tiere eine ausgesprochen künstliche Welt geworden.»

Während sich der «Baum des Dodos» noch manchmal fortpflanzt, kennt die Botanikerin einige Dutzend Pflanzenarten auf den Inseln, die sich hier nicht mehr in der Natur reproduzieren: Auf Rodrigues etwa gebe es die kaffeeartige *Ramosmania heterophylla;* 1874 wurde sie wissenschaftlich beschrieben und danach nie wieder gesehen. 1979 zeigte der Lehrer Raymond Ahkee seiner Klasse Bilder ausgerotteter Pflanzen der Insel, darunter auch eines von *Ramosmania heterophylla.* Ein Schüler meldete sich und sagte, dieser Baum da wachse doch bei ihnen im Garten. Der Junge hatte recht!

So kam Strahm 1982 an diesen Ort, um Stecklinge der Rarität zu nehmen, die in botanischen Gärten kultiviert werden sollten. Sorgsam war da schon um das letzte Exemplar ein Zaun errichtet worden. Und der zog nun die Aufmerksamkeit der einheimischen Bevölkerung auf die zuvor unbeachtete Pflanze: Wieso wurde der Baum so geschützt? Das musste doch einen Grund haben? Rasch mutierte die einzige *Ramosmania heterophylla* der Welt zur heilenden Wunderpflanze, und jeder wollte ein Stückchen von ihr haben. Das letzte Exemplar war schon reichlich zerrupft. Mittlerweile wachsen Stecklinge in mehreren botanischen Gärten. Der vermeintliche Schutz wäre der Spezies allerdings beinahe zum Verhängnis geworden.

Mindestens zehn solcher Pflanzenarten, von denen nur ein oder zwei Exemplare überlebt haben, gebe es, so Wendy Strahm. Für sie sind die Maskarenen, und damit die Heimat des Dodos, heute auch die «Inseln der lebenden Toten».

Hollywood, 2010. Auferstanden in 3D und egal, ob sein Name nun Fettarsch, Tollpatsch oder Faulpelz bedeutet, *Raphus cucullatus* darf gemeinsam mit der Grinsekatze und der Rauchenden Raupe in seinem neuen, hellbläulichen Federkleid noch einmal durch Alices Wunderland stapfen. Über dreihundert Jahre nach seinem Aussterben hat der

Dodo richtig Karriere gemacht: Denn wer zusammen mit Johnny Depp in einem Hollywood-Blockbuster auftritt, der hat es ja wohl geschafft! Welches Inselschicksal kann das schon von sich behaupten?

# Wir sind dann mal weg

In Australien ging es los. Noch im September 1981 war das knarrende «Eeeehm» des fünf Zentimeter großen *Rheobatrachus silus* an den Flüsschen im Blackall Range im australischen Queensland zu hören; danach wurden die Frösche hier nie wieder gehört oder gesehen. Sie waren einfach weg.

Erst 1973 hatte der Froschforscher Michael Tyler von der Universität in Adelaide das unbekannte Amphib in einem Bergbach im Südosten von Queensland entdeckt. Ein paar Monate später staunte er nicht schlecht, als eines der Weibchen, die er mit ins Labor genommen hatte, im Aquarium plötzlich begann, kleine Fröschlein aus dem Maul hervorzuwürgen. Es zeigte sich, dass die weiblichen Froschlurche nach der Eiablage das Gelege verschlangen, um es im Magen auszubrüten. Dort blieben die Kaulquappen, bis sie sich nach acht Wochen zu fertigen Fröschen verwandelt hatten und der Mutter aus dem Maul hüpften. Wieso wurden sie aber nicht von den Magensäften verdaut? Mit dem kuriosen Brutverhalten war es vorbei, nachdem das natürliche Vorkommen des *Rheobatrachus silus* plötzlich erloschen war und dann auch noch der letzte der magenbrütenden Frösche Ende 1983 im Forschungslabor starb.

Kurz darauf, im Januar 1984, entdeckte man in einem kleinen Areal im Nordosten Queenslands noch eine magenbrütende Froschart. Schon im Januar 1985 nahm dort jedoch auch die Zahl von *Rheobatrachus vitellinus* dramatisch ab; sechs Monate später waren sie alle verschwunden. Und die beiden Magenbrüter waren nicht die einzigen Frosch-

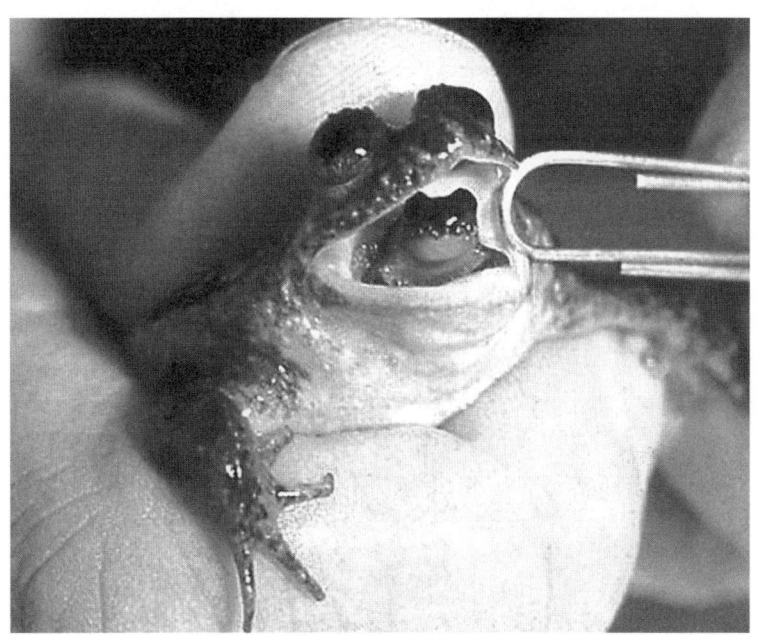

**Die magenbrütenden Frösche gehörten
zu den ersten Amphibien, die einfach verschwanden.**

arten, die hier einfach weg waren: Bis 1993 starben in Queensland sieben Froschspezies aus, die Populationen vier weiterer Arten schrumpften alarmierend. Ähnliches geschah auf anderen Kontinenten.

Alljährlich kam es im Monteverde-Regenwald Costa Ricas zu einem goldgelben Spektakel, bei dem sich in den paar Wochen zwischen April und Juni die Goldkröten *Bufo periglenes* zu Hunderten an den Gewässern des Bergregenwaldes drängten, um zu laichen. 1987 zählte man dort eintausendfünfhundert der leuchtend gelborangefarbenen Kröten; oft klammerten sich ein Dutzend von ihnen wie ein quirliger Klumpen Gold zur Paarung aneinander. Im Jahr darauf war es mit dem Spektakel vorbei: Nur eine einzige *Bufo periglenes* kreuzte auf; danach ward die Goldkröte nie wieder gesehen und gilt seit 1990 als ausgestorben. Neunzehn weitere Lurcharten dieser Region gelten als verschollen.

Hiobsbotschaften über den Zusammenbruch einer ganzen Frosch-fauna kamen zu Beginn der 1990er Jahre auch aus Nordamerika. Sie alle waren die ersten Anzeichen eines mysteriösen Phänomens: des globalen Sterbens der Amphibien.

Die ersten rätselhaften Todesfälle unter Geiern wurden 1996 im Na-tionalpark Keoladeo im indischen Radjastan beobachtet: Zunächst ließen die Vögel Kopf und Hals hängen, erschienen träge und schafften es nicht, sich aufzurichten. Dennoch vermochten die meisten, noch kürzere Strecken zu fliegen und ihre Brut zu versorgen. Irgendwann aber verendeten die Geier im Geäst oder auf den Nestern sitzend. Oder sie fielen einfach tot vom Baum.

Das Sterben hatte langsam begonnen: Schon in den zehn Jahren zuvor hatte sich die Zahl der besetzten Nester des *Gyps bengalensis*, dem Bengalgeier, im Nationalpark halbiert. In der Brutsaison 1996/97 brüteten noch einhundertfünfzig Paare, zwei Jahre später waren gerade fünfundzwanzig davon übrig. Der Zusammenbruch der Geierpopula-tionen betraf auch den Schmalschnabelgeier *Gyps tenuirostris* und den Indischen Geier *Gyps indicus*: Im Jahr 2000 fand sich nur ein einziger Altvogel dieser Spezies an einem verlassenen Nest ein, um das herum fünfzehn Jahre zuvor achthundert Indische Geier gebrütet hatten.

Starben die Aasfresser an einer neuartigen Seuche? Hatten Bauern vergiftetes Fleisch ausgelegt, um Wölfe, Schakale und Leoparden damit zu töten? Aber dann wären die Geier wohl rascher gestorben und nicht dahingesiecht. Bei ersten Autopsien der Geier waren Herz, Leber, Milz und vor allem die Nieren auffällig verändert. Tierärzte fanden über-all Ablagerungen von Harnsäure in den Geweben – eine Art «innerer Gicht». Damit war aber das Rätsel um die Todesursache nicht gelöst. «Es wäre, als sagte man, jemand sei an Kopfweh gestorben», so der Londoner Tierpathologe Andrew Cunningham.

Würde sich das Geiersterben auch auf den Rest Asiens, auf Europa und Afrika ausweiten?

Im Februar 2006 gab es die ersten Anzeichen dafür, dass mit den nordamerikanischen Fledermäusen etwas nicht stimmte: Ein Höhlenforscher hatte in Howes Cave im Bundesstaat New York überwinternde
Fledermäuse mit weißem Flaum an der Nase fotografiert. Ein Jahr
später wurden einige Mausohrfledermäuse *Myotis lucifugus* beobachtet, die sich ausgesprochen merkwürdig verhielten. Sie flogen – mitten
in der Winterschlafzeit – tagsüber außerhalb der Höhlen herum; offensichtlich waren sie stark abgemagert und fast verhungert. Im gleichen Jahr stießen Fledermausforscher in der Hailes Cave, einer weiteren Höhle im Bundesstaat New York, bei einer Routineinspektion auf
ein Massengrab: Tote Fledermäuse bedeckten den Boden, Körper an
Körper, und ihre Nasen, Ohren und Flügel waren von einem faserigen
weißen Flaum überwuchert. Es war ein Pilz, *Geomyces destructans*, der
das «Weißnasen-Syndrom» hervorrief, das die Flattertiere getötet hatte.

Vor dreihundertsechzig Millionen Jahren hatten die Amphibien als
erste Wirbeltiere das Land erobert. Nun stand zu befürchten, dass sie
als erste Tierklasse seit dem Aussterben der Dinosaurier vor fünfundsechzig Millionen Jahren von der Erde verschwanden. Denn was mit
dem Magenbrüterfrosch in Australien und der Goldkröte Costa Ricas
begann, setzte sich bei vielen anderen Spezies rund um die Welt fort:
Weit über hundert Arten von Lurchen sind seit den 1980er Jahren verschwunden, vielleicht sind es auch viel mehr, denn der Nachweis, dass
so kleine Tiere wie Frösche wirklich nicht mehr existieren, ist in abgelegenen Regionen kaum zu führen. Ein Drittel der etwa sechstausend
bekannten Amphibienarten steht unmittelbar vor dem Aussterben: In
Indien waren im Jahr 2010 fünfundsechzig Amphibienspezies bedroht,
in China über neunzig, in Australien fast fünfzig, in Brasilien hundert-
sechzehn, in Mexiko mehr als zweihundert und auf Madagaskar vierundsechzig.

Wieso verschwinden überall die Lurche? In zivilisierten Gebieten
voller Industrie und saurem Regen hatte man schnell Erklärungen
gefunden. Aber in abgelegenen Weltregionen? Schädigten Krankheiten

die Frösche? Falls dem so war: Wie gelangten sie dann um die Welt, in die Wildnis, sogar in abgelegene Schutzgebiete? Oder schädigte die dünner gewordene Ozonschicht der Atmosphäre die Lurche mit ihrer empfindlichen Haut, weil immer mehr ultraviolette Strahlung auf den Erdboden dringt? Zählten die Amphibien zu den ersten Opfern des Klimawandels? Schließlich sind sie besonders empfindlich für Änderungen der Temperatur und vor allem der Niederschlagsmenge. Könnten mehrere dieser Effekte gemeinsam für das Massensterben der Frösche verantwortlich sein? Phänomene, die für sich genommen vielleicht verkraftbar gewesen wären, aber in Kombination miteinander umso mörderischer wirkten?

Was aber würde geschehen, wenn alle Lurche weg wären? In manchen Weltregionen stellen Amphibien den größten Anteil der Biomasse an höheren Tieren, am sibirischen Ob sogar fünfzig bis neunzig Prozent. In Puerto Rico leben manchmal Zehntausende von Individuen auf einem Hektar. Frösche fressen vor allem Insekten. Als in Bangladesch Millionen von ihnen als Delikatessen für französische und amerikanische «Gourmets» gefangen wurden, breitete sich dort daher die Stechmücke *Anopheles* stark aus – die Überträgerin der Malaria. Viele Schlangen und Vögel erbeuten vor allem Lurche; fehlen die Amphibien, werden auch Schlangen und Vögel seltener, Mäuse und Ratten vermehren sich stärker und machen sich über Ernten her. Krankheiten, nicht nur Malaria, sondern auch Pest und Denguefieber, übertragen von Nagern oder Insekten, breiten sich aus.

Ein weiterer «nützlicher» Aspekt der Lurche hängt damit zusammen, dass sie so ausgesprochen «dünnhäutig» und daher äußerst empfindlich sind. Bei anderen landlebenden Wirbeltieren sind Haut und Körper durch Panzer, Fell oder verhornte Hautschichten besser vor Angriffen der Außenwelt geschützt. Lurche aber decken einen großen Teil ihres Sauerstoffbedarfs über die extrem dünne Haut, die deshalb immer feucht bleiben muss, um den Übertritt von Sauerstoff ins Blut zu erleichtern. Dort fänden Pilze, Bakterien und andere Kleinstlebewesen einen idealen Siedlungsplatz vor – wenn die Lurche nicht selber ihre eigenen «Froschschutzmittel» ausscheiden würden. Über achthundert oft giftige Alkaloide wurden schon bei Fröschen gefunden, viele wirken antibiotisch gegen Bakterien. Manche Lurche besitzen Stoffe, die als Schmerzmittel taugen könnten, andere wirken gegen Malaria-Erreger und Autoimmunkrankheiten. Sekrete des australischen Korallenfinger-Laubfroschs *Litoria caerulea* wirken sogar antiviral, sodass Forscher hoffen, daraus Arzneien gegen HIV und Herpes zu entwickeln. Erste Untersuchungen bei den Magenbrüterfröschen hatten ergeben, dass eine hormonähnliche Substanz, die von den verschluckten Eiern und Kaulquappen ausgeschieden wurde, bei der Froschmutter die Produktion von Verdauungssekreten, von Salzsäure und Pepsin, verhinderte. Mit ähnlichen Extrakten wie bei den verschwundenen Fröschen hätten vielleicht menschliche Magengeschwüre behandelt werden können – viele solcher Stoffe, die Amphibien herstellen, sind jedenfalls pharmakologisch wirksam und ökonomisch interessant. Bioprospektoren ziehen daher durch Regenwälder, um noch unbekannte Amphibien und deren Sekrete zu finden und zu erforschen, bevor diese Tiere vielleicht für immer verschwinden. Denn gegen irgendetwas scheinen die Lurche trotz aller Chemie nicht gefeit zu sein.

Mitte der 1990er Jahre stellte sich heraus, dass der mutmaßliche Massenmörder der Amphibien sich genau deren wunden Punkt ausgesucht hatte: die dünne Haut.

Die Geier Indiens galten noch Ende der 1980er Jahre als die häufigsten großen Greifvögel der Erde: Vierzig Millionen Indische, Bengal- und Schmalschnabelgeier schwebten über dem Subkontinent. Es war normal, Dutzende von ihnen im Smog über Indiens Hauptstadt Neu-Delhi kreisen zu sehen; manchmal stellten die dichten Schwärme der aasfressenden Vögel sogar eine Gefahr für Flugzeuge dar. Die Geier fanden überall, sogar in Städten, genug Nahrung. Denn Hunderttausende von umherziehenden Rindern sterben hier täglich einfach auf der Straße. Weil sie den Hindus als «heilige Kühe» gelten, werden sie nicht gegessen; Kastenlose sammeln zwar deren Haut, damit Gerbereien Leder daraus machen, die Kadaver bleiben vielerorts aber einfach liegen. Bislang gab es genug Geier, die verendete Rinder innerhalb weniger Stunden auffraßen und so Gesundheitsrisiken für die Menschen beseitigten. Als zu Beginn des neuen Jahrtausends die Geierbestände auf weniger als fünf Prozent der ursprünglichen Population zusammengebrochen waren, bedeutete dies eine hygienische Katastrophe: Krankheiten nahmen zu, Ratten, verwilderte Katzen und Hunde vermehrten sich.

Der Wirtschaftswissenschaftler Anil Markandya von der Universität im englischen Bath hat die Konsequenzen berechnet. Nach dem Niedergang der Geier wuchs die Zahl verwilderter Hunde in den Jahren zwischen 1992 und 2006 um mehr als fünfeinhalb Millionen, weil die Straßenköter in die ökologische Rolle der Geier vorstießen und sich extrem vermehrten. Zugleich stieg in diesem Zeitraum auch die Zahl der Hundebisse um fast vierzig Millionen – und weil in Indien auf hunderttausend Hundebisse gut einhundertzwanzig Tote kommen, die an Tollwut sterben, hat das Geiersterben in diesem Zeitraum indirekt mindestens siebenundvierzigtausend Menschen das Leben gekostet. Außerdem mussten zusätzlich vierunddreißig Milliarden Dollar ausgegeben werden, um die Opfer der Hundebisse zu versorgen, sich um die Tollwutkranken und Toten zu kümmern und die verendeten Rinder von der Straße zu holen.

Auch die Religionsgemeinschaft der Parsen stellte das Verschwinden der Geier vor große Probleme. Denn den Anhängern Zarathustras sind die Elemente Feuer, Wasser und Erde heilig, sie dürfen daher nicht durch den Tod beschmutzt werden. Seit jeher legten sie ihre Verstorbenen auf «Dakhmas» ab, den runden «Türmen der Stille». Dort warteten schon – mitten in den Städten, selbst in Mumbai, wo vierzigtausend Parsen leben – Geier auf den Ringmauern sitzend auf die Toten. Sobald die Leichenträger einen Verstorbenen abgelegt hatten und verschwunden waren, machten sich die Aasfresser über den Leichnam her. Nach einer Stunde lag oft nur noch das Skelett auf dem Dakhma. Dem Glauben der Parsen zufolge konnte seine Seele nun mit den Vögeln in den Himmel aufsteigen; die unreinen, entseelten Knochen aber zerbröselten irgendwann zu Staub und fielen in den Schacht des Turmes hinab. Ohne die Geier funktionierte diese traditionelle Bestattungsweise jedoch nicht mehr, und die Parsen mussten sich etwas Neues einfallen lassen: Große Sonnenreflektoren sollen nun die Leichen auf den Türmen der Stille rasch verdorren lassen.

So hatte das Geiersterben große ökologische, ökonomische und gesellschaftliche Folgen für das Land. Derweil breitete es sich nach Pakistan und Nepal aus. Die befallenen Vögel, das war mittlerweile klar, starben an akutem Flüssigkeitsmangel im Körper. Aber was verursachte dieses Krankheitsbild? Ein Virus?

Der Fledermaus-Pilz verbreitete sich im Osten der USA rasch: Bis 2010 hatte das Weißnasen-Syndrom unter den Flattertieren von Vermont bis nach West Virginia, North Carolina und Arkansas schon gut eine Million Todesopfer gefordert. Wo der Pilz auftauchte, starben mindestens achtzig Prozent aller Fledermäuse. Mancherorts raffte die Krankheit sogar alle Tiere hinweg; einige Höhlen blieben seither verwaist und leer.

Pilze werden warmblütigen Tieren mit intaktem Immunsystem an sich kaum gefährlich. Das Heimtückische an *Geomyces destructans* ist aber, dass er sich über Fledermäuse im Winterschlaf hermacht, während ihre Körpertemperatur abgesenkt ist, Atem und Herzschlag verringert sind. Auch das Immunsystem funktioniert nur auf Sparflamme. Der Pilz gedeiht am besten bei jenen niedrigen Temperaturen zwischen fünf und vierzehn Grad Celsius, wie sie oft in Fledermaushöhlen gemessen werden. Nahezu unbehelligt kann er in den schlafenden Tieren heranwachsen und sich von deren Reserven ernähren.

Normalerweise wachen Fledermäuse während des Winterschlafs alle fünfzehn bis dreißig Tage einmal auf, um Urin abzugeben und zu trinken. Fledermäuse mit dem Weißnasen-Syndrom aber werden alle drei bis vier Tage wach. Das zehrt zusätzlich an ihren Fettvorräten, weil der Körper dafür die «Betriebstemperatur» hochfahren muss. Am

**Das Weißnasen-Syndrom rafft Millionen Fledermäuse
in den Vereinigten Staaten dahin.**

Ende flattern die abgemagerten Fledermäuse mitten im Winter umher, ein verzweifelter Versuch, vielleicht irgendwo noch Nahrung zu finden und ihren Energievorrat aufzustocken. Die meisten aber sterben.

Bislang waren in den USA sieben Arten von Fledermäusen vom Weißnasen-Syndrom betroffen. Von den fünfundvierzig Spezies, die in den Vereinigten Staaten leben, überwintern aber mehr als die Hälfte in Höhlen und Minenschächten, oft zu Hunderttausenden. Sie alle sind gefährdet, sich während der kalten Jahreszeit bei engem Körperkontakt gegenseitig mit den Sporen des Killerpilzes zu infizieren, wenn er sich weiter ausbreitet.

Das Verschwinden der Fledermäuse hat schon jetzt enorme Folgen für Amerika: Allein die eine Million Tiere, die bis 2010 dem Weiß-nasen-Syndrom erlegen waren, hätten pro Jahr siebenhunderttausend Kilogramm Insekten vertilgt. Denn jede Fledermaus frisst täglich zwischen fünfzig und hundert Prozent des eigenen Körpergewichts, das entspricht etwa dreitausend Moskitos pro Nacht. Forscher aus Boston haben berechnet, dass amerikanische Farmer dank der nützlichen Flattertiere jährlich über zwanzig Milliarden Dollar einsparen, die sonst für Pestizide ausgegeben worden wären. Der Pilz kann also noch teuer werden. Aber wo kam er her?

Endlich war der Amphibienkiller dingfest gemacht, zumindest der Hauptverursacher des Massensterbens: Es handelt sich um *Batrachochytrium dendrobatidis*, den Chytrid-Pilz, der sich mittlerweile weltweit verbreitet hat. Wahrscheinlich greift er das Keratin an, die Hornsubstanz der Froschhaut, und stört so den Sauerstoffaustausch sowie die Kontrolle von Wasser und Salzen im Körper. Anscheinend töten die giftigen Sekrete der Frösche den Erreger nicht ab, denn auch gesunde Lurche werden immer schwächer und sterben schließlich.

Vermutlich stammt der Pilz ursprünglich aus Afrika – der bislang älteste Nachweis stammt jedenfalls von einem konservierten afrikanischen Krallenfrosch *Xenopus laevis* aus dem Jahr 1938. Der Pilz befällt die Krallenfrösche zwar, tötet sie aber nicht – vielleicht weil sie seit langem an den Erreger angepasst sind und Resistenzen entwickelt haben. Zusammen mit den Krallenfröschen könnte der Chytrid-Pilz auch Afrika verlassen haben, denn seit den 1930er Jahren wurden die Amphibien für die Schwangerschaftsdiagnostik in Massen exportiert: Injiziert man einem Krallenfrosch nämlich den Urin einer Schwangeren, so laicht das Tier innerhalb eines Tages aufgrund der hormonellen Stimulierung ab. Über Tierhändler könnte der Pilz so auf den Fröschen in Labore und Terrarien der ganzen Welt gelangt sein. An einzelnen Orten ist er dann vielleicht ausgebüxt, weil er den Händen von Wissenschaftlern und Amphibienfreunden anhaftete, die in der Natur unterwegs waren. Gerade darin könnte die Tragik der Verbreitung des Chytrid-Pilzes liegen:

Möglicherweise wurde er ausgerechnet von Froschforschern um die Welt und bis in die entlegensten Gebiete getragen, unter Umständen sogar von denen, die dem Massenaussterben auf die Spur kommen wollten und dabei auch bislang nicht befallene, isolierte Vorkommen von Lurchen infizierten. Kann man so etwas vorhersehen?

Im Herbst 2011 berichteten Wissenschaftler, dass mittlerweile mehrere unterschiedlich gefährliche Stämme des Pilzes existieren; der aggressivste von ihnen habe sich erst nach Beginn des weltweiten Amphibienhandels entwickelt – und zwar anscheinend außerhalb Afrikas. Erdkröten, die mit dem neuen Pilzstamm in Berührung kamen, infizierten sich deutlich häufiger und gingen auch häufiger an ihm zugrunde. Das ist eine beunruhigende Nachricht: Die Forscher erwarten, dass noch aggressivere Pilzlinien entstehen könnten, gegen die jene Amphibien, die im Laufe der Evolution Resistenzen entwickelt haben, nicht mehr gefeit wären. Der Killerpilz könnte also noch gefährlicher werden.


Diclofenac hemmt Schmerzen und Entzündungen und wird als Medikament für Menschen und Tiere weltweit eingesetzt. Wer hätte da gedacht, dass dieser ebenso hilfreiche wie verbreitete Wirkstoff das indische Geiersterben verursacht haben könnte? 2003 wurde aber bei der Untersuchung von dreiundzwanzig Geiern, die an den seltsamen Symptomen starben, Harnsäure nachgewiesen – und bei allen auch das Medikament Diclofenac. Geier, die anders zu Tode gekommen waren, enthielten beide Stoffe nicht. Versuchsweise verabreichte man nun drei Geiern geringe Dosen Diclofenac; sie starben kurz darauf.

Erst Anfang der 1990er Jahre war Diclofenac in der indischen Tiermedizin zur Behandlung von Rindern eingeführt worden, genau zu dem Zeitpunkt also, zu dem sich das Geiersterben ausbreitete. Schon kleinste Dosen des Schmerzmittels führen zum Tod der Vögel durch Nierenversagen. Berechnungen haben gezeigt, dass nur einer von tausend Rinderkadavern mit Diclofenac verseucht sein musste, um die Bestände der Geier so dramatisch zusammenbrechen zu lassen. Und doch: War es nicht ein Glück, dass keine Seuche das Geiersterben verursachte?

So wurde schon 2005 indischen Tierärzten verboten, Diclofenac weiterhin einzusetzen; stattdessen sollen sie das deutlich teurere Meloxicam verwenden. Das Sterben der wichtigen Aasfresser hat sich seither verlangsamt, eine rasche Regeneration der Geierbestände ist allerdings nicht zu erwarten: Von gut vierzig Millionen dieser Vögel haben lediglich sechzigtausend überlebt. Zudem ist nicht einmal deren Überleben gesichert, weil weiterhin viel Diclofenac im Umlauf ist – und wer kann schon kontrollieren, ob irgendwo Rinder nicht doch noch mit den Restbeständen behandelt werden? Nun sollen die Geier Indiens in Zuchtstationen gerettet werden. Ein langwieriges Unterfangen: Ein Paar zieht bestenfalls einen Jungvogel pro Jahr groß.

Wer konnte vorhersehen, dass ein so gewöhnliches Medikament wie Diclofenac solche Folgen haben könnte? Die Konsequenz wäre, vor dem Einsatz eines solchen Medikaments den Wirkstoff an allen wesentlichen Organismen zu überprüfen, die damit in Kontakt kommen können. Es ist allerdings fraglich, ob sich diese Maßnahme in der Praxis auch durchführen ließe.

«Weiße Nasen» bei Fledermäusen, hervorgerufen durch den Pilz *Geomyces destructans*, wurden mittlerweile auch in Europa entdeckt. Untersuchte Genabschnitte aus amerikanischen und europäischen Pilzproben waren hundertprozentig identisch. Allerdings sterben die Fledermäuse in der Alten Welt nicht an der Infektion, wohl weil sie längst resistent geworden sind. In Deutschland, so stellte sich heraus, sind derartige weiße Nasen schon seit einem Vierteljahrhundert bekannt – ohne negative sichtbare Folgen für die befallenen Tiere. Weißnasige Fledermäuse bleiben gesund und magern nicht ab. Erst nach dem Massensterben in Amerika hatte man sie hierzulande überhaupt beachtet.

So deutet bislang alles darauf hin, dass der Pilz von Europa nach Amerika getragen worden sein könnte. Vielleicht sogar an den Schuhen eines Höhlenkundlers? Mittlerweile hat die Invasion des Killerpilzes in amerikanischen Höhlen bis 2012 schon mehr als fünfeinhalb Millionen Fledermausleben gekostet; elf verschiedene Arten und Unterarten sind betroffen. Und die Invasion geht weiter. Manche Höhlen bleiben nun für Höhlenforscher geschlossen, um die Ausbreitung zumindest zu verlangsamen.

Neuseeländische Wissenschaftler haben anscheinend ein Mittel gegen den Chytrid-Pilz gefunden. Frösche zweier australischer Arten, die sie in einer Lösung des Antibiotikums Chloramphenicol badeten, konnten vom Killerpilz geheilt werden, selbst als sie schon dem Tode nahe waren. Doch wie will man Amphibien in freier Natur behandeln und heilen? Zumindest könnten dereinst gesunde, pilzfreie Frösche wieder ausgesetzt werden und Lebensräume besiedeln, aus denen ihre Spezies verschwunden ist. Mittlerweile zeigt sich allerdings, dass mancherorts einige Arten aussterben, während andere überleben, obwohl sie den Pilz auf sich tragen. Diese Resistenz ist für die entsprechenden Arten von Vorteil, würde aber dazu führen, dass wieder ausgesetzte, frisch gerettete Froscharten sich erneut infizieren könnten.

Die Zoos der Welt wollen in einem gemeinsamen großen Notprogramm, der «Amphibien-Arche», mindestens fünfhundert Arten von Lurchen in Gefangenschaft züchten und erhalten. Auch ein braungrün marmorierter mittelamerikanischer Laubfrosch sollte eine Überlebenschance bekommen, der erst 2005 in Zentralpanama entdeckt worden war und dessen Spezies dann das beinahe schon übliche Schicksal erlitt: Ein Jahr später fand man den Chytrid-Pilz in seinem Lebensraum; im Dezember 2007 hörte man dort letztmals die Rufe eines Männchens. Erst 2008 erhielt er seinen Namen: *Ecnomiohyla rabborum*, Rabbs Fransenzehen-Laubfrosch. Weil die Entdecker Kaulquappen mitgenommen hatten, lebten einige dieser Frösche noch in Gefangenschaft. Leider gelang es den zoologischen Einrichtungen aber nicht, die Spezies zu vermehren. 2009 starb der letzte weibliche *Ecnomiohyla rabborum*. Von den zwei Männchen, die noch in Atlanta lebten, wurde eines im Februar 2012 immer schwächer, sein Tod war abzusehen. Weil man sein Erbgut für die Zukunft bewahren wollte – man weiß ja nie, ob sich nicht doch noch ein Weibchen findet –, der Frosch aber nachts sterben und so rasch hätte verwesen können, dass seine Zellen nicht mehr zu verwenden gewesen wären, tötete man ihn. So lebte seit dem 17. Februar 2012 nur noch ein Tier seiner Art in Atlanta. Einer von vielen Fröschen, die es wohl bald nicht mehr geben wird.

Das Sterben der Amphibien, der Geier und der Fledermäuse ist jedes auf seine Weise unvorhersehbar gewesen; alle drei sind aber eine Konsequenz der modernen, globalisierten Welt. Und der plötzliche Artenkollaps setzt sich weiter fort: Im Juni 2010 meldete ein internationales Forscherteam um Christopher Reading vom britischen Centre for Ecology and Hydrology erstmals den massiven Rückgang von acht Schlangenarten in Europa, Afrika und Australien. Die Ursache dafür ist noch unbekannt.

# Hitzefrei war gestern

Es war der schlimmste Regen seines Lebens. Morgens um sechs Uhr begann der Biologe Justin Welbergen wie üblich, das Verhalten von Flughunden in Tweed Shire im australischen Bundesstaat New South Wales zu protokollieren. Über dreißigtausend der fruchtfressenden Fledermäuse lebten in der großen Kolonie; sie gehören zu zwei der größten *Pteropus*-Arten mit einer Flügelspannweite von einem Meter. Normalerweise verbrachten sie den ganzen Tag kopfüber hängend in den Bäumen, meist dösend, manchmal miteinander kabbelnd.

An diesem 12. Januar 2002 aber war es anders. Schon ab 10.00 Uhr fächelten sich die Flughunde mit ihren großen Flügeln Luft zu, um sich abzukühlen und über die feinen Flughäute Wärme abzugeben. Ab 11.15 Uhr drängten sie alle in den Schatten, rempelten und schubsten sich gegenseitig aus den kühlen Flecken unter den Wipfelblättern heraus, jeder darauf bedacht, einen Platz zu ergattern, an dem die Temperatur noch eine Winzigkeit niedriger war. Ab 13.15 Uhr japsten, keuchten, hechelten die hängenden Flughunde. Um sich weiter abzukühlen, leckten sie ab 13.45 Uhr hektisch Fluggelenke und Flughäute, damit die Verdunstungskälte des Speichels Abkühlung schaffte. Um 13.53 Uhr fielen die ersten Tiere von den Bäumen. Bald darauf regnete es Flughunde; überall prasselten sie aus den Wipfeln herab und schlugen am Boden auf. Die Tiere, die den Sturz überlebten, starben innerhalb von zwanzig Minuten.

«Es war so grausam», sagte Welbergen. Am Ende des Tages zählte er knapp eintausendfünfhundert tote Flughunde. In anderen Kolonien in der Nähe starben weitere zweitausendzweihundert Tiere – alle durch Hitzschlag. Es gab anscheinend eine «kritische Temperatur», die Flughunde nicht mehr überlebten: Die Todesfälle erfolgten nämlich überall dort, wo das Thermometer über 41,7 Grad Celsius stieg. «Ich hatte immer gedacht, dass die Flughunde eine solche Hitze aushalten könnten, aber ich lag völlig falsch.»

In Tweed Shire lag die Höchsttemperatur an jenem Tag bei 42,9 Grad Celsius – acht Grad höher als das durchschnittliche Sommermaximum in dieser Region Australiens. Es blieb in den nächsten Jahren nicht das einzige Massensterben bei den großen Flattertieren: Von 2003 bis 2006 erlitten über neunzehntausend weitere Flughunde einen Hitzekollaps. In der Literatur hingegen fand Welbergen insgesamt nur drei solcher tödlichen Ereignisse bei Flughunden, alle aus den Jahren vor 1994. Die Zahl der extremen Hitzewellen in Australien hatte also deutlich zugenommen. Und Welbergen hatte vor Ort minutengenau die Auswirkungen solcher Klimakapriolen der aufgeheizten Erde dokumentiert.

Weltweit steigen die Temperaturen: Zwischen 1906 und 2005 ist es auf der Erde um 0,74 Grad wärmer geworden, meldet der Weltklimarat IPCC, der im Auftrag der Vereinten Nationen Klimadaten sammelt und bewertet, in seinem jüngsten Bericht von 2007.

0,74 Grad? Fällt das überhaupt ins Gewicht? Schließlich schwanken die Temperaturen an einem Tag oder in einem Jahr doch viel stärker. Die Zahl 0,74 stellt aber eben nur einen Mittelwert dar. Und dieser Temperaturanstieg bedeutet auch nicht unbedingt, dass es weniger kalte Tage gibt, die globalen Maximalausschläge haben seither einfach stark zugenommen. Das fand auch Justin Welbergen für die Hitzewellen in Australien bestätigt, nachdem er sich nach jenem 12. Januar 2002 mit dem Hitzschlag der Flughunde genauer beschäftigte. Außerdem nimmt das Tempo der Erwärmung zu: Allein in den vergangenen fünfzig Jahren hat sich die Durchschnittstemperatur um 0,65 Grad erhöht, in den fünfzig Jahren davor dagegen nur um 0,09 Grad.

Es ist zu erwarten, dass seltene Wetterereignisse häufiger werden, und es mehr Dürren, mehr Überschwemmungen geben wird. Schon mehren sich die Anzeichen, dass auch tropische Wirbelstürme zunehmen. Weltweit verändert sich die Verteilung der Niederschläge. Die Folgen der globalen Klimaerwärmung für die Natur, für Tiere, Pflanzen und Landschaften zeigen sich in der Arktis und Antarktis bereits deutlicher als anderswo, denn nirgends sonst sind die Temperaturen stärker gestiegen als hier. In der Arktis hat sich der Durchschnitt seit 1950 um 1,6 Grad erhöht, in Alaska und Kanada sogar um drei bis vier Grad.

Die arktische Meereisfläche ist in den vergangenen dreißig Jahren schon um fünfzehn bis zwanzig Prozent zurückgegangen – dem Eisbären schmilzt seine weiße Welt buchstäblich unter den Pranken weg. In der kanadischen Hudson Bay friert das offene Wasser in der Meeresbucht drei Wochen später im Jahr zu und taut drei Wochen früher auf. Gerade für die Bärenmütter ist das eine Katastrophe. Sie haben im Jahr nun sechs Wochen weniger Zeit, um Jagd auf Ringel- und Bartrobben zu machen, die im Eis nach Luft schnappen müssen; sechs Wochen weniger, um sich genug Speck für den kalten Winter anzufressen, in dem sie in einer dunklen Höhle ihre Jungen zur Welt bringen und aufziehen.

Eisbären paaren sich nämlich im April oder Mai, wenn die Bucht voller Packeis ist. Dann bringen die Robbenmütter dort ihre Babys zur Welt. Jungrobben gibt es nun in so großer Zahl und sie sind so leicht zu erbeuten, dass die weißen Bären oft nur das energiereiche Fett verschlingen und den Rest liegen lassen. Vor allem für die trächtigen Bärinnen ist es wichtig, sich Fettreserven für den Sommer und die lange Zeit der Jungenaufzucht anzufressen. In der warmen Jahreszeit, wenn das Eis geschmolzen ist, müssen die Eisbären an Land vor allem mit Mäusen, Erdhörnchen, Lemmingen oder Beeren vorliebnehmen, die ab August reifen.

Im November können die Polarbären wieder auf die zufrierende Hudson Bay zurück; die trächtigen Bärinnen aber haben entbehrungsreiche Monate in der Wochenstube vor sich. Dort müssen sie fasten – und zugleich nach der Geburt ihrer Jungen fette, nährstoffreiche Milch für den Nachwuchs produzieren. Je früher das Eis der Hudson

Bay schmilzt, desto schwerer wird es für die Weibchen, Jungtiere großzuziehen: Taut das Eis nur eine Woche früher ab, so kommen die Bärinnen nach Schätzungen von Ian Stirling vom Canadian Wildlife Service mit durchschnittlich zehn Kilogramm weniger Gewicht an die Küste zurück; mittlerweile haben sie aber schon sechs Wochen weniger Zeit auf dem Eis. Als Folge, so Stirling, bringen sie vermutlich weniger und deutlich schwächere Jungbären zur Welt.

Noch leben zweiundzwanzig- bis fünfundzwanzigtausend Eisbären am Polarkreis, doch in zwei Drittel aller wissenschaftlich beobachteten Eisbärpopulationen nimmt die Zahl der Tiere ab. In der Hudson Bay, wo gegen Ende des vergangenen Jahrhunderts noch etwa eintausendzweihundert Eisbären heimisch waren, ist der Bestand schon um zweiundzwanzig Prozent zurückgegangen. Wenn sich diese Entwicklung fortsetzt, liegt die Zahl der Eisbären bis 2050 um mindestens dreißig Prozent niedriger als derzeit. Die Welt könnte ab 2100 sogar ganz ohne freilebende Eisbären sein – und so ist *Ursus maritimus*, auf einer schwindenden Scholle treibend, zu *dem* Symbol des drohenden Klimakollapses geworden.

Längst ist die Hauptursache für die Erwärmung der Erde ausgemacht: Die Atmosphäre enthält immer mehr Treibhausgase, allen voran Kohlendioxid, das bei der Verbrennung fossiler Rohstoffe und der gerodeten Wälder der Erde entsteht, und Methan, das derzeit noch vor allem aus Landwirtschaft und Viehhaltung stammt. Ungefähr zehntausend Jahre lang war die Konzentration der Treibhausgase in der Atmosphäre ungefähr konstant geblieben. Im Verlauf der vergangenen zweihundert Jahre, als mit der Industrialisierung zunehmend Erdöl, Gas und Kohle verfeuert wurden, stieg ihr Anteil und heizte die Atmosphäre der Erde auf. Ein Ende der Nutzung von fossilen Brennstoffen und des Temperaturanstiegs ist derzeit nicht abzusehen.

Schon einmal sind gewaltige Mengen von Treibhausgasen in die Atmosphäre gelangt und haben die «Fieberkurve» des Planeten nach oben getrieben; so viele, als würden wir heute alle noch vorhandenen

Kohle-, Öl- und Gasreserven verbrennen und als Kohlendioxid in die Luft entlassen. Damals, vor sechsundfünfzig Millionen Jahren, stieg die Temperatur weltweit um fünf bis sechs Grad an und die Erde wurde eisfrei. Diese «Fieberphase» wird, weil sie zwischen zwei Erdzeitaltern lag, als das Paläozän-Eozän-Temperatur-Maximum bezeichnet oder auch kurz als PETM. Das PETM gilt als Modell dafür, wie ein solcher abrupter Klimawandel verläuft, was dabei geschehen könnte – und was vielleicht zu erwarten ist.

Den Anstoß zum Hitzeschock des PETM gab wohl die Bewegung von Kontinentalplatten: Europa und Nordamerika brachen auseinander, der Nordostatlantik öffnete sich, und gewaltige Mengen heißer Gesteinsmassen gerieten an die Erdoberfläche. Das glutflüssige Magma zersetzte kohlenstoffreiche Gesteine, wahrscheinlich gingen auch Erdöl-, Gas- und Kohlelager in Flammen auf. Das war der erste Schritt, bei dem schon viel Treibhausgas, wohl vor allem Kohlendioxid, entstand und die globale Durchschnittstemperatur deutlich erhöhte.

In einer zweiten Phase der Erwärmung heizte die Erde weiter auf. Langsam erwärmte sich das Meer und setzte enorme Mengen an Methan frei, das ein noch viel stärkeres Treibhausgas als Kohlendioxid ist. Das brennbare Gas lagerte – ähnlich wie heute – in einer eisartigen, schneematschgleichen Substanz, die in vielen Ozeanen in Tiefen zwischen zwei- und fünfhundert Metern vorkommt. Bei bestimmten Temperaturen schmilzt es, das Gas wird aus dem «Eis» freigesetzt, blubbert dann nach oben und gerät in die Atmosphäre. Man nimmt an, dass dieses Methan während des PETM die Atmosphäre noch viel stärker aufheizte, als es das Kohlendioxid allein vermocht hätte.

Heute scheint die Erde noch weit von einem Temperaturanstieg von fünf bis sechs Grad entfernt zu sein. Allerdings entwickelte sich der Fieberschub des PETM innerhalb von etwa zwanzigtausend Jahren. Alljährlich gelangten in dieser Zeit maximal 1,7 Gigatonnen – 1,7 Milliarden Tonnen also – an Treibhausgasen in die Luft.

Derzeit geht aber jedes Jahr ein Vielfaches davon in die Atmosphäre – neun Gigatonnen Treibhausgase nämlich. Und in den zweihundert

Jahren seit Beginn der Industrialisierung ist die Temperatur bereits um 0,74 Grad gestiegen. Werden irgendwann – genau wie während des PETM – auch die gewaltigen Mengen an Methan, die als Methaneis in den Ozeanen lagern oder in den Permafrostböden der nordischen Tundren gespeichert sind, ausgasen? Dann würde das «Fieber» der Erde noch deutlich rascher steigen als bisher.

Im günstigsten Fall, so ist bislang die Prognose des Klimarats IPCC, erhöht sich die Temperatur bis 2100 im Vergleich zur vorindustriellen Epoche nur um 1,8 Grad Celsius; im schlimmsten sogar um bis 6,4 Grad. Das wären Temperaturerhöhungen wie zu Zeiten des PETM – nur finden sie in einem noch extrem viel kürzeren Zeitraum statt als damals. Die Folgen für Menschen, Tiere und Pflanzen wären weitreichend.

Weltweit, so schätzen Forscher, werden schon bis 2050 etwa eine Million landlebender Tier- und Pflanzenarten mehr vom Aussterben bedroht sein als heute – je nach Grad der Erwärmung zwischen fünfzehn und siebenunddreißig Prozent aller Spezies. Manche Wissenschaftler rechnen sogar mit der Hälfte aller Arten. Auswirkungen des Temperaturwandels auf einzelne Populationen lassen sich schon heute beobachten: Früher kehrten mitteleuropäische Trauerschnäpper aus ihrem «Winterurlaub» in Afrika normalerweise genau dann zurück, wenn es im Frühjahr besonders viele Insekten gab. Weil aber die warmen Tage in unseren Breiten häufig schon etwas früher beginnen, verpassen die Zugvögel die höchste Insektendichte. Bei ihrer Ankunft finden sie daher nicht mehr genug Nahrung für den Nachwuchs. Mancherorts sind die Populationen des Trauerschnäppers schon um neunzig Prozent zurückgegangen. Auch Trottellummen, wie sie an Helgolands Felsen leben, brüten nicht mehr so erfolgreich, weil ihre bevorzugte Beute, Sandaale und andere kleine Fische der Nordsee, aufgrund der gestiegenen Wassertemperaturen seltener geworden sind. In Europa, so schätzt die Naturschutzorganisation WWF, könnten fast vierzig Prozent aller Vogelarten aussterben, wenn die Temperatur um zwei Grad ansteigt, im Norden Australiens sogar siebzig Prozent.

Besonders schwierig wird es für jene Spezies werden, die zu bestimmten Lebensphasen an bestimmte Regionen gebunden sind und diese Orte nicht einfach wechseln können. Der Brillenpinguin etwa war vor der Küste Südafrikas noch vor hundert Jahren weit verbreitet. Allein auf Dassen-Island brüteten anderthalb Millionen Vögel, von denen 1990 gerade noch dreißigtausend Pinguine übrig waren. Heute gilt *Spheniscus demersus* als stark bedrohte Art: Insgesamt brüten nur noch einunddreißigtausend Paare in siebenundzwanzig Kolonien, von denen viele auf Dauer kaum überlebensfähig sind. Schon lange hatte Ölverschmutzung durch undichte Tanker den Vögeln zu schaffen gemacht, denn das ausgelaufene Öl zerstört die wärmende und wasserabweisende Schutzschicht des Gefieders, sodass die Pinguine kaum noch schwimmen können und erfrieren. Wegen der Überfischung der Meere finden sie ohnehin weniger Nahrung als früher.

So war *Spheniscus demersus* also schon «vorgeschädigt», als sich gegen Ende des 20. Jahrhunderts die kalten Meeresströme am Kap der Guten Hoffnung aufgrund der Klimaerwärmung etwas verschoben – und mit ihnen die großen Fischschwärme, die sich in den kalten Wassern aufhalten. Ein Verdriften der Strömung ins Meer hinaus, und sei es nur um wenige Kilometer, kann aber zum endgültigen Verschwinden einer ganzen Pinguinkolonie führen: In der Brutsaison können es sich die fütternden Eltern kaum leisten, sich weiter als zwanzig Kilometer von ihren hungrigen Küken zu entfernen.

Für Touristen war die nächtliche Jagd auf den weißen Lemuren-Ringbeutler eine große Attraktion. Bewaffnet mit Taschenlampen zogen sie hinauf in die Carbine Mountains Nordaustraliens, wo sie in Höhen über tausend Meter meist schon nach einer Dreiviertelstunde eines der plüschigen Beuteltiere bestaunen konnten. *Hemibelideus lemuroides* war in zwei Formen bekannt: In der «normalen» graubraunen Variante, die in den Athertons Tablelands lebt, und jener weißen, aber nicht albinotischen Form mit den schwarzen Knopfaugen, die vor allem hier im kühlen, nebligen Bergwald zu Hause war. Die bis zu fünfunddreißig

Nur noch eine Hitzewelle vom Aussterben entfernt:
der weiße Lemuren-Ringbeutler.

Zentimeter langen Tiere leuchteten den Besuchern im Scheinwerfer-
licht geradezu aus den Wipfeln entgegen – bis 2005. Dann waren sie
einfach verschwunden.

Seit dem Jahr 2000 wurden bei Hitzewellen in Nordaustralien in
den Carbine Mountains die höchsten Temperaturen seit Beginn der
Wetteraufzeichnungen gemessen. Nach einer extremen Hitzeperiode
Ende 2005 starben hier auch viele andere Beuteltiere verschiedener
Spezies, die offensichtlich die hohen Temperaturen nicht ausgehalten
hatten. Tropische Regenwälder werden vom Artenschwund durch die
Erderwärmung besonders betroffen sein: Sie sind voller Arten, die
an die recht konstanten Temperaturen in einem Wald angepasst sind,
der kaum jahreszeitliche Schwankungen kennt. Wie sollen vor allem
jene Vögel, Säuger, Echsen, Frösche und Insekten, die dort in den eher
kühlen, nebligen Bergregenwäldern leben, extreme Hitzewellen überstehen?

«Gerade Lemuren-Ringbeutler sind extrem hitzeempfindlich»,
weiß der Biologe Steve Williams von der James Cook University in
Townsville. «Sobald die Umgebungstemperatur nur vier bis fünf Stunden lang dreißig Grad Celsius übersteigt, sterben sie.» Williams wollte
es genau wissen: Intensive Suchen führten den Forscher und sein Team
durch die ganzen Carbine Montains; im März 2009 stießen sie noch auf
vier Individuen in einem kühlen Waldfleckchen, das wohl besonders
geschützt und der Sonne abgewandt lag, sodass die Temperatur nicht
die kritische Grenze der Kletterbeutler überstieg. Ob sie überleben werden? «Sie sind nur noch eine Hitzewelle vom endgültigen Verschwinden entfernt – und damit wären sie das erste Säugetier, das allein wegen
der globalen Erwärmung ausgestorben wäre», sagte Williams.

Auf Hawaii haben sich schon einige einheimische Vogelarten in
kühlere Bergregionen gerettet: Den hübschen I'iwi etwa, einen zinnoberroten, nektarfressenden Kleidervogel, trifft man heute nur noch
in Höhen über eintausend Meter an. Das hat aber nichts damit zu tun,
dass *Vestiaria coccinea* selbst die höheren Temperaturen nicht vertrüge;
die Ursachen sind komplexer.

Einst war auch der I'iwi in den Tiefländern mehrerer hawaiischer Inseln weit verbreitet. *Vestiaria coccinea* gehört zu einer echten hawaiischen Spezialität. Auf dem abgelegenen Archipel hatten sich im Laufe der Evolution aus Finkenvögeln, die es irgendwann aus Amerika vielleicht durch Stürme hierher verschlagen hatte, mindestens drei Dutzend von Spezies an Kleidervögeln entwickelt, die vielerlei Schnabelformen besaßen: dickere Schnäbel für die Körnerfresser, lange und schlanke für jene Spezies, die sich auf das Schlürfen von Nektar an Blüten spezialisiert hatten.

Die hübschen Federn mancher Kleidervögel, auch die des I'iwi, wurden zu zeremoniellen Festgewändern für Häuptlinge und Könige verarbeitet. So besaß Kamehameha I., der 1810 erster König aller Hawaii-Inseln wurde, einen leuchtend gelben Umhang aus achtzigtausend feinen Federn des Mamo oder *Drepanis pacifica*. Wobei jeder dieser kaum zwanzig Zentimeter großen «Königskleidervögel» nur etwa zehn jener Prachtfedern unterm Bürzel trug, die in einen solchen Mantel eingearbeitet wurden.

Weit über ein Dutzend der Kleidervögel sind mittlerweile ausgerottet. Das liegt aber weniger an der Jagd auf die schmucken Federn; der Königskleidervogel war bis in die 1880er Jahre nicht selten. Wie häufig auf entlegenen Inseln waren die Arten durch die Zerstörung ihres Lebensraumes dezimiert worden, vor allem aber durch invasive Spezies wie Schweine, Ratten und Mangusten – kleine Schleichkatzen. In vielen Wäldern Hawaiis breitete sich in den 1890er Jahren eine plötzliche Stille aus, weil die einheimischen Arten an Krankheiten starben, die sie nicht gewohnt waren – der Vogelmalaria und den Vogelpocken. Zu jener Zeit starb auch der Königskleidervogel aus.

1827 brachte ein Walfängerschiff aus Mexiko kommend im Trinkwasser Stechmückenlarven nach Hawaii, die es hier vorher nicht gegeben hatte. Die blutsaugenden Moskitos vermehrten sich, was unangenehm für Mensch und Tier war, aber noch keine tragischen Konsequenzen für die einheimischen Arten hatte. Irgendwann aber wurden wieder einmal Zugvögel nach Hawaii verdriftet, die dieses Mal mit der Vogelmalaria infiziert waren; wie beim Menschen wird die Krankheit durch einen einzelligen Erreger ausgelöst, der durch Mücken übertragen werden muss. Wahrscheinlich waren zuvor schon oft an der Malaria erkrankte Vögel auf den Archipel verweht worden. Nun aber gab es auf den Inseln zum ersten Mal auch Mücken, deren Stechrüssel die Krankheit übertragen konnte. Die Vogelmalaria breitete sich rasch aus – und verlief für die Kleidervögel, die sie nicht gewohnt waren, extrem tödlich: Bei neun von zehn der zinnoberroten I'iwis genügt ein einziger Stich einer infizierten Mücke, damit sie innerhalb von siebenunddreißig Tagen an der Malaria zugrunde gingen.

Auf der eher flachen Insel Oahu starben sechs von elf einheimischen Vogelarten aus; auch auf den anderen Hawaii-Inseln kam es zu verheerenden Verlusten an Arten und Individuen. Aber dort fanden die verbliebenen Kleidervögel, darunter der I'iwi ein Refugium in höher gelegenen, kühleren Bergregionen. Denn die Stechmücke *Culex quinquevittatus*, die den Erreger überträgt, braucht durchgängig Temperaturen über dreizehn Grad Celsius, um sich zu vermehren – und lebt deshalb auf Hawaii bislang nur bis zu einer Höhe von etwa siebenhundert Metern.

Nun zeigt sich seit einigen Jahren, dass die Vogelmalaria auch in höhere Regionen vordringt, wahrscheinlich auch wegen der schon gestiegenen Temperaturen. Das Überleben der noch verbliebenen Kleidervogelarten steht dadurch auf der Kippe. Die Ursachen eines Artensterbens infolge des Klimawandels können also ziemlich komplex sein. «Wenn die Durchschnittstemperaturen um mehr als zwei oder drei Grad ansteigen, werden viele solcher berglebenden Arten verschwinden», prophezeit der Biologe Steven Williams. «Wohin sollen sie ausweichen?»

Während der Fieberperiode des PETM vor sechsundfünfzig Millionen Jahren verschoben sich die Klimazonen zu den Polen; die Arten mussten wandern, sich anpassen oder aussterben. Die Arktis war eisfrei, voller subtropischer Sümpfe, Krokodile, Palmen, Baumfarne. Vor allem die wärmeliebenden Spezies breiteten sich aus. Schildkröten und

Huftiere, die es vorher nur in den Tropen gab, gelangten nach Nordamerika und Europa; die Primaten entstanden zu jener Zeit, aus denen viele Jahrmillionen später der *Homo sapiens* hervorging.

Viele Säugetiere schrumpften. Denn kleinere Tiere haben im Verhältnis zum Körpergewicht eine größere Oberfläche, über die sie mehr Wärme abgeben und Überhitzung vermeiden können. Das Urpferdchen *Sifrihippus* etwa wog vor Beginn des PETM schätzungsweise sechs Kilogramm; als die Temperaturen stiegen, wurde es winziger, so groß wie eine kleine Hauskatze, mit einem Gewicht von vier Kilogramm. Nach dem Ende der globalen Erwärmung nahm *Sifrihippus* wieder zu, sein Durchschnittsgewicht betrug dann um die sieben Kilogramm.

All das lässt sich aus Fossilienfunden ablesen. Eine einzige Organismengruppe war allerdings besonders vom Artensterben betroffen: Von den Kammerlingen oder Foraminiferen – winzigen, einzelligen Lebewesen, die meist am Meeresgrund leben, ein Gehäuse tragen und daher als Fossilien gut überdauern – überlebte nur die Hälfte aller Spezies. Weil sich in den Ozeanen immer mehr Kohlendioxid im Wasser auflöste, versauerten die Weltmeere, und vor allem viele der bodenlebenden Foraminiferen starben aus. Ansonsten waren die Folgen der globalen Erwärmung für die Artenvielfalt eher gemäßigt, auch wenn sich viele Arten wandeln mussten, um zu bestehen.

Die gegenwärtige Erderwärmung vollzieht sich jedoch, wie schon erwähnt, nicht wie damals in einem Zeitraum von zwanzig Jahrtausenden, sondern binnen weniger Jahrhunderte. Wissenschaftler haben die weltweiten Veränderungen des Klimawandels in einem Computermodell simuliert: Fast alle Landschaften der Erde werden demnach gründlich umgestaltet. Afrika und die südamerikanischen Regenwaldgebiete werden austrocknen, in Mischwäldern vermehrt Laubbäume statt Nadelbäumen wachsen. In die heute baumlose Tundra wird der Wald vordringen, während sich die Waldzone vom südlichen Rand her auflockert und trockenen Landschaften wie Steppen weicht.

Arten, die schon vorgeschädigt sind, laufen Gefahr, schneller zu verschwinden. Denn anders als beim abrupten Klimawandel des PETM sind heutzutage viele Populationen bereits geschrumpft und genetisch verarmt, sodass ihr Anpassungspotenzial stark zurückgegangen ist. Und es gibt zusätzliche Hindernisse: Wie sollen Spezies wandern können, wenn Städte, Straßen, große Landwirtschaftsflächen für viele unüberbrückbar sind und eine Migration verhindern? Wie sollen seltene Arten, die nur noch in Nationalparks existieren, sich auf den Weg aus der Fiebermisere machen? Kalte Klimazonen wie die Polargebiete oder Hochgebirge drohen gänzlich zu verschwinden – kälteliebende Spezies trifft die globale Erwärmung also besonders hart.

Wie es scheint, haben die Wanderungen gen Norden schon begonnen. Im Sommer 2010 flog der Geologe John England über der Beaufort-See, jenem Teil des Polarmeeres, das nördlich von Alaska und den kanadischen Provinzen Yukon liegt, als sich auf einer kleinen Insel im Meer etwas bewegte: Am Strand streifte ein Grizzly-Bär umher, wo eigentlich Eisbären hausen sollten. Eine Woche später fand England nicht weit entfernt, auf Banks Island, die Spuren eines Grizzlys, der dabei war, sich eine Höhle zu graben. Inuit und Geologen berichteten, dass mindestens drei weitere Grizzlys in dieser Region lebten.

Noch zu Beginn der 1990er Jahre waren die großen Bären in der hohen Arktis extrem selten, aber das hat sich inzwischen geändert; auch in der Hudson Bay Kanadas tauchen vermehrt Grizzlys auf. Weißwedelhirsche, Rotfüchse und Schwertwale haben sich ebenso auf den Weg aus dem Süden in jene nördlichen Gefilde gemacht, die bislang Heimat von Polarfüchsen, Karibus und weißen Beluga-Walen waren. Lange Winter, eisige Temperaturen, dicke Schichten von Meereis hatten bislang verhindert, dass die südlichen Arten hier Fuß fassen können. Das scheint vorbei – und die Nordtiere sind den Verwandten aus dem Süden nicht immer gewachsen: Im Wettbewerb mit den Rotfüchsen sind Eisfüchse unterlegen; es wurde sogar beobachtet, wie die roten die Eisfüchse töteten. Belugas und Narwale, bei denen die Männchen einen bis zu drei Meter langen, geschraubten Stoßzahn wie ein Einhorn am Kopf tragen, sind ohne schützendes Eis den jagenden Trupps der

Schwertwale ausgeliefert. Auch Eisbären und Grizzlys begegnen sich, was aber ganz andere Folgen haben kann.

Am 16. April 2006 erlegte der Jäger Jim Martell im kanadischen Nordwest-Territorium in der Nähe des kleinen Ortes Sachs Harbour einen Bären, der nur auf den ersten Blick aussah wie ein Eisbär. Bei genauerem Hinsehen hatte das Tier verdächtige braune Flecken um Nase und Augen herum, am Rückenfell und an den Tatzen. Außerdem besaß es ungewöhnlich lange Krallen, viel zu lang für einen Eisbären. Sein buckliger Rücken und die Form des Kopfes erinnerten zudem eher an einen Grizzly.

Erbgutuntersuchungen bestätigten, dass der geschossene Bär das Produkt einer Liaison zweier Spezies war: die Mutter Eisbär, der Vater ein Grizzly. Martell hatte einen «Pizzly» oder «Grolar-Bären» erlegt – den ersten wissenschaftlich bestätigten Hybridbären in der freien Natur. Im Jahr 2010 wurde sogar ein Mischling der nächsten Generation geschossen: Die Mutter war eine Kreuzung aus Eisbär und Grizzly, der Vater ein reiner Grizzly. «Das bedeutet nicht nur, dass diese Mischwesen sich in der Wildnis vermehren, sondern dass es bereits einige von ihnen geben muss», sagt der Ökologe Brendan Kelly vom National Marine Mammal Laboratory in Juneau. Selbstverständlich ist es nicht, dass sich zwei nah verwandte Arten fruchtbar kreuzen; Hybride aus Pferd und Esel, Maultier oder Maulesel also, sind steril.

Kelly weiß von weiteren arktischen Liebschaften, die außerdem nicht nur über Art-, sondern sogar über Gattungsgrenzen hinweggingen: Vor Grönland ist schon ein Hybrid zwischen Beluga und Narwal aufgetaucht. Im Jahr 2009 war in der Beringsee zwischen Russland und Alaska ein offensichtlicher Mischling aus dem Pazifischen Nordkaper *Eubalaena japonica* und dem Grönlandwal *Balaena mysticetus* fotografiert worden. Der Nordkaper, von dem kaum mehr als zweihundert Tiere leben, könnte endgültig verschwinden, wenn er sich noch häufiger mit dem Grönlandwal einlässt. Entweder sind die Mischlinge unfruchtbar, oder der seltenere Wal würde im Genpool des häufigeren verschwinden – mit der anderen Spezies verschmelzen.

**Ein Pizzly oder Grolarbär:**
**Wenn das Eis schmilzt, verschmelzen auch die Arten.**

Mit dem Tauen des Eises im Nordpolarmeer, so befürchtet Kelly, könnten solche Kreuzungen häufiger vorkommen. Nach den Klimaprognosen soll der arktische Ozean um 2100 herum im Sommer völlig eisfrei sein. Dann könnte der Nordpol im Meer liegen; Polarbären müssten folglich noch mehr Zeit an Land bei ihren braunen Verwandten verbringen; Robben- und Walarten von verschiedenen Seiten des aufgetauten Polarmeeres würden sich begegnen, da die trennenden Eisflächen – groß wie ein Kontinent – verschwunden sind. Kelly hält dann Hybridisierungen von zweiundzwanzig verschiedenen Meeressäugerarten für möglich. Der Wandel in der Arktis, sagt Kelly, gefährdet vor allem langlebige Tiere wie Wale, Robben und Eisbären: Weil sie sich so langsam reproduzieren, haben sie vermutlich gar keine Chance, ihr Erbgut so schnell anzupassen, wie es zum Überleben nötig wäre. «Es ist nicht mehr die gleiche Welt, in der ich aufgewachsen bin», sagt Roger Kuptana, ein Jäger und Inuit. «Es sind ja nicht nur Grizzlybären, die herkommen. Wir sehen hier Wanderdrosseln und andere Vögel, die es früher hier nicht gab. Karibus verschwinden, Moschusochsen sind überall. Die Welt ändert sich schnell hier oben.»

Der Modellfall PETM zeigt, dass das «Fieber» der aufgeheizten Erde vor sechsundfünfzig Millionen Jahren «schnell» vorüberging. Um die Treibhausgase wieder zu absorbieren und den Planeten wieder auf die Temperatur von vorher abzukühlen, dauerte es gerade einmal hundertfünfzig- bis zweihunderttausend Jahre. Aus erdgeschichtlicher Perspektive gesehen: ein Klacks.

# EPILOG

## Von der Gleichgültigkeit der Natur

*«Katastrophen kennt allein der Mensch, sofern*
*er sie überlebt; die Natur kennt keine Katastrophen.»*
MAX FRISCH: DER MENSCH ERSCHEINT
IM HOLOZÄN

Der Natur ist es völlig egal, was geschieht, ob Arten aussterben oder nicht. Wieso sollte es ihr auch etwas ausmachen? Schließlich stammt das lateinische *natura* von *nasci* ab – und das bedeutet «entstehen», «geboren werden». Und genau das macht die Natur in solchen Fällen – sie probiert einfach etwas Neues aus. Das war von Anfang an so, seit vor vier Milliarden Jahren die Erde entstand. Etwa fünfhundert Millionen Jahre später bevölkerten die ersten Lebewesen den Planeten: blaualgenartige Einzeller. Vielzellige Organismen existieren seit sechshundert Millionen Jahren. Von Anfang an gehörte das Aussterben mit dazu: Die einen Organismen kommen, die anderen gehen – manchmal, indem die einen in die anderen übergehen, manchmal, indem die einen den anderen weichen. Manchmal gibt es aber auch ein Massenaussterben.

Das erste große Artensterben fand vor vierhundertvierzig Millionen Jahren statt, gegen Ende des Erdzeitalters des Ordoviziums, als sich das Leben noch hauptsächlich im Meer abspielte. Nur wenige Pilze und Pflanzen wuchsen schon an Land. Wahrscheinlich verschwand damals nach einer raschen Abkühlung der Erde etwa die Hälfte aller Gattungen.

Das nächste große Artensterben zog sich vor dreihundertsiebzig Millionen Jahren, gegen Ende des Devons, über einen Zeitraum von zwanzig Millionen Jahren hin. Erneut überlebte etwa die Hälfte aller Gattungen diese Zeit nicht; wahrscheinlich waren Sauerstoffknappheit und eine neuerliche globale Abkühlung die Ursache. Wieder waren vor allem marine Spezies betroffen, die ersten Landtiere weniger.

Das gewaltigste Artensterben der Erdgeschichte folgte vor zweihundertfünfzig Millionen Jahren, zwischen dem Perm und der Trias: Über neunzig Prozent aller marinen und landlebenden Arten verschwanden in zwei großen Aussterbewellen im Abstand von acht Millionen Jahren. Als Auslöser gelten Sauerstoffknappheit, eine Erwärmung des Klimas und starke vulkanische Aktivität der Erde.

Zwischen Trias und Jurazeit, vor etwa zweihundert Millionen Jahren, führten vermutlich erneut starke vulkanische Aktivitäten und Klimaerwärmung dazu, dass die Hälfte aller Gattungen im Meer ausstarb; auch an Land wurde das Leben dezimiert. Die Vorfahren der heutigen Amphibien jedoch überlebten, und aus Reptilien entwickelten sich die Dinosaurier. Auch die ersten Säugetiere waren schon da.

Das letzte Massensterben, das wohl allgemein bekannteste, entwickelte sich nicht in so langen Zeiträumen wie die anderen, sondern kam plötzlich: Vor etwa fünfundsechzig Millionen Jahren raste ein zehn bis fünfzehn Kilometer großer Asteroid mit einer Geschwindigkeit von siebzigtausend Kilometern in der Stunde auf die Erde zu und schlug in der Nähe der heutigen mexikanischen Halbinsel Yucatán in das damalige flache Meer ein. Gewaltige Beben erschütterten die Erde, Tsunamis wälzten sich durch die Meere. Weite Teile des Planeten gingen in Flammen auf, die Wälder brannten. War der Asteroid in Gesteine gestürzt, die mit Erdöl getränkt waren, und hatte so ein gewaltiges Brennstofflager in die Luft gesprengt? Viele Tiere, vor allem die großen, waren wohl bald tot, global gesehen war es eine Sache von Tagen oder Wochen. Am Ende waren alle Dinosaurier, Flugsaurier und die Plesiosaurier der Meere ausgestorben; die Vögel hatten über fünfundsiebzig Prozent aller Arten verloren, Schlangen und Amphibien erlitten relativ wenig

Artenverluste. Keine an Land lebende Spezies über fünfundzwanzig Kilogramm Gewicht überlebte den Einschlag und seine Folgen, denn große Tiere müssen viel fressen, kleinere können besser überleben, wenn es nicht mehr viel Nahrung gibt. Und es gab nach dem Einschlag kaum Nachschub an pflanzlicher Kost, der Grundlage tierischen Lebens: Mindestens ein Jahrzehnt lang gelangten nur zwanzig Prozent der Sonnenstrahlung auf die Erde, was starke Abkühlung bedeutete und weniger Lichtenergie, die Pflanzen zum Wachstum brauchen. Erst als sich der Staub gelegt hatte, begann eine rasche Erwärmung.

Der Natur war das alles egal. Es ging einfach immer wieder weiter und das Leben fand erneut einen Weg: Nun, als es keine großen Landtiere mehr gab, war – wie nach jedem Massenaussterben – Platz für die Überlebenden frei geworden. Eine neue Vielfalt entwickelte sich. Der Aufstieg der Säuger begann.

Auf ein Massenaussterben folgen meist zwei Stufen der «Wiederbelebung» des Planeten, so der Paläontologe Mike Benton von der University of Bristol: In den ersten zwei bis drei Millionen Jahren danach dominieren kurzlebige Arten, die sich schnell vermehren und eher «hart im Nehmen» sind. Sie bilden rasch eine Vielzahl neuer Spezies, sodass die Artenzahl bald das alte Niveau erreicht hat. Allerdings, so Benton, seien dann die entstandenen Lebensgemeinschaften noch recht einfach gestrickt: «Viele ähnliche Spezies werden viele ähnliche Dinge tun.» Die Pflanzenfresser haben noch nicht ihre alte Vielfalt mit unterschiedlichen Rollen im Gefüge der Landschaften entwickelt; oft fehlen noch die großen Räuber an der Spitze der Nahrungskette. Es dauert vielleicht zehn Millionen Jahre, bis langlebige, sich langsamer entwickelnde Spezies wieder entstanden sind und sich in großer Artenfülle verbreitet haben – und mit ihnen die strukturelle Komplexität der Lebensgemeinschaften auf der Erde zurückkehrt.

Nach jedem Massenaussterben folgt also ein Evolutionsschub – und der Planet hat ein völlig neues Antlitz als vorher, mit neuen Bewohnern, die ganz anders sind als die zuvor. Und die doch aus überlebenden Arten hervorgegangen waren. Während beim «normalen» Aussterben

Arten graduell in andere übergehen oder schlechter angepasste besser ausgestatteten weichen müssen, hat der Artentod bei einem Massenaussterben aber weniger mit «schlechten Genen» zu tun als mit «Pech», meint der amerikanische Paläontologe David Raup.

Heute haben viele Arten wieder ein solches «Pech»: Die Ursache des massenhaften Aussterbens sei das Auftreten der Spezies *Homo sapiens*, meint der amerikanische Biologe und «Vater der Biodiversität», Edward O. Wilson. Die Menschheit habe, nicht zuletzt durch die Zerstörung der Umwelt, längst ein sechstes Massenaussterben eingeleitet. Manche Wissenschaftler befürchten, dass innerhalb der nächsten fünfzig Jahre die Hälfte aller Tier- und Pflanzenarten verschwindet. Erhebungen gehen davon aus, dass die Aussterberate von Arten ein- bis zehntausendmal größer ist als vor dem Eingreifen des Menschen. Und viele Arten sind ja schon weg.

Zunächst zog der moderne *Homo sapiens* von Afrika aus in die Welt und besiedelte neue Kontinente und Inseln. Viele Großtiere, aber auch viele Vögel und Reptilien, starben durch Jagd aus, andere fielen mitgebrachten Hunden, Ratten, Krankheiten zum Opfer. Schon dabei verarmte die Artenwelt: Gab es vor einigen zehntausend Jahren noch auf allen Kontinenten zahlreiche große, seltsame Geschöpfe – Riesenfaultiere und kamelhafte Macrauchenien mit Tapirnase in Amerika oder Diprotodonten, die gewaltigen Riesenwombats aus Australien, um nur ein paar wenige zu nennen –, so leben heute nur noch vier wirklich große, landlebende Tierformen von weit über einer Tonne Gewicht: Elefanten, Nashörner, Giraffen und Flusspferde.

Nach den Reisen des Cristobal Colon, besser bekannt als Kolumbus, begann eine neue Epoche: der Auszug der Europäer um die Welt, die mit ihren Schusswaffen nicht nur Kolonialreiche eroberten, sondern auch eine neue Ausrottungswelle starteten.

Eigentlich begann mit Kolumbus und seinen Nacheiferern, die um die ganze Welt segelten, neue Länder zu entdecken und zu erobern, schon die Globalisierung. Die ist mittlerweile geprägt von einer permanenten industriellen Revolution, einer stetig wachsenden Bevölkerung von über sieben Milliarden Menschen, der Industrialisierung der Landwirtschaft, dem menschengemachten Klimawandel und dem weiter anwachsenden weltweiten Verkehr.

Allein dieser letzte Punkt hat für sich genommen schon gewaltige Konsequenzen für das Artengefüge auf der Erde, obwohl er im Bewusstsein der meisten Menschen kaum präsent ist. «Das Tempo der Verschleppung von Spezies steigt und steigt», so Mick Clout, Professor für Ökologie im neuseeländischen Auckland. Gerade kleinere Arten wie Insekten und Mikroorganismen werden unbeabsichtigt um die Erde transportiert – als blinde Passagiere in Frachträumen von Flugzeugen oder im Ballastwasser von Schiffen. Die Expansion von Arten in neue Lebensräume gehörte zwar immer zur biologischen Dynamik auf der Erde, heutzutage werden aber trennende geographische Barrieren wie Meere oder Gebirge in kürzester Zeit überwunden. «Aus erdgeschichtlicher Perspektive gesehen ist es so, als knallten alle Erdteile innerhalb von Sekunden zusammen und bildeten einen Superkontinent, wie es ihn vor Jahrmillionen gegeben hat. Schätzungen zufolge würde der aber höchstens die Hälfte aller heute lebenden Arten beherbergen», so Clout.

So sind Lebensraumzerstörung, invasive Arten, Klimawandel und der Handel mit Wildtierprodukten die Hauptursachen für das gegenwärtige Verschwinden der Spezies. Im November 2011, so meldete der WWF, standen schon knapp zwanzigtausend Tier- und Pflanzenarten auf der Roten Liste der bedrohten Arten. Das klingt wenig im Vergleich zu jenen 1,7 Millionen bekannten, wissenschaftlich beschriebenen Spezies. Und erst recht wenig zu jenen mindestens zehn, möglicherweise aber auch bis zu einhundert Millionen Arten, die nach Schätzungen auf der Erde leben sollen.

Allerdings sind bislang auch erst etwa zweiundsechzigtausend Arten nach den neuesten Kriterien für die Rote Liste bewertet worden – und zwar natürlich eher die größeren, auffälligeren Spezies. Es bedeutet jedenfalls jetzt schon: Jede fünfte Säugetierart, jeder achte Vogel, jedes dritte Amphib, siebzig Prozent aller Pflanzen auf dieser Liste sind gefährdet – und damit vom Aussterben bedroht. Die tatsächliche Zahl liegt wohl deutlich höher.

Der Natur ist völlig egal, ob die heutigen Arten massenhaft aussterben, Landschaften verschwinden, ganze Ökosysteme umkippen und das Antlitz der Erde dabei wieder einmal umgekrempelt wird. Über neunundneunzig Prozent der Spezies, die unseren Planeten je bevölkerten, sind eh längst ausgestorben.

Der Trend geht dahin, dass Tiere, die irgendwie «inkompatibel» mit dem Menschen sind, verschwinden werden. Dass überall einfachere Lebensgemeinschaften, dominiert von einer kleinen Zahl weitverbreiteter, individuenreicher Spezies entstehen. Was bleibt, sind die Generalisten oder natürlich jene, die offensichtlich «nützlich» sind. Manche Wissenschaftler prophezeien ein neues Erdzeitalter, das «Homogozän»: die Ära, in der überall auf der Erde die gleichen Tier- und Pflanzenarten und einige wenige, genormt erscheinende Ökosysteme vorkommen. Andere sprechen profaner von der «McDonaldisierung der Biosphäre». Als Gewinner dieser Entwicklung, die es leicht haben, mit veränderten Bedingungen umzugehen, breiten sich Ratten, Ziegen und Schweine, Kaninchen und Füchse, Feuerameisen, Wespen und Zebramuscheln weltweit aus – als Big Macs, Whoppers und Coca-Colas der schönen neuen Tierwelt. In den globalisierten McÖkosystemen der Meere und Kontinente wuchern Ginster, Eukalyptus, Wasserhyazinthen und Killeralgen.

Das alles wahrzunehmen, sei nicht so einfach, meint Edward O. Wilson. Man müsse eine Menge darüber wissen, was in der Welt los ist, was mit einzelnen Spezies und in den verschiedenen Lebensgemeinschaften mit der größten Artenzahl passiert. Was heute geschieht, müsse über längere Zeiträume betrachtet werden, um es zu begreifen. In einem einzigen Menschenleben fällt das nicht immer leicht. Der Unterschied zwischen dem Massenaussterben nach dem Meteoriteneinschlag zu Zeiten der Dinosaurier und dem, was heute geschieht, sei wie der zwischen einer Herzattacke und einem heimtückischen Krebs: «Die Hoffnung liegt darin, dass man diesen Krebs vielleicht noch behandeln kann.»

«Natürliche Lebensräume sind ein Ding der Vergangenheit», sagte mir Don Merton, der Meister im Retten und Ausrotten von Arten zugleich, der doch sein ganzes Leben damit verbrachte, bedrohten Spezies ein Weiterbestehen zu ermöglichen und in deren Lebensräume eingedrungene Feinde zu vernichten. Es war ein anregender Abend, an dem wir in seinem Haus in der Nähe der neuseeländischen Hauptstadt Wellington über Fragen des Naturschutzes, invasive Arten und darüber, was es bedeutet, die Vielfalt zu bewahren, philosophierten. Er zeigte mir Federn von «Old Blue», die er aufbewahrt hatte, von jenem letzten, schon etwas betagten Weibchen des Chatham-Trauerschnäppers, der Anfang der 1980er Jahre der seltenste Vogel der Erde war. Ich bekannte, dass ich zwar vorher gewusst hätte, dass Neuseeland nicht das unversehrte Naturparadies am Ende der Welt ist, aber wie seltsam es doch für mich gewesen sei, so weit geflogen zu sein – und dann wie zu Hause von Amsel, Drossel, Fink und Star begrüßt zu werden.

Am nächsten Tag setzte ich mit der Fähre nach Kapiti über, eine jener Inseln, die von Ratten und auch von Fuchskusus befreit worden war, sich rasch regeneriert hatte und die Heimat seltener neuseeländischer Vogelarten geworden ist, die es auf dem Festland kaum noch gibt. Hier hörte ich endlich den melodischen Gesang des Tui. Ein Kaka, ein wildlebender Waldpapagei, setzte sich auf meine Schultern. Und als mir die kunterbunte Takahe-Ralle beinahe auf die Füße trat, erlaubte ich mir den Spaß, mit ihr Gruppenfotos per Selbstauslöser zu schießen. Neuseeland stemmte sich gegen die mcdonaldisierte schöne neue Tierwelt des Zeitalters der Globalisierung.

Nach dem Tag auf der Insel hatte ich Hunger. Zurück auf dem Festland sah ich ein Restaurant genau jener Fastfood-Kette und konnte es mir nicht verkneifen, genau dort und gerade jetzt einzukehren. Es gab die übliche Auswahl – aber auch etwas Besonderes, eine neuseeländische Fastfood-Spezialität, den «Kiwiburger»: Neben dem üblichen Belag war er mit einer Art Spiegelei und einer Scheibe Rote Bete ausgestattet. Mich rührte das. Seither ist Rote Bete für mich ein Symbol dafür, was in einer globalisierten Welt vielleicht noch als Unterschied übrigbleibt.

«Wozu braucht man diesen Frosch?»

Die Leiterin eines Hamburger Naturschutzzentrums hatte mir nach einer Lesung erzählt, wie sehr sie diese einfach klingende Frage einmal überfordert hatte. Das Zentrum hatte einen höheren Geldbetrag von einem größeren hanseatischen Unternehmen gestiftet bekommen; das Geld sollte für den Schutz des Lebensraumes eines besonderen Frosches eingesetzt werden. Die PR-Frau war eigens gekommen, den Scheck zu überreichen, und stellte neugierig die Frage: «Wozu braucht man diesen Frosch?»

Obwohl das schon etwas her war, schaute die Leiterin des Naturschutzhauses noch immer hilflos drein. Was hätte sie denn antworten können?

«Warum haben Sie nicht zurückgefragt: Wozu braucht man denn den HSV?»

Jetzt schaute sie mich noch ratloser an als zuvor.

Natürlich war sie es gewohnt, anderen die Natur nahezubringen. Sie hätte etwas über die Rolle der Amphibien in Lebensräumen erzählen können, über pharmazeutisch wertvolle Substanzen, die man auf vielen Fröschen finden kann, wenn vielleicht auch nicht unbedingt auf diesem, sie hätte allgemein über den Wert der Natur, die Bedeutung der Artenvielfalt in Ökosystemen dozieren können. Sie fühlte sich in der Nützlichkeitsfalle: Gerne bemisst man den Wert der Natur ja in Euro. Aber was «nützte» ausgerechnet dieser Frosch hier? Sie hätte – so wie man anhand einer kleinen ausgerotteten Laus die Naturgeschichte Nordamerikas erzählen kann – die Historie der Landschaften um Hamburg herum anhand der Geschichte dieses Frosches erzählen können. Oder hätte sie moralisch-ethisch vom Lebensrecht jeder Spezies reden sollen? Man will ja auch nicht immer lamentieren, wie schlecht es doch um alles steht. Griffig ist all das in einem solchen Augenblick sowieso nicht. Manchmal hilft dann Überraschendes:

«Wozu braucht man eigentlich den HSV?»

Das bedeutet letztlich: Es gibt einfach Menschen, die tiefe Freude daran empfinden, dass beide hier existieren – der Fußballverein und der Frosch.

Der Natur allerdings wäre mal wieder völlig egal, ob dieser Frosch da ist oder nicht. Ob die vielen anderen Frösche im Verlaufe des globalen Massensterbens der Amphibien von der Erde verschwinden oder nicht. Die Natur wird einfach irgendwann wieder etwas Neues entstehen lassen. Und das wird, da bin ich mir sicher, bestimmt wieder aufregend und spannend. Nur mir persönlich dauert das, ehrlich gesagt, etwas zu lange.

## Danksagung

Viele haben zu diesem Buch beigetragen und mich beim «Aussterben» unterstützt – ob mit Informationen, mit Neugier oder mit Verständnis für mein langes Abgetauchtsein im Schreibtunnel. Das war hilfreich und tat gut. Ein ganz herzlicher Dank geht vor allem an meinen guten Freund Rolf Hagedorn, der viele Kapitel als Erster gelesen, mit seinen zahlreichen nachfragenden und humorvollen Anmerkungen sehr zum Gelingen dieses Buchs beigetragen und mir immer wieder neuen Schub gegeben hat. Mein besonderer Dank geht auch an Roland Wirth für die vielen Kontakte und Recherchehilfen; an Gunnar Schmidt für Anregungen und Motivation, die über die Monate in Abgeschiedenheit hinwegtrugen; an Jens Dehning, der dieses Projekt ausdauernd und ermunternd mit auf den Weg brachte; an Bert Hoppe, der das Buch so konstruktiv betreute; und an Gerrit Borchardt, Lisa Kell und Simone Marx.

## Literaturempfehlungen

Darwin, Charles: Die Fahrt der Beagle, Hamburg 2006.

Flannery, Tim: The Future Eaters, Sydney 1994.

Flannery, Tim und Shouten, Peter: A Gap in Nature – Discovering the World's Extinct Animals, New York 2001.

Foreman, Dave: Rewilding North America – A Vision for Conservation in the 21st Century, Washington, Covelo, New York 2004.

Goldschmidt, Tijs: Darwins Traumsee, München 1997.

Johnson, Chris: Australia`s Mammal Extinctions – a 50.000 Year History, Cambridge 2006.

Leakey, Richard und Lewin, Roger: The Sixth Extinction – Biodiversity and its Survival, London 1996.

Nicholls, Steve: Paradise Found – Nature in America at the Time of Discovery, Chicago, London 2009.

Oakes, Ted: Menschen gegen Monster, Köln 2003.

Palmer, Douglas: Evolution – Die Entwicklung des Lebens, Hildesheim 2009.

Peterson Stearns, Beverley und Stearns, Stephen C.: Watching from the Edge of Extinction, New Haven & London 1999.

Quammen, David: Der Gesang des Dodo – Eine Reise durch die Evolution der Inselwelten, Hamburg 1998.

Turvey, Samuel (Hrsg.): Holocene Extinctions, Oxford 2009.

Wendt, Herbert: Die Entdeckung der Tiere, Hamm 1956.

Wilson, Edward. O. (Hrsg.): Das Ende der biologischen Vielfalt?, Heidelberg, Berlin, New York 1992.

## Bildnachweis